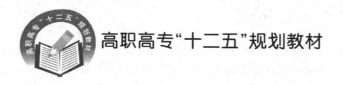

高职高专"十二五"规划教材

数字电子技术项目教程

吴新杰　白延敏　张拥军　编著

北京航空航天大学出版社

内容简介

本书以逻辑关系为主线,通过实例讲解的方式主要介绍了数字电子技术的设计、安装和调试方法。内容包括逻辑电路基础、组合逻辑电路、时序逻辑电路、综合应用电路和电气特性及知识拓展 5 章。全书融传统教材、实验指导书、实训指导书为一体。

本书采用项目教学法,知识与技能并重,以学习的认知规律为主导,起点较低,含有较多图片,备有 Multisim 仿真程序和电子课件,便于读者自学。设置开放性的拓展任务,可以作为大作业或期末考核题目,便于改进考核办法。

本书可以作为高等职业技术学院、中等职业学校、广播电视大学等的教学用书,也是电子技术爱好者的自学参考书。

图书在版编目(CIP)数据

数字电子技术项目教程 / 吴新杰,白延敏,张拥军编著. -- 北京:北京航空航天大学出版社,2014.1
ISBN 978-7-5124-1318-4

Ⅰ. ①数… Ⅱ. ①吴… ②白… ③张… Ⅲ. ①数字电路—电子技术—高等职业教育—教材 Ⅳ. ①TN79

中国版本图书馆 CIP 数据核字(2013)第 278416 号

版权所有,侵权必究。

数字电子技术项目教程
吴新杰 白延敏 张拥军 编著
责任编辑 董立娟

*

北京航空航天大学出版社出版发行

北京市海淀区学院路 37 号(邮编 100191) http://www.buaapress.com.cn
发行部电话:(010)82317024 传真:(010)82328026
读者信箱: emsbook@gmail.com 邮购电话:(010)82316936
涿州市新华印刷有限公司印装 各地书店经销

*

开本:710×1 000 1/16 印张:17.5 字数:373 千字
2014 年 1 月第 1 版 2014 年 1 月第 1 次印刷 印数:3 000 册
ISBN 978-7-5124-1318-4 定价:39.00 元

若本书有倒页、脱页、缺页等印装质量问题,请与本社发行部联系调换。联系电话:(010)82317024

前言

本书根据高职高专的培养目标和要求,结合教学改革和课程改革的方向,以"工学结合、项目引导、任务驱动、教学一体化"为原则编写。

本书特色

1. 采用"教、学、做、训、评"相结合的项目式教学,教学中每章都从最基本的应用实例出发,由实际问题入手,通过技能训练引入相关知识和理论,由实训引出相关概念及相关电路,注重理论与技能的融合。

2. 以逻辑关系为主线,突出数字电路的核心思想。数字电路的核心思想是以逻辑关系为出发点考虑问题,本教材章节安排按照"逻辑电路基础→组合逻辑电路→时序逻辑电路→综合应用电路"顺序编写,各章之间的逻辑主线非常清楚,便于学习。脉冲的产生与整形分散在几个综合项目中,与项目融合为一体,其他内容均放到最后的第 5 章。

3. 以提高技能水平为目标,将知识、技能融为一体,使学生能"设计一个电路并把它做出来"。

4. 以项目为载体,让学生学习时有一个明确的目标。教师可以在教学中根据学生项目完成情况给出平时成绩或期末成绩,以督促学生的学习。

5. 通过具有实际应用背景的项目,让学生知道学这门课可以干什么,有什么用,有些项目具有趣味性,可以提高学生学习兴趣。

6. 本书将学生参与的任务分为实操任务、项目、综合项目 3 个层次。实操任务以技能为主,通过实际操作掌握基本概念和知识,项目和综合项目都包括理论设计和技能操作,项目较简单,知识点少而明确;综合项目较复杂,融合多个知识点,具有一定难度。

7. 本书起点低,由浅入深,由单一到综合,在不断增加难度的项目中复习学习过的内容,一点点引入新知识,符合学习的客观规律,培养学生在完成项目中的成就感。

8. 在完成项目过程中学生会发现很多问题,引发学生的好奇心,有助于提高学生的思考能力,加深相关内容的理解。比如传统的教材都把门电路电气特性放到前面,学生在学习时并不容易理解。本书将电气特性部分放到第 5 章,很多内容都是总结性的,前面项目中肯定遇到过,经过教师指导得来的实际经验和体会更宝贵。

9. 设置开放性的拓展任务,培养学生的创新意识,提高学生学习的主动性,可以作为期末考核题目。以能力为本位的教学应该改革考核方法,以实际设计制作的电路为考核主要依据,以试卷考核的理论为辅助。

10. 融传统教材、实验指导书、实训指导书为一体,可以在实验室教学,讲练结合,改变枯燥的理论授课方式。

本书在内容选取上贴近工程实际,培养学生的工程意识,包括成本意识、产品可靠性、可维护性等工程要求。本书不仅重视电路设计能力,更加强调了包括阅读英文数据手册、集成电路识别、仿真、安装、调试、分析测试结果、撰写报告等技能要求。

书中强调了锁存器与触发器的区别,引入了状态机概念,降低与 FPGA/CPLD 课程衔接的难度。书中还介绍了逆向工程和逻辑学的基本知识,对电子系统设计进行了简要介绍,有利于提升复杂电路的设计能力。

教学建议

1. 实操任务由学生亲自动手实验;
2. 采取仿真的教学方式可以节约时间;
3. 如果学时有限,学生可以只实际制作完成 1 个综合项目;
4. 如果共有 64 学时,建议学时分配如下:

    第 1 章 逻辑电路基础:6 学时;
    第 2 章 组合逻辑电路:14 学时;
    第 3 章 时序逻辑电路:14 学时;
    第 4 章 综合应用电路:24 学时;
    第 5 章 电气特性及知识拓展:6 学时。

注:带 * 号的实操任务可以根据学生学习情况选做。

本书由北京经济管理职业学院吴新杰、张拥军和正德职业技术学院白延敏编著。吴新杰负责统筹策划,并编写了第 1、3、4 章,白延敏编写了第 2 章,张拥军编写了第 5 章,全书由吴新杰负责最后的统稿工作。吕殿基、周国娟、付丽琴、金红莉等同仁参与了本书的立项研讨和部分编写工作。本书在编写过程中得到了北京经济管理职业学院工程技术学院的领导、同仁的大力协助,在此表示衷心感谢。

为方便教学,本书备有电子课件、仿真程序等,欢迎读者和教师免费索取,联系邮箱:wxinjie@gmail.com。

由于时间仓促,加之作者水平有限,书中难免有错漏之处,恳请各位读者批评指正。

编　者
2013 年 12 月

目 录

第1章 逻辑电路基础 ... 1
1.1 逻辑关系 ... 1
1.2 实操任务1:电平的产生与检验 ... 4
1.2.1 电平与产生方法 ... 4
1.2.2 电平检验 ... 5
1.3 实操任务2:基本逻辑门电路使用与测试 ... 8
1.3.1 与 门 ... 8
1.3.2 或 门 ... 12
1.3.3 非 门 ... 13
1.4 实操任务3:常用组合门电路使用与测试 ... 14
1.4.1 与非门 ... 14
1.4.2 或非门 ... 15
1.4.3 异或门 ... 16
1.4.4 与或非门* ... 17
本章小结 ... 19
思考与练习 ... 20

第2章 组合逻辑电路 ... 21
2.1 语言描述和逻辑描述 ... 21
2.2 项目1:多数表决电路 ... 35
2.2.1 多数表决电路设计 ... 35
2.2.2 逆向分析电路的逻辑功能 ... 39
2.3 具有无关项的逻辑问题 ... 41
2.3.1 实际问题中的无关项 ... 41
2.3.2 用公式法化简有无关项的逻辑函数 ... 43
2.3.3 用卡诺图法化简有无关项的逻辑函数* ... 44
2.4 项目2:按键代码显示电路 ... 45
2.4.1 数的进制与代码 ... 45
2.4.2 子项目1:编码器设计 ... 48
2.4.3 子项目2:译码器设计 ... 52

2.4.4　子项目3：显示按键代码的电路设计 …………………………… 56
 2.5　实操任务4：数据选择与分配 …………………………………………… 59
  2.5.1　数据选择器（多路复用器） ……………………………………… 60
  2.5.2　数据分配器（多路分配器）* …………………………………… 64
  2.5.3　共享线路的通信系统* …………………………………………… 67
 2.6　实操任务5：中规模集成电路应用* …………………………………… 71
  2.6.1　使用MSI实现逻辑函数的基本方法 ……………………………… 71
  2.6.2　使用数据选择器实现逻辑函数 …………………………………… 72
  2.6.3　使用译码器实现逻辑函数 ………………………………………… 75
  2.6.4　使用译码器进行级联扩展 ………………………………………… 77
 本章小结 ………………………………………………………………………… 82
 思考与练习 ……………………………………………………………………… 83

第3章　时序逻辑电路 …………………………………………………………… 85
 3.1　时间的描述 ………………………………………………………………… 86
  3.1.1　在数字电路中描述时间 …………………………………………… 86
  3.1.2　状态转换图和状态转换表 ………………………………………… 87
 3.2　实操任务6：触发器的使用 ……………………………………………… 91
  3.2.1　记忆的基本单元——触发器 ……………………………………… 91
  3.2.2　SR锁存器 …………………………………………………………… 92
  3.2.3　D锁存器与触发器 ………………………………………………… 98
  3.2.4　JK触发器 …………………………………………………………… 103
 3.3　项目3：设计一个状态机 ………………………………………………… 106
  3.3.1　时序逻辑电路设计方法 …………………………………………… 106
  3.3.2　设计一个状态机 …………………………………………………… 108
 3.4　实操任务7：集成计数器 ………………………………………………… 114
  3.4.1　计数器基本概念 …………………………………………………… 114
  3.4.2　集成计数器使用 …………………………………………………… 115
  3.4.3　集成计数器的级联应用 …………………………………………… 121
  3.4.4　反馈法构成任意进制计数器 ……………………………………… 123
 3.5　实操任务8：时序电路分析方法 ………………………………………… 128
  3.5.1　时序电路分析方法 ………………………………………………… 128
  3.5.2　时序电路分析实例 ………………………………………………… 129
  3.5.3　寄存器 ……………………………………………………………… 132
  3.5.4　移位寄存器 ………………………………………………………… 134
  3.5.5　异步延时测试 ……………………………………………………… 136
 本章小结 ………………………………………………………………………… 141

思考与练习 143

第4章　综合应用电路 145

4.1　综合项目1：生产线计件电路 146
　　4.1.1　实操任务9：施密特触发器 146
　　4.1.2　生产线计件电路设计 153
　　4.1.3　拓展任务 161

4.2　综合项目2：秒表电路 165
　　4.2.1　实操任务10：多谐振荡器 165
　　4.2.2　秒表电路设计 168
　　4.2.3　拓展任务 173

4.3　综合项目3：延时自动熄灯电路 181
　　4.3.1　实操任务11：单稳态触发器 181
　　4.3.2　延时自动熄灯电路设计 190
　　4.3.3　拓展任务 192

4.4　综合项目4：监控报警电路 193
　　4.4.1　监控报警电路设计 193
　　4.4.2　拓展任务 199

4.5　综合项目5：拔河游戏机* 201
　　4.5.1　拔河游戏机设计 201
　　4.5.2　拓展任务 207

4.6　综合项目6：交通灯控制电路* 208
　　4.6.1　交通灯控制电路设计 208
　　4.6.2　拓展任务 215
　　本章小结 215
　　思考与练习 216

第5章　电气特性及知识拓展 219

5.1　数字电路概述 219
　　5.1.1　特点与分类 219
　　5.1.2　安装与调试方法 224

5.2　实操任务12：带负载能力 228

5.3　实操任务13：噪声容限与电平兼容 234
　　5.3.1　噪声容限 234
　　5.3.2　电平兼容 235

5.4　模拟/数字转换和数字/模拟转换 238
　　5.4.1　模拟/数字转换 238
　　5.4.2　数字/模拟转换 242

5.5 存储器与可编程逻辑器件 ………………………………………………… 244
　5.5.1 存储器 ……………………………………………………………… 244
　5.5.2 可编程逻辑器件* ………………………………………………… 248
5.6 竞争-冒险现象 …………………………………………………………… 251
　5.6.1 竞争-冒险现象 …………………………………………………… 251
　5.6.2 消除竞争-冒险现象的方法 ……………………………………… 252
5.7 实操任务14：电路仿真* ………………………………………………… 252
　5.7.1 电路仿真软件 ……………………………………………………… 252
　5.7.2 Multisim 仿真实例 ………………………………………………… 256
5.8 电子系统设计 …………………………………………………………… 258
本章小结 ……………………………………………………………………… 267
思考与练习 …………………………………………………………………… 268

参考文献 ……………………………………………………………………… 269

第1章
逻辑电路基础

专业知识：➤ 了解逻辑学基本概念；
➤ 深刻理解逻辑代数的3种基本逻辑关系；
➤ 理解逻辑代数的复合运算；
➤ 知道电平的含义；
➤ 掌握限流电阻的计算方法；
➤ 掌握逻辑门电路的符号、真值表、表达式等表示方法。

专业技能：➤ 会使用万用表、示波器等仪器测量电平的高低；
➤ 能熟练判断数字集成电路的管脚排列顺序，正确安装；
➤ 能将数字集成电路与电路符号对照应用；
➤ 会按照电路图连接电路。

素质提高：➤ 通过学习逻辑学基本知识提高人文素质；
➤ 通过学习逻辑代数提高科学素质；
➤ 通过学习电路理论和实际操作提高专业素质；
➤ 通过小组合作，提高交流能力和合作意识。

1.1 逻辑关系

数字电子技术的数学基础来自于逻辑代数，逻辑代数是逻辑学发展的结果，是逻辑学与数学的结合。

1. 逻辑学简介

(1) 传统逻辑学

逻辑学(logic)是研究人类思维形式及其规律的科学，有三大源流：以亚里士多德的词项逻辑为代表的古希腊逻辑，以先秦名辩学为代表的古中国逻辑，以正理论和因明学为代表的古印度逻辑。

传统逻辑学属于哲学范畴，中国古代早就存在朴素唯物主义和朴素辩证法的思想,朴素辩证法思想体现的就是传统逻辑学的主要内容。中国古代和古印度对逻辑学缺乏系统化的研究,对现代逻辑学的影响较小。真正对现代逻辑学影响较大的是古希腊逻辑学,主要是指亚里士多德逻辑,经过中世纪的演变一直沿用到19世纪(乃至今天),这就是传统逻辑学。

传统逻辑所讨论的命题限于主宾式语句,按质量结合分成4种,换句话说,传统逻辑所讨论的命题限于下列4种:

- 全称肯定命题(SAP):凡S都是P;
- 全称否定命题(SEP):凡S都不是P;
- 特称肯定命题(SIP):有S是P;
- 特称否定命题(SOP):有S不是P。

然后在这4种命题之上发展了三段论。三段论也称为三段论式、直言三段论。它包括大前提、小前提、结论3个部分,每个部分都是直言判断。三段论的例子:没有一个人是永生的(大前提);希腊人是人(小前提);所以没有一个希腊人是永生的(结论)。

传统逻辑的主要缺点有:局限于主宾式语句、三段论式并不能包括日常所使用的各种推理式、对于量词的研究不足。

(2) 现代逻辑学

传统逻辑沿用到了19世纪,开始酝酿改革。原因的一方面是人们感到传统逻辑的不足须加以改进,尤其是借助数学的方法(如使用符号、注重推理等)而加以改进;另外,对数学基础的研究产生了大量与逻辑有关的问题,从这两者便引出了数理逻辑。

数理逻辑的创始者是德国的数学家兼哲学家莱布尼茨,他提出了传统逻辑的改革研究方向。乔治·布尔(G·Boole)在1847年发表了"逻辑的数学分析",随后又发表了一系列著作,正式提出改革传统逻辑的主张及具体方案,是继承莱布尼茨之后的数理逻辑的第二个创始者。布尔的成果便是今天的布尔代数,布尔代数是数理逻辑乃至数学中的一个重要内容。

数理逻辑是研究数学推理的逻辑,属于数学基础的范畴。现代逻辑主要指数理逻辑及其在此基础上发展起来的逻辑。

20世纪30年代,逻辑学相继取得了3个划时代的成果(哥德尔不完全性定理、塔斯基形式语言真理论、图灵机及其应用理论),为现代逻辑学的蓬勃发展奠定了理论基础。

现在,现代逻辑学已从单一学科逐步发展成为理论严密、分支众多、应用广泛的学科群。现代逻辑学的基本理论是多方面的,大致包括数理逻辑、哲学逻辑、自然语言逻辑、逻辑与计算机科学的交叉研究、现代归纳逻辑、逻辑哲学等方面的内容。现代逻辑学研究的范围还在不断扩大,许多新的逻辑分支大量涌现,逻辑研究在观念、对象、范围、方法等方面都发生了深刻的变革。

2. 逻辑代数简介

(1) 逻辑代数简史

布尔创立了逻辑代数,在逻辑代数里,布尔构思出一个关于0和1的代数系统,用基础的逻辑符号系统描述物体和概念。这种代数不仅广泛用于概率和统计等领域,更重要的是为数字电子技术提供了最重要的数学方法。

1938年,克劳德·香农(C·E·Shannon)发表了论文"继电器和开关电路的符号分析",首次用逻辑代数进行开关电路分析,并证明逻辑代数的逻辑运算可以通过继电器电路来实现,明确地给出了实现加、减、乘、除等运算的电子电路的设计方法。这篇论文成为开关电路理论的开端。

香农在贝尔实验室工作中进一步证明,可以采用能实现逻辑代数运算的继电器或电子元件来制造计算机,香农的理论还为计算机具有逻辑功能奠定了基础,从而使电子计算机既能用于数值计算,又具有各种非数值应用功能,使得以后的计算机在几乎任何领域中都得到了广泛的应用。1948年,香农又发表了"通信的数学基础",创立了信息论。

(2) 逻辑代数基本概念

逻辑代数(logic algebra),也称布尔代数(bolean algebra)或开关代数,是表示和处理事物之间各种逻辑关系的一种数学工具。

布尔创立的逻辑代数里只有0和1两种逻辑值,被称为二值逻辑。在二值逻辑中,对于任何命题P,要么P为真,要么P为假,不存在其他情况。也就是说,不是黑的就是白的,不是白天就是晚上,不是对的就是错的,不考虑其他情况。这种二值逻辑的优点是简单明了,缺点是不能直接描述很多复杂的现实情况。

由于二值逻辑简单明了、容易电路实现,所以发展出了开关电路,电路只要用"通"和"断"(闭合和断开)两种状态就能实现二值逻辑。早期的开关电路就是由继电器和开关等器件构成的,所以称为开关电路,也表明"开"和"关"这样一种二值逻辑。后来随着技术的发展,先是真空器件,后来是半导体器件,然后是集成电路,相关技术越来越复杂,逐渐发展为现在的数字电子技术。数字电子技术的核心思想仍然是二值逻辑,初学者要用逻辑学观点学习数字电子技术,而不是普通数学。

在逻辑代数中,只有0和1两种逻辑值,表示事物存在的两种对立状态,不代表大小。也就是说,0和1不存在谁大谁小的问题,存在的是是非问题,0代表"是"还是代表"非"? 0如果代表"是",则1代表"非",反之亦然。为了与普通数学的大小相区别,也把0和1称为0状态(0-state)和1状态(1-state)。

由于逻辑代数只有两种取值情况,所以逻辑运算也特别简单,逻辑运算只有与(AND)、或(OR)、非(NOT)3种基本逻辑运算,其他复杂的运算都可以归结为这3种运算。

逻辑与:决定事件结果的全部条件都满足时,结果才发生。

比如:不管黑猫白猫,抓到老鼠就是好猫。

好猫的定义有两个前提,一是猫(不管颜色如何),二是抓到老鼠。逻辑关系描述为好猫等于两个前提同时成立,即前提一和前提二相"与"。同时,不是好猫的定义也就出来了,那就是,任何不能同时满足两个前提的情况都不是好猫。注意,这里是二值逻辑,只有"好猫"和"不是好猫"两种情况。

逻辑或:决定事件结果的全部条件至少有一个满足时,事件就发生。

比如:银行规定客户有效证件包括:身份证、护照、军官证 3 种。

客户可以携带这 3 种证件中的任何一种才能办理业务,则有效证件等于这 3 种证件相"或"。

逻辑非:决定事件结果的条件满足时,事件不发生。

比如:饮酒不开车,开车不饮酒。

饮酒等于"非"开车,开车等于"非"饮酒。

1.2 实操任务 1:电平的产生与检验

1.2.1 电平与产生方法

1. 电 平

电平(level)是指电位的高低,其单位与电位相同,都是伏特(V)。电平是数字电子技术中最常用到的基本概念。数字电子技术里用电平来表示二值逻辑,也就是用高电平和低电平表示 0 状态和 1 状态。通常用低电平表示 0 状态,用高电平表示 1 状态,称为正逻辑。反之,称为负逻辑。

高电平到底有多高,低电平到底有多低,不同电路的具体规定是不一样的。在常见的数字电路里,直流电源用+5 V,则标准的高电平是+5 V,标准的低电平是 0 V。现在很多电路采用+3.3 V 电源,则标准的高电平是+3.3 V,标准的低电平是 0 V。还有一些数字集成电路采用其他电源电压,一般来说,高电平等于电源电压,低电平等于 0 V,负逻辑反之。

理想的数字电路只有标准的高电平和低电平两种电位值表示两种逻辑状态,但实际上由于带负载问题和抗干扰问题等,实际电路中电平值并不一定正好等于标准高低电平,可以有一个误差。一般来说,电源电压越高,允许的绝对误差越大,抗干扰能力也越强。

2. 电平的产生方法

数字电路也需要有信号源,信号源的电平是如何产生的呢?根据前面的介绍,高电平等于电源电压,在需要高电平时直接将信号输入端接到电源输出端就可以了;低电平等于 0 V,需要低电平的时候直接将信号输入端接到电源地上就可以了。

如果不想把线接来接去,则可以接在一个开关上,通过拨动开关来改变电平,如图 1.2.1 所示。图 1.2.1 中的 J1 为单刀双掷开关,就是中间有一个活动端(称为刀),活动端有两个地方可以连接(称为双掷),开关向上拨,输出高电平;开关向下拨,输出低电平。外形如图 1.2.2 所示。

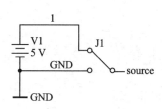

图1.2.1 电平输出电路

图1.2.2 单刀双掷拨动开关

1.2.2 电平检验

1. 发光二极管检验

采用发光二极管(LED)检验电平高低的方法具有直观、方便的优点,缺点是人眼反应较慢,不适合观察高速信号。在需要观察电平高低的信号线上将发光二极管通过限流电阻接地,如图1.2.3所示。信号线上是高电平时,发光二极管亮;低电平时,发光二极管灭。

发光二极管的外形如图1.2.4所示,发光二极管的长管脚为阳极(正),短管脚为阴极(负)。

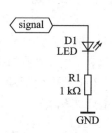

图1.2.3 发光二极管电平检验电路

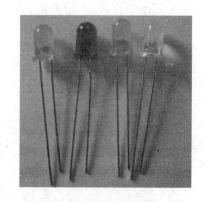

图1.2.4 发光二极管外形

在不同的数字电路里,由于采用的电源电压不同,高电平的高低也不同,所以选择限流电阻的大小十分重要。计算方法如下:

$$R = \frac{U_H - U_{LED}}{I}$$

式中,U_H为高电平电位,U_{LED}为发光二极管导通压降,I为发光二极管发光所需电流。不同颜色发光二极管的导通压降有所不同,一般在1.2~2.5 V之间。不同大小的发光二极管所需电流也有所不同,在5~20 mA之间,电流越大发光越亮,一般在10 mA左右发光就很明显了,电流过大会损坏发光二极管。

对于 5 V 电压,一般小发光二极管可以选用 1 kΩ 左右的限流电阻,比 1 kΩ 小则会更亮,大则会更暗。

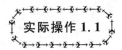
实际操作 1.1

① 按照图 1.2.1 连接一个电平输出电路。
② 按照图 1.2.3 连接一个发光二极管电平检验电路。
③ 将上述两个电路连接起来,改变电平输出,观察发光二极管是否发光。
④ 改变图 1.2.3 中限流电阻 R1 的值,分别用 470 Ω、750 Ω、1 kΩ、1.5 kΩ 和 2.0 kΩ 替换,观察发光区别。

2. 万用表检验

万用表(multimeter)是学习电子技术最常用的工具之一,能够很方便地测量电平高低。测量时,只要选择好直流电压挡的量程,将黑表笔接电源地,红表笔接待测量的信号线就可以在屏幕上读出电平的具体数值,如图 1.2.5 所示。

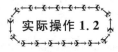
实际操作 1.2

① 将图 1.2.1 和图 1.2.3 画在一起,合成一个电路图。
② 实际连接该电路,用万用表测出各点电位,并标注在电路图中。

3. 示波器检验

示波器(Oscilloscope)是学习电子技术常用的仪器,可以直观地在屏幕上看到信号的波形。用示波器观察到的波形是时域波形,也就是说,波形的横坐标为时间 t,单位为秒(s)、毫秒(ms)或微秒(μs)。波形的纵坐标为电压 u,单位为伏特(V)或毫伏(mV)。

示波器检验电平的电路如图 1.2.6 所示,图 1.2.7 为示波器探头的结构。操作时将测试探头的挂钩连接到图 1.2.6 的信号输出端(J1 的中间活动刀)上,侧面的小夹子要接信号的地线。图 1.2.8 为示波器面板的主要结构,图 1.2.9 为示波器屏幕主要读数要素。

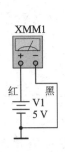 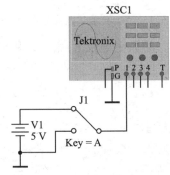

图 1.2.5 用万用表测量电平电路　　图 1.2.6 用示波器观察电平

第 1 章　逻辑电路基础

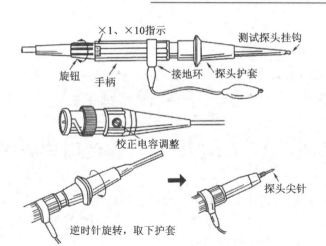

图 1.2.7　示波器探头

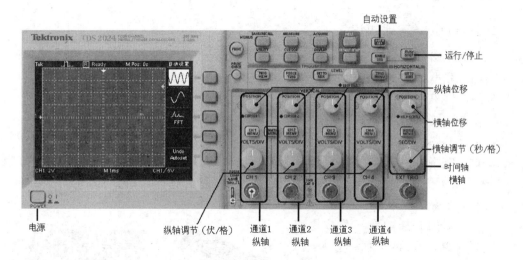

图 1.2.8　示波器面板

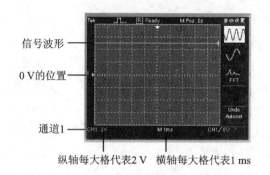

图 1.2.9　示波器屏幕读数

实际操作 1.3

① 将示波器与前面实操任务中搭建好的电平产生电路相连接。
② 调节示波器,并正确读出示波器显示的电压值。
③ 改变电源电压,再次练习读数。

1.3 实操任务2:基本逻辑门电路使用与测试

基本逻辑门电路是指能实现基本逻辑功能的电路。门电路(gate)的名称寓意在于:门有"开"和"关"两种状态,与二值逻辑的"0"状态和"1"状态相对应,因此,用"门电路"来表示能实现二值逻辑的电路。

1.3.1 与 门

1. 集成电路基础知识

集成电路(Integrated Circuit,简写为IC)技术发明于1958年,是一种将微小半导体器件和电路导线封装在一起的技术。集成电路的出现,极大地推动了电子技术的发展。这里仅介绍数字集成电路的基础知识。

以74系列08为例,其外观如图1.3.1所示,这种外形称为双列直插式封装(Dual In-line Package,简写为DIP)。在图1.3.1(a)中,集成电路左侧明显有一个缺口,这是集成电路的一个标记,这个标记下面是1脚;有些集成电路的标记是一个小圆坑,小圆坑下面是1脚。数字集成电路的管脚标号从有标记的1脚开始,逆时针递增。

对于双列直插的数字集成电路,不管有多少个管脚,下面一排最右边一个总是电源地,上面一排最左边的一个总是电源,千万不能接错电源,否则会烧坏集成电路。

集成电路上面都会有型号、生产商商标等信息,如图1.3.1(b)所示。有些集成电路的标识比较清晰,有些

图 1.3.1 集成电路外观图

就很不清楚,要对着光线仔细观察,也可以借助放大镜等工具来帮助识别。

能正确识别出集成电路的型号是一项重要的基本技能。识别出型号后可以通过型号查找数据手册,从而了解集成电路的功能、参数和使用时的注意事项等。集成电路的型号比较混乱,不同厂家有自己的规定,但有一些是相同的,尤其是数字集成电路,有一些共有的规律。比如,常见数字集成电路型号就分为74系列和4000系列,

这两个系列都有一个列表,列表中一个号码对应于一个逻辑功能。同系列同号码的产品,即使是不同厂家生产的,它们在功能上也是相同的。

74系列集成电路在上表面能找到"74＊＊＄＄"字样,其中,"＊＊"一般是字母,比如"LS"、"HC"。"LS"是"低功耗肖特基"的简写,"HC"是"高速CMOS"的简写,"＄＄"是数字,可能是2位或3位,这就是代表逻辑功能的号码。型号里的号码不需要专门背下来,需要的时候按照号码去查找相应数据手册就可以了。

4000系列的集成电路在上表面能找到"＊＊40＄＄＄"字样,其中,"＊＊"一般是字母,比如"CC"、"CD"。"CC"是"中国CMOS"的简写,"CD"是"CMOS数字"的简写,"＄＄＄"也是代表逻辑功能的号码,可能2位或3位。

实际操作2.1

① 指出集成电路的管脚标记。
② 按顺序准确读出集成电路管脚标号。
③ 指出集成电路的电源脚和接地脚。
④ 准确读出集成电路型号。

2. 与门的测试

要测试和使用数字集成电路,必须了解其逻辑功能。以74LS08为例,查找数据手册可知,它的功能是4个2输入与门。根据其功能可以确定:首先,这是一个与门,能实现与的逻辑功能;然后,这个集成电路里有4个与门;最后,这个集成电路的每个与门都有2个输入端。

74LS08内部结构示意图如图1.3.2所示,图1.3.2(a)采用了国家标准符号,1.3.2(b)采用了外国常用符号。国内一般要求使用国标符号,但流行的仿真软件和画图软件都是外国公司研制,这些软件一般采用外国常用符号,学习的时候两类符号都要认识、会用。

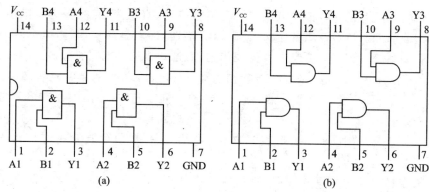

图1.3.2　74LS08的内部结构示意图

在图 1.3.2 中每个管脚都有一个名称,比如 A1、B1、Y1 等,这些名称中的阿拉伯数字用来区分 4 个与门,1 代表第一个与门,2 代表第二个与门,依此类推。每个与门都有输入端(IN)和输出端(OUT),其中字母 A、B、C、D 等一般表示输入端,输出端一般用字母 F、Y、O、Q 等。

① 图 1.3.3 左侧为两路数字信号源,上面 J1 的信号源接 74LS08 第一个门的输入端 A(A1,即 1 脚),下面 J2 的信号源接第一个门的输入端 B(B1,即 2 脚),信号将从第一个门的输出端 Y(Y1,即 3 脚)输出。按照图 1.3.3 所示的电路连线。

② 将集成电路的电源(14 脚)与 +5 V 电源相连接,电源地(7 脚)与 +5 V 电源的负极相连接,注意:不能接错。

③ 拨动单刀双掷开关 J1 和 J2,改变输入端 A 和 B 的电平,用万用表测量输出端 Y 的电平,高电平记为 1,低电平记为 0,将测量结果记录在表 1.3.1 中。

④ 换一个门再测一次,比较两次的测量结果是否相同。

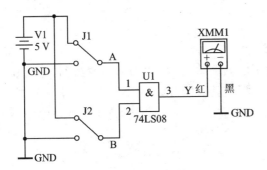

图 1.3.3 与门测试电路

表 1.3.1 与门真值表

A	B	Y
0	0	
0	1	
1	0	
1	1	

3. 与门的描述方法

逻辑门电路有很多种描述方法,比如,语言描述、真值表描述、表达式描述、电路符号等。前面介绍过与逻辑的定义,就是语言描述,优点是易于理解,但不便于用来描述复杂的系统。这里主要学习真值表描述、表达式描述和电路符号。

真值表(Truth Table)是表征逻辑事件输入和输出之间全部可能状态的表格。通常以 1 表示真、高电平,0 表示假、低电平。输入列在左边,输出列在右边。与逻辑的真值表如表 1.3.2 所列,与门是实现与逻辑的电路器件,所以表 1.3.1 实际测试的结果和表 1.3.2 是相同的。真值表中的字母称为变量,取值可能为 0 或 1,具体数值由当时情况决定。

真值表具有查找方便的优点,但是书写不方便,不便于逻辑推导。表达式(Expression)描述具有书写方便、便于逻辑推导的优点,并且容易画出电路图。与逻辑的表达式为 $Y = A \cdot B$,读作"A 与 B"。逻辑变量一般采用单个大写字母表示,在不至于误会的情况下可以简写为 Y=AB。

与门还可以用电路符号表示,电路符号可以用来绘制电路图。与门电路符号如图 1.3.4 所示。

表 1.3.2 与逻辑真值表

A	B	Y
0	0	0
0	1	0
1	0	0
1	1	1

(a) 国家标准电路符号　　(b) 外国常用电路符号

图 1.3.4 与门电路符号

4. 几种与门的区别

常用的 74 系列与门型号有 08、11、21 等。其中,08 为 4 个 2 输入与门(Quad 2-Input AND Gate),11 为 3 个 3 输入与门(Triple 3-Input AND Gate),21 为双 4 输入与门(Dual 4-Input AND Gate)。它们的区别在于一块集成电路里面有几个与门,每个与门能够实现几个逻辑变量相与。名称里前面的数字一般用大写,表示集成电路里有几个门,后面的数字表示每个门有几个输入端。

74LS08 的各管脚逻辑功能分配如图 1.3.3 所示,74LS11 的各管脚逻辑功能分配如图 1.3.5 所示,74LS21 的各管脚逻辑功能分配如图 1.3.6 所示。

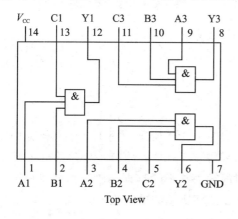   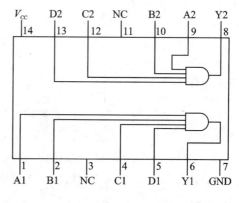

图 1.3.5 74LS11(3 个 3 输入与门)　　图 1.3.6 74LS21(双 4 输入与门)
内部结构示意图　　　　　　　　　　　内部结构示意图

图 1.3.6 中 3 脚和 11 脚名称都为 NC(Not Connected),是没有连接的意思。NC 脚一般有这样几种用处:

➢ 为了多种集成电路共用生产线批量生成节约资金;
➢ 可以用来帮助散热;
➢ 可以用来增加安装的牢固程度;

- 几根需要连通的线可以在这个管脚汇集，便于布线；
- 留作扩展，将来的新型号可能利用到这个管脚。

在查阅数据手册时，除了简单的门电路，很少会给出内部结构示意图，一般只给出真值表、电路符号和管脚排列图，这三者要能对照应用。数据手册给出的管脚排列图如图 1.3.7 所示，这个图是从上向下看的顶视图，即管脚插入纸面的方向。

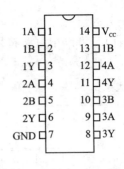

图 1.3.7 常见管脚排列图样式

1.3.2 或 门

(1) 或门的描述方法

能够实现或逻辑功能的电路称为或门，真值表如表 1.3.3 所列。

或逻辑的表达式为 $Y=A+B$，读作"A 或 B"，电路符号如图 1.3.8 所示。

表 1.3.3 或逻辑真值表

A	B	Y
0	0	0
0	1	1
1	0	1
1	1	1

(a) 国家标准电路符号

(b) 外国常用电路符号

图 1.3.8 或门电路符号

(2) 或门的测试

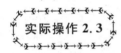
实际操作 2.3

① 4 个 2 输入或门 74LS32 的管脚排列如图 1.3.7 所示。图 1.3.9 左侧为两路数字信号源，与图 1.3.3 相同，上面 J1 的信号源接 74LS32 的第一个门的输入端 A（A1，即 1 脚），下面 J2 的信号源接第一个门的输入端 B（B1，即 2 脚），信号将从第一个门的输出端 Y（Y1，即 3 脚）输出。按照图 1.3.9 所示的电路连线。

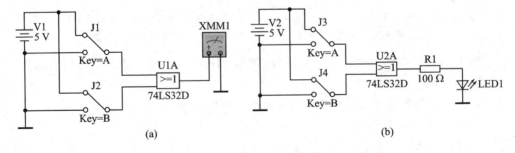

图 1.3.9 或门测试电路

② 将集成电路的电源(14 脚)与+5 V 电源相连接,电源地(7 脚)与+5 V 电源的负极相连接,注意:不能接错。

③ 拨动单刀双掷开关 J1 和 J2,改变输入端 A 和 B 的电平,观察输出端发光二极管 LED1 是否发光,发光为高电平,记为 1;不发光为低电平,记为 0。将测量结果记录下来,比较与表 1.3.3 是否相同。

④ 换一个门再测一次,比较两次的测量结果是否相同。

1.3.3 非 门

(1) 非门的描述方法

能够实现非逻辑功能的电路称为非门,也称为反相器(Inverter),真值表如表 1.3.4 所列。非逻辑的表达式为 $Y=\overline{A}$,读作"非 A"。非门电路符号如图 1.3.10 所示。

表 1.3.4 非逻辑真值表

A	Y
0	1
1	0

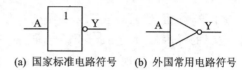

(a) 国家标准电路符号　　(b) 外国常用电路符号

图 1.3.10 非门电路符号

(2) 非门的测试

实际操作 2.4

① 图 1.3.11 为六反相器 74LS04 的管脚排列图。图 1.3.12 为非门测试电路,J1 的信号源接 74LS04 的第一个门的输入端 A(1A,即 1 脚),信号将从第一个门的输出端 Y(1Y,即 2 脚)输出。按照图 1.3.12 所示的电路连线。

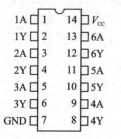

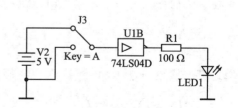

图 1.3.11　74LS04(六反相器)管脚排列图　　　图 1.3.12　非门测试电路

② 将集成电路的电源(14 脚)与+5 V 电源相连接,电源地(7 脚)与+5 V 电源的负极相连接,注意:不能接错。

③ 拨动单刀双掷开关 J1,改变输入端 A 的电平,观察输出端发光二极管 LED1 是否发光,发光为高电平,记为 1;不发光为低电平,记为 0。将测量结果记录下来,与表 1.3.4 比较是否相同。

④ 换一个门再测一次，比较两次的测量结果是否相同。

1.4　实操任务3：常用组合门电路使用与测试

基本逻辑门电路只能实现最基本的3种逻辑功能，在比较复杂的情况下，需要使用的门电路数量较多，安装、调试、维修都不方便。组合门电路是将简单的基本逻辑门电路组合在一起制作成集成电路，以方便实现复杂的逻辑功能，常用的组合逻辑电路都有批量生产。最常用的组合门电路有与非门、或非门、异或门、与或非门等。

1.4.1　与非门

(1) 与非门的描述方法

先实现与逻辑功能，再将结果进行非逻辑运算的电路称为与非门（NAND Gate）。与非逻辑的真值表如表1.4.1所列。

与非逻辑的表达式为 $Y=\overline{A \cdot B}$。与非门电路符号如图1.4.1所示。

要注意与非门能够实现非门的逻辑功能，如图1.4.2所示。

表1.4.1　与非逻辑真值表

A	B	Y
0	0	1
0	1	1
1	0	1
1	1	0

(a) 国家标准电路符号　　(b) 外国常用电路符号

图1.4.1　与非门电路符号

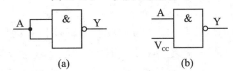

(a)　　　　　　　　(b)

图1.4.2　与非门实现非门功能

在图1.4.2(a)中，先进行 $Y'=A \cdot A$ 的与逻辑运算，然后再进行 $Y=\overline{Y'}$ 的非逻辑运算。假设A为0，两个0相与仍为0；假设A为1，两个1相与仍为1。所以，$A \cdot A=A, Y'=A \cdot A=A, Y=\overline{Y'}=\overline{A}$。

在图1.4.2(b)中，先进行 $Y'=A \cdot 1$ 的与逻辑运算，然后再进行 $Y=\overline{Y'}$ 的非逻辑运算。假设A为0，0与1仍为0；假设A为1，1与1仍为1。所以，$A \cdot 1=A$，$Y'=A \cdot 1=A, Y=\overline{Y'}=\overline{A}$。

(2) 与非门的测试

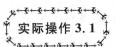

① 图1.4.3为4个2输入与非门74LS00的管脚排列图。测试方法与实操任务1.3.2节完全相同。将图1.3.9中的或门改换为与非门，单独画出电路图，然后参照管脚排列图连线。

② 将集成电路的电源(14脚)与+5 V电源相连接,电源地(7脚)与+5 V电源的负极相连接。

③ 拨动单刀双掷开关J1和J2,改变输入端A和B的电平,观察输出端发光二极管LED1是否发光,发光为高电平,记为1;不发光为低电平,记为0。将测量结果记录下来,与表1.4.1比较是否相同。

④ 将与非门按照图1.4.2(a)连线,这时只需要一个拨动开关就可以了,改变拨动开关观察发光二极管是否发光,比较测量结果是否与非门相同。

⑤ 将与非门按照图1.4.2(b)连线,再测一次。

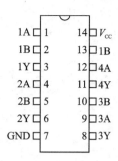

图1.4.3 74LS00(4个2输入与非门)管脚排列图

1.4.2 或非门

(1) 或非门的描述方法

先实现或逻辑功能,再将结果进行非逻辑运算的电路称为或非门(NOR Gate)。或非逻辑的真值表如表1.4.2所列,注意和表1.3.3对比。

或非逻辑的表达式为 $Y=\overline{A+B}$。或非门电路符号如图1.4.4所示。

要注意或非门能够实现非门的逻辑功能,如图1.4.5所示。

表1.4.2 或非逻辑真值表

A	B	Y
0	0	1
0	1	0
1	0	0
1	1	0

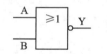

(a) 国家标准电路符号　　(b) 外国常用电路符号

图1.4.4 或非门电路符号

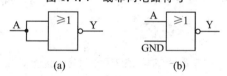

图1.4.5 或非门实现非门功能

在图1.4.5(a)中,先进行 $Y'=A+A$ 的或逻辑运算,然后再进行 $Y=\overline{Y'}$ 的非逻辑运算。假设A为0,两个0相或仍为0;假设A为1,两个1相或仍为1。所以,$A+A=A$,$Y'=A+A=A$,$Y=\overline{Y'}=\overline{A}$。在图1.4.5(b)中,先进行 $Y'=A+0$ 的与逻辑运算,然后再进行 $Y=\overline{Y'}$ 的非逻辑运算。假设A为0,0或0仍为0;假设A为1,1或0仍为1。所以,$A+0=A$,$Y'=A+0=A$,$Y=\overline{Y'}=\overline{A}$。

(2) 或非门的测试

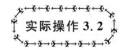

① 图1.4.6为4个2输入或非门74LS02的管脚排列图。测试方法与实操任务

1.3.2完全相同,将图1.3.9中的或门改换为或非门,单独画出电路图,然后参照管脚排列图连线。

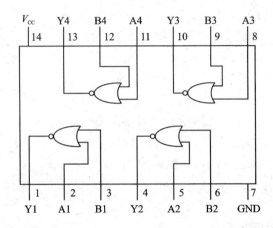

图1.4.6　74LS02(4个2输入或非门)管脚排列图

② 将集成电路的电源(14脚)与+5 V电源相连接,电源地(7脚)与+5 V电源的负极相连接。

③ 拨动单刀双掷开关J1和J2,改变输入端A和B的电平,观察输出端发光二极管LED1是否发光,发光为高电平,记为1;不发光为低电平,记为0。将测量结果记录下来,与表1.4.2比较是否相同。

④ 将或非门按照图1.4.5(a)连线,这时只需要一个拨动开关就可以了,改变拨动开关,观察发光二极管是否发光,比较测量结果是否与非门相同。

⑤ 将或非门按照图1.4.5(b)连线,再测一次。

1.4.3　异或门

(1) 异或门的描述方法

异或逻辑(XOR)的语言描述为:两个逻辑值如果相同,结果为假;两个逻辑值如果相异,结果为真。异或逻辑的真值表如表1.4.3所列。异或逻辑的表达式为$Y=\overline{A}B+A\overline{B}$,有时简写为$Y=A\oplus B$。异或门电路符号如图1.4.7所示。

要注意异或门也能够实现非门的逻辑功能,如图1.4.8所示。

表1.4.3　异或逻辑真值表

A	B	Y
0	0	0
0	1	1
1	0	1
1	1	0

(a) 国家标准电路符号

(b) 外国常用电路符号

图1.4.7　异或门电路符号

图1.4.8　异或门实现非门功能

在图 1.4.8 中，
$$Y = A \cdot \overline{1} + \overline{A} \cdot 1 = A \cdot 0 + A \cdot 1 = 0 + \overline{A} = \overline{A}$$

（2）异或门的测试

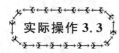
实际操作 3.3

① 4 个 2 输入异或门 74LS86 的管脚排列图与图 1.4.3 相同。测试方法与实操任务 1.3.2 完全相同，将图 1.3.9 中的或门改换为异或门，单独画出电路图，然后参照管脚排列图连线。

② 将集成电路的电源（14 脚）与+5 V 电源相连接，电源地（7 脚）与+5 V 电源的负极相连接。

③ 拨动单刀双掷开关 J1 和 J2，改变输入端 A 和 B 的电平，观察输出端发光二极管 LED1 是否发光，发光为高电平，记为 1；不发光为低电平，记为 0。将测量结果记录下来，与表 1.4.3 比较是否相同。

④ 将异或门按照图 1.4.8 连线，这时只需要一个拨动开关就可以了，改变拨动开关，观察发光二极管是否发光，比较测量结果是否与非门相同。

1.4.4 与或非门 *

（1）与或非门的描述方法

先实现与逻辑功能，再将与的结果进行或运算，最后将或运算结果进行非逻辑运算的电路称为与或非门（AND - OR - Invert Gate）。与或非逻辑的真值表如表 1.4.4 所列。

真值表 1.4.4 所对应的表达式为 $Y = \overline{AB + CD}$。与或非门 74LS51 的电路符号如图 1.4.9 所示，该图表示的表达式为 $Y = \overline{ABC + DEF}$。要注意与或非门能够分别实现非门、与非门和或非门的逻辑功能，如图 1.4.10～图 1.4.12 所示。

在图 1.4.10 中，先进行 $Y_1 = A \cdot A \cdot A = A$ 和 $Y_2 = 0 \cdot 0 \cdot 0 = 0$ 的与逻辑运算，然后再进行 $Y_3 = Y_1 + Y_2 = A + 0 = A$ 的或逻辑运算，最后进行 $Y = \overline{Y_3} = \overline{A}$ 的非逻辑运算。

在图 1.4.11 中，先进行 $Y_1 = A \cdot B \cdot C$ 和 $Y_2 = 0 \cdot 0 \cdot 0 = 0$ 的与逻辑运算，然后再进行 $Y_3 = Y_1 + Y_2 = A \cdot B \cdot C + 0 = A \cdot B \cdot C$ 的或逻辑运算，最后进行 $Y = \overline{Y_3} = \overline{A \cdot B \cdot C}$ 的非逻辑运算。

在图 1.4.12 中，先进行 $Y_1 = A \cdot A \cdot A = A$ 和 $Y_2 = B \cdot B \cdot B = B$ 的与逻辑运算，然后再进行 $Y_3 = Y_1 + Y_2 = A + B$ 的或逻辑运算，最后进行 $Y = \overline{Y_3} = \overline{A + B}$ 的非逻辑运算。

表1.4.4 与或非逻辑真值表

A	B	C	D	Y
0	0	0	0	1
0	0	0	1	1
0	0	1	0	1
0	0	1	1	0
0	1	0	0	1
0	1	0	1	1
0	1	1	0	1
0	1	1	1	0
1	0	0	0	1
1	0	0	1	1
1	0	1	0	1
1	0	1	1	0
1	1	0	0	0
1	1	0	1	0
1	1	1	0	0
1	1	1	1	0

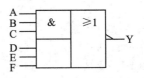

图1.4.9 与或非门电路符号

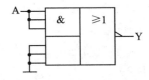

图1.4.10 与或非门实现非门功能

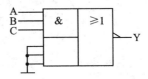

图1.4.11 与或非门实现与非门功能

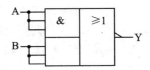

图1.4.12 与或非门实现或非门功能

（2）与或非门的测试

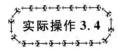

实际操作 3.4

① CC4085、74LS51、74LS54 和 74LS64 均为与或非门，图 1.4.13 为 74LS51 的管脚排列图，其中

$1Y = \overline{1A \cdot 1B \cdot 1C + 1D \cdot 1E \cdot 1F}$

$2Y = \overline{2A \cdot 2B + 2C \cdot 2D}$

测试时使用+5 V电源，将输入管脚 A、B、C、D、E、F 等分别接高电平或低电平，分别测试输出 1Y 和 2Y 的电平，然后记录测试结果。

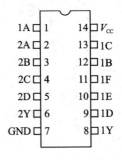

图1.4.13 74LS51(与或非门)管脚排列图

② 用 74LS51 实现非门的逻辑功能，进行测试并记录测试结果。

③ 用74LS51实现与非门的逻辑功能,进行测试并记录测试结果。
④ 用74LS51实现或非门的逻辑功能,进行测试并记录测试结果。

本章小结

知识小结

本章主要介绍了逻辑学和逻辑代数的基本知识、在电路中逻辑值的表示方法、逻辑门电路的描述方法等知识。学习数字电子技术关键要有逻辑学思想,要用逻辑的观点看待电路功能,所以学习逻辑学的基础知识非常重要。逻辑值只有真假之分,没有大小之分,在电路中用电平的高低代表逻辑值的真和假,称为1状态和0状态。通常采用正逻辑,即用高电平代表1,用低电平代表0。逻辑门电路是能够具体实现逻辑功能的电路,现今多为集成电路。复杂的逻辑功能都能归结为与、或、非这3种基本逻辑功能,能实现这3种基本逻辑功能的门电路称为基本逻辑门。数字电子技术中经常用到一些由与、或、非简单组合而成的逻辑功能,实现这些逻辑功能的集成电路也都称为门电路。逻辑门电路最常见的描述方法有:语言描述、真值表描述、表达式描述、电路符号描述等,读者要熟练掌握这些逻辑描述方法。

技能小结

本章在技能方面主要涉及了集成电路型号识别、管脚排列识别、集成门电路的名称与功能对照识别、集成电路安装、按照原理图和管脚图连线、集成电路逻辑功能测试、简单电路图绘制、万用表的使用和示波器的使用等。

集成电路在使用时,要特别注意电源问题,电源出问题很容易损坏集成电路,主要包括以下几点:

① 注意不要将电源接反,这就要求能够正确识别电源管脚,安装和连线时特别细心。

② 电源电压要调节好,一般使用+5 V直流电压源,如果使用不带电压显示的电源设备,要事先用万用表测量,误差不要超过±0.25 V。

③ 先连线后接通电源。如果有集成电路插座,要先断电再插拔集成电路,不要带电插拔集成块。

④ 如果要使用74HC系列或4000系列的集成电路,电源电压的规定可参考第5章的相关内容。

⑤ 高速处理信号时,要注意去除电源耦合,一般是在集成电路的电源脚和地脚之间直接连接一个小的滤波电容,电容的大小与信号频率高低有关,一般为纳法(nF)级或更小的电容。

焊接集成电路时,要注意焊接时间不要过长,不要连续焊接相邻管脚,以免温度过高损坏集成电路。如果可能的话,尽量使用集成电路插座,先焊接插座,然后将集成电路插上,这样不易损坏集成电路,调试时也便于更换。

思考与练习

① 阅读一本逻辑学科普读物,写出读后感。

② 推理和论证是普通逻辑学的主要内容,推理主要分为演绎推理和归纳推理,著名的侦探推理小说《福尔摩斯探案全集》中大量提到演绎推理,请阅读其中一篇小说,指出其中的演绎推理。

③ 制作电子课件,在课堂上给同学讲解一个逻辑学小案例。

④ 集成电路生产厂家都会提供集成电路数据手册,一般以 pdf 格式放到互联网上,并从互联网查找并阅读 74LS00 的数据手册,从中了解逻辑功能、管脚排列、电气参数等信息。

⑤ 试用 74LS11 实现 $Y = A \cdot B$。

⑥ 74LS260 为双 5 输入或非门,请查找并阅读 74LS260 的数据手册,并用 74LS260 实现 $Y = \overline{A+B+C}$。

⑦ 请推导出 A 与 0 异或的结果。

⑧ 与或非门 CC4086 是一种可以实现扩展的集成电路,试查找其数据手册、写出其逻辑表达式和电路符号并用电路实现扩展功能。

⑨ 逻辑思维训练:

医生告诫病人:"吸烟有百害而无一利,特别是像你这样的患者,应该立即戒烟。"以下哪项未能给医生的观点提供进一步的论证?

A. 吸烟者认为戒烟后可能引起其他疾病。

B. 烟草中的尼古丁不仅危害人体健康,还可能引起精神紊乱。

C. 吸烟可能诱发心血管病。

D. 吸烟不仅损害心脏和肺,而且对皮肤也有危害。

E. 吸烟者吐出的烟雾,会妨碍他人的健康。

⑩ 逻辑思维训练:

《伊索寓言》中有这样一段文字:有一只狗习惯于吃鸡蛋。久而久之,它认为"一切鸡蛋都是圆的"。有一次,它看见一个圆圆的海螺,以为是鸡蛋,于是张开大嘴,一口就把海螺吞下肚去,结果肚子疼得直打滚。

狗误吃海螺是依据下述哪项判断?

A. 所有圆的都是鸡蛋。　　B. 有些圆的是鸡蛋。

C. 有些鸡蛋是圆的。　　　D. 所有的鸡蛋都是圆的。

E. 有些圆的不是鸡蛋。

第 2 章

组合逻辑电路

 学习目标

专业知识：
- ➢ 熟练掌握逻辑函数的各种表示方法和相互转换；
- ➢ 熟练掌握将实际问题抽象为逻辑问题的基本方法；
- ➢ 掌握逻辑代数的基本公式和定律；
- ➢ 掌握逻辑函数的化简；
- ➢ 熟练掌握组合逻辑电路的设计和分析方法；
- ➢ 理解数据选择器和数据分配器的逻辑功能；
- ➢ 熟悉三态门和传输门的逻辑功能；
- ➢ 理解编码器和译码器的逻辑功能。

专业技能：
- ➢ 能够按照真值表检测集成电路的好坏；
- ➢ 会使用集成电路测试仪；
- ➢ 能按照电路图安装较复杂的组合逻辑电路；
- ➢ 会检查组合逻辑电路的故障并排除故障；
- ➢ 能完成分析、设计、安装、调试等整个工程项目流程；
- ➢ 会制定逆向工程的项目流程。

素质提高：
- ➢ 通过学习组合逻辑电路提高逻辑推理能力；
- ➢ 通过学习设计电路提高科学素质；
- ➢ 通过安装、调试电路培养严谨、认真的科学态度；
- ➢ 通过小组合作,提高交流能力和合作意识；
- ➢ 通过工程项目提高工程意识；
- ➢ 通过逆向工程了解山寨文化。

2.1 语言描述和逻辑描述

  逻辑代数是数字电子技术的数学基础,要用数字电子技术解决实际问题,首先要将实际问题的语言描述转换为逻辑描述,然后才能用数字电路实现逻辑功能,进而完成设计任务。

1. 实际问题的逻辑描述

(1) 实际问题的语言描述

实际问题的首次提出都是用语言进行表达的,但是语言描述不严谨,逻辑关系不明确,难以转化为数字电路。比如,有人需要设计一个保险箱简易防盗系统,其语言描述为:在保险箱门上有开关传感器,可以感知门的开关;保险箱门上安装有微型细金属丝封条,要先拆除该封条才能打开保险箱,否则报警;保险箱内安装有振动传感器,重击保险箱时会有信号输出。要求报警器在以下情况发出报警:

➢ 重击保险箱时;
➢ 未拆除金属封条时,保险箱门被打开。

(2) 将语言描述转换为逻辑描述

逻辑描述是用逻辑代数的规范方法描述问题,具有严谨、易于设计数字电路的优点。要设计数字电路,先要把实际问题转化为逻辑问题,也就是将实际问题的语言描述转换为逻辑描述。

要将实际问题由语言描述转换为逻辑描述,需要首先进行逻辑变量声明,然后进行逻辑变量赋值,最后列出真值表。

逻辑变量声明是用字母代指实际物体或命题的说明,比如保险箱防盗的例子中,可以用 A 代表保险箱门的开关传感器,B 代表金属丝封条传感器,C 代表振动传感器,用 Y 代表是否发出报警信号。通常逻辑变量用单个大写字母表示,取值可以为 0,也可以为 1。

逻辑变量赋值是说明这些逻辑变量是如何取值的,比如,用 A 为 1 代表保险箱门处于打开状态,为 0 表示门处于关闭状态;用 B 为 1 代表金属丝封条处于密封状态,为 0 处于打开状态;用 C 为 1 表示有重击保险箱行为,为 0 表示没有重击保险箱行为。

根据前面的逻辑变量声明和逻辑变量赋值可以列出下面的真值表(见表 2.1.1)。真值表是区别不同逻辑问题的依据,不同的逻辑关系具有不同的真值表。

2. 逻辑描述的几种方法及互相转换

通常逻辑问题可以采用真值表、卡诺图、表达式、电路图、时序图等表达方式进行描述。逻辑问题描述了一组输入和输出之间的对应关系,常称为逻辑函数。

(1) 真值表转换为表达式

真值表是联系语言描述和逻辑描述的桥梁和纽带,特点是描述逻辑问题方便、直观,但是比较繁琐,不易用来绘制电路图,不易直观理解逻辑变量之间的逻辑关系。逻辑表达式易于绘制逻辑电路图的逻辑描述形式,特点是便于运算、化简和画逻辑图,但是很难从语言描述直接得到逻辑表达式。

将真值表转换为表达式时要注意,真值表中的 1 对应于表达式中的原变量,0 对应于表达式中的反变量。原变量是指不带非号的变量字母,反变量是指带非号的变量字母,比如 A 为原变量,则 $\overline{A}$ 为反变量。

真值表中每一行对应于表达式的一个与逻辑项,这个与逻辑项包括所有自变量,比如表 2.1.1 的第一行可以写为 $\overline{Y}=\overline{A}\cdot\overline{B}\cdot\overline{C}$,第二行可以写为 $Y=\overline{A}\cdot\overline{B}\cdot C$,如表 2.1.2 所列。

表 2.1.1 真值表

输入			输出
A	B	C	Y
0	0	0	0
0	0	1	1
0	1	0	0
0	1	1	1
1	0	0	0
1	0	1	1
1	1	0	1
1	1	1	1

表 2.1.2 由真值表写表达式

A	B	C	Y	Y 的与逻辑项
0	0	0	0	$\overline{Y}=\overline{A}\cdot\overline{B}\cdot\overline{C}$
0	0	1	1	$Y=\overline{A}\cdot\overline{B}\cdot C$
0	1	0	0	$\overline{Y}=\overline{A}\cdot B\cdot\overline{C}$
0	1	1	1	$Y=\overline{A}\cdot B\cdot C$
1	0	0	0	$\overline{Y}=A\cdot\overline{B}\cdot\overline{C}$
1	0	1	1	$Y=A\cdot\overline{B}\cdot C$
1	1	0	1	$Y=A\cdot B\cdot\overline{C}$
1	1	1	1	$Y=A\cdot B\cdot C$

完整的 Y 逻辑函数表达式为:

$Y=\overline{A}BC+\overline{A}BC+A\overline{B}C+AB\overline{C}+ABC$ 或者 $\overline{Y}=\overline{ABC}+A\overline{B}\,\overline{C}+A\,\overline{BC}$

这两个表达式是等价的,写哪一个都行,两者可以通过逻辑函数公式进行互相转换。由真值表得到的表达式比较繁琐,书写麻烦,一般需要化简,以利于书写和了解其逻辑关系。

(2) 表达式转换为真值表

可以认为将表达式转换为真值表是将真值表转换为表达式的逆过程。表达式中的原变量对应于真值表中的 1,表达式中的反变量对应于真值表中的 0。表达式的一个与逻辑项对应于真值表中的一行。

比如,若将逻辑函数表达式 $Y3=\overline{A}\cdot\overline{B}\cdot\overline{C}+\overline{A}\cdot B\cdot C+A\cdot\overline{B}\cdot\overline{C}$ 转换为真值表,则根据表达式左侧的函数名称 Y3(原变量)可以确定表达式右侧的每一项都可能导致 Y3=1。所以,填写真值表时,先找到与逻辑项 $\overline{A}\cdot\overline{B}\cdot\overline{C}$ 对应的行"000";然后在 Y3 列的对应位置填"1",然后找到与逻辑项 $\overline{A}\cdot B\cdot C$ 对应的行"011",然后在 Y3 列的对应位置填"1",再找到与逻辑项 $A\cdot\overline{B}\cdot\overline{C}$,然后在 Y3 列的对应位置填"1",最后,所有 Y3 列的空白位置填 0,填好的真值表如表 2.1.3 所列。

逻辑函数表达式经过化简后,与逻辑项不包括所有自变量,这时可以直接转换为真值表。比如,$Y4=\overline{A}\cdot\overline{B}\cdot\overline{C}+\overline{A}\cdot B+\overline{B}\cdot\overline{C}$,其中,与逻辑项 $\overline{A}\cdot B$ 缺少了自变量 C,与逻辑项 $\overline{B}\cdot\overline{C}$ 缺少了自变量 A,即这些不出现的自变量取值是 0 还是 1 对于结果没有影响,所以写表达式时可以省略不写。在表达式转换为真值表时,不管这些自变量取值为 0 还是 1,函数结果都应该填写相同的数值。与逻辑项缺少一个自变量,对应于真值表中的 2 行;缺少 2 个自变量,对应于真值表中的 4 行;缺少 3 个自变量,对应于真值表中的 16 行,依此类推,两者呈 2^n 关系。比如,Y4＝$\overline{A} \cdot \overline{B} \cdot \overline{C}+\overline{A} \cdot B+\overline{B} \cdot \overline{C}$ 中与逻辑项 $\overline{A} \cdot B$ 对应于真值表中"010"和"011"两行,与逻辑项 $\overline{B} \cdot \overline{C}$ 对应于真值表中"000"和"100"两行,其中的"000"和 $\overline{A} \cdot \overline{B} \cdot \overline{C}$ 的"000"重复了,只填一次就可以了。填好的真值表如表 2.1.4 所列。

表 2.1.3 将表达式转换为真值表

输入			输出
A	B	C	Y3
0	0	0	1
0	0	1	0
0	1	0	0
0	1	1	1
1	0	0	1
1	0	1	0
1	1	0	0
1	1	1	0

表 2.1.4 Y4 的真值表

输入			输出
A	B	C	Y4
0	0	0	1
0	0	1	0
0	1	0	1
0	1	1	1
1	0	0	1
1	0	1	0
1	1	0	0
1	1	1	0

(3) 表达式转换为电路图

逻辑电路图是用逻辑符号表示的逻辑函数。由于逻辑符号对应于逻辑器件(集成电路),所以逻辑电路图也简称为逻辑图或电路图,实际的数字电路完全可以根据逻辑电路图安装、调试出来。

画逻辑电路图时,输入的自变量通常画在图的左侧,输出函数画在图的右侧。表达式转换为逻辑电路图时要按照逻辑运算的优先秩序,按照顺序先后从左画到右,从输入端画到输出端。比如,Y4＝$\overline{A} \cdot \overline{B} \cdot \overline{C}+\overline{A} \cdot B+\overline{B} \cdot \overline{C}$ 转换为逻辑电路图,要先在左侧画出 A、B、C 的原变量,然后通过非门得到反变量,再分别经过 3 个与门,最后经过或门得输出函数 Y4。Y4 的逻辑电路图如图 2.1.1 所示。

图中 U1、U2 和 U3 为集成电路标号,U1A、U1B、U1C 分别为 U1(一片型号为 74LS11 的集成电路)中的 3 个与门,U2A、U2B 分别为 U2(一片型号为 74LS32 的集成电路)中的 2 个或门,U3A、U3B、U3C 分别为 U3(一片型号为 74LS04 的集成电路)中的 3 个非门。注意:有些非门是 OC 门,需要上拉电阻。

(4) 逻辑图转换为表达式

逻辑图转换为表达式是表达式转换为逻辑图的逆过程。转换时从左侧输入变量开始,每经过一个逻辑符号写一次表达式,从输入端到输出端逐级写出表达式,用括号保证运算秩序与信号流动顺序相同,直到写出输出函数的表达式,如图 2.1.2 所示。

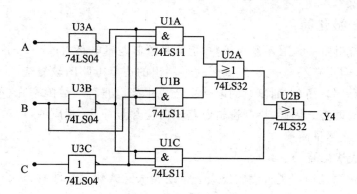

图 2.1.1 Y4 的逻辑电路图

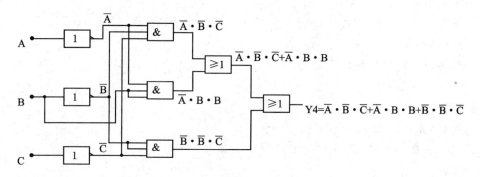

图 2.1.2 逻辑图转换为表达式

(5) 时序图与真值表

时序图也常称为波形图,可以用示波器观测波形,是电路的实验结果,既是验证电路的最权威结论,也是逆向工程的必须手段。时序图的横坐标为时间,纵坐标为幅度。由于数字电子技术最关心变量之间的逻辑关系,所以在研究逻辑关系时,可以省略横坐标和纵坐标的具体数值标注,此时各变量变化的先后顺序就显得格外重要。

将时序图(见图 2.1.3)转换为真值表时,只需要将时序图按顺序查找真值表对应的结果,然后填入真值表(见表 2.1.5)即可。

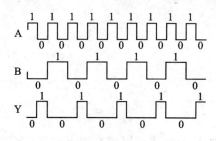

图 2.1.3 时序图

表 2.1.5 时序图转换为真值表

输入		输出
A	B	Y
0	0	1
0	1	0
1	0	0
1	1	0

3. 逻辑函数化简

真值表能够唯一地表示逻辑函数,但不易绘制逻辑电路图;逻辑表达式易于绘制逻辑电路图,但具有不同形式,复杂形式绘制出的逻辑电路图较复杂,简单形式绘制出的逻辑电路图较简单,而复杂的电路生产成本高、功耗高、故障率高、可维护性差,平均无故障时间短。因此,绘制逻辑电路图时应尽量简化,相应的,逻辑表达式需要进行化简,使之尽量简单。

(1) 公式法化简

公式法化简是利用逻辑代数公式进行逻辑表达式化简。注意:逻辑代数中只有与、或、非 3 种基本运算,没有减法或除法这样的运算。

常用公式有:

$A+0=A$ $A+1=1$ $A \cdot 0=0$ $A \cdot 1=A$ $A+A=A$ $A+\overline{A}=1$

$A \cdot A=A$ $A \cdot \overline{A}=0$ $\overline{\overline{A}}=A$

列举公式证明过程如下:

1) $A+AB=A$

证明:

$A+AB=A(1+B)=A \cdot 1=A$

2) $A+BC=(A+B) \cdot (A+C)$

证明:

$(A+B) \cdot (A+C)=AA+AC+AB+BC=A+AC+AB+BC=A(1+B+C)+BC=A+BC$

3) $A+\overline{A}B=A+B$

证明:

$A+\overline{A}B=(A+\overline{A}) \cdot (A+B)=1 \cdot (A+B)=A+B$

4) $AB+\overline{A}C+BC=AB+\overline{A}C$

证明:

$AB+\overline{A}C+BC=AB+\overline{A}C+(A+\overline{A})BC=AB+ABC+\overline{A}C+\overline{A}BC=AB(1+C)+\overline{A}C(1+B)$

$=AB+\overline{A}C$

摩根定理:

$\overline{A+B}=\overline{A} \cdot \overline{B}$

$\overline{A \cdot B}=\overline{A}+\overline{B}$

摩根定理可以用真值表证明,此处略。

前面介绍的保险箱简易防盗系统的逻辑函数 Y 表达式可以进行如下化简(下划线表示这些项可以合并或提取公共因子,下同):

$Y = \underline{\overline{A}\overline{B}C+\overline{A}BC} + \underline{A\,\overline{B}C+AB\,\overline{C}+ABC}$

$$=\overline{A}C(\overline{B}+B)+A(\overline{B}C+B\overline{C}+BC)$$
$$=\overline{A}C\cdot 1+A(\underline{\overline{B}C+BC}+B\overline{C}+BC)$$
$$=\overline{A}C+A(C+B)$$
$$=\overline{A}C+AC+AB$$
$$=C+AB$$

或者：
$$\overline{Y}=\overline{A}BC+\overline{A}B\overline{C}+A\overline{B}\overline{C}$$
$$=(\overline{A}BC+\overline{A}B\overline{C})+(\overline{A}\overline{B}\overline{C}+A\overline{B}\overline{C})$$
$$=\overline{A}B(\overline{C}+C)+\overline{B}\overline{C}(\overline{A}+A)$$
$$=\overline{A}B+\overline{B}\overline{C}$$

将上式等号两边同时取非，再应用摩根定理：
$$Y=\overline{\overline{A}B+\overline{B}\overline{C}}$$
$$=\overline{\overline{A}B}\cdot\overline{\overline{B}\overline{C}}$$
$$=(A+\overline{B})\cdot(B+C)$$
$$=AB+AC+\overline{B}C+C$$
$$=AB+C(A+\overline{B}+1)$$
$$=AB+C$$

从这里可以看出，由真值表得到的原变量表达式和反变量表达式是完全等价的。

(2) 计算机辅助化简*

使用电路仿真软件 NI Multisim 可以进行逻辑函数化简。图 2.1.4 为 Multisim 的主界面，通过菜单或放置仪器的快捷按钮，在仿真窗口放置逻辑转换器符号，如图2.1.5 所示。

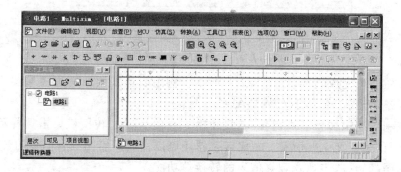

图 2.1.4　Multisim 主界面

双击逻辑转换器符号，可以打开逻辑转换器界面，如图 2.1.6 所示。

根据逻辑函数的自变量数量，在上面圆圈处点取自变量 A、B、C 等，然后可以看到对应自变量圆圈下方的表格里自动生成了最小项，这时根据逻辑函数实际最小项对应输出，用鼠标在右侧相应行单击，选择数值。"×"表示无关项。然后单击右侧转

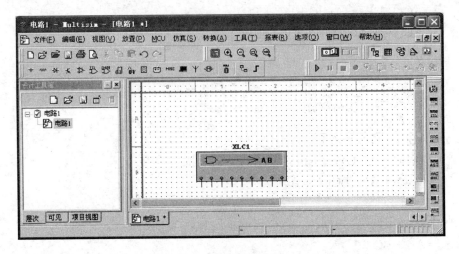

图 2.1.5 放置逻辑转换器符号

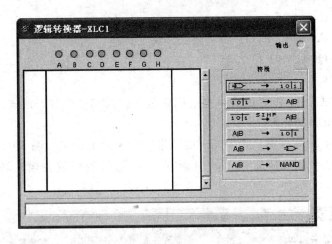

图 2.1.6 打开逻辑转换器界面

换栏的按钮即可完成转换,如图 2.1.7 所示。输出表达式用"'"表示逻辑非,即 A' 为 A 的反变量,等同于 $\overline{A}$,$A'B'C$ 就是 $\overline{ABC}$。

若想利用逻辑转换器进行化简,只须输入真值表后在转换栏单击选择第三个快捷按键即可,如图 2.1.8 所示。逻辑转换器还可以完成逻辑图到真值表的转换、表达式到逻辑图的转换、表达式到真值表的转换等功能。

4. 卡诺图法化简 *

卡诺图(Karnaugh Map)是用来化简逻辑函数的,由英国工程师 Karnaugh 首先提出,也称卡诺图为 K 图。卡诺图是逻辑函数的一种图形表示方法,和真值表一样,可以表示逻辑函数和输入变量之间的逻辑关系。卡诺图是用图示方法将各种输入变量取值组合下的输出函数值一一表达出来。

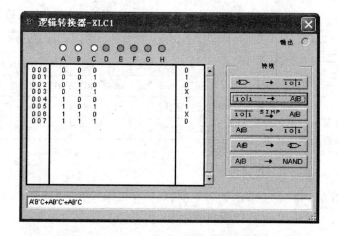

图 2.1.7　由真值表得到表达式

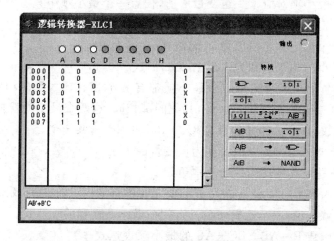

图 2.1.8　由真值表得到最简真值表

(1) 真值表与卡诺图

1) 最小项

对于 n 个变量,如果某与项含有 n 个因子,且每个因子或以原变量或以反变量的形式仅仅出现一次,则这个与项称为最小项。因为每一个变量都有两种状态(即原变量和反变量),若变量一共有 n 个,则一共有 2^n 个最小项。图 2.1.9 为二变量卡诺图与相应真值表的对应关系。

2) 最小项编号

最小项编号方法:把与最小项对应的那一组变量取值组合当成二进制数,与其对应的十进制就是该最小项的编号。表 2.1.6 为三变量的最小项及其编号。

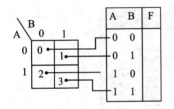

图 2.1.9 二变量卡诺图与相应真值表的对应关系

表 2.1.6 最小项和对应编号的关系

变量	最小项							
	$\overline{A}\overline{B}\overline{C}$	$\overline{A}\overline{B}C$	$\overline{A}B\overline{C}$	$\overline{A}BC$	$A\overline{B}\overline{C}$	$A\overline{B}C$	$AB\overline{C}$	ABC
A、B、C 取值	000	001	010	011	100	101	110	111
对应 2 进制数	0	1	2	3	4	5	6	7
对应编号	m_0	m_1	m_2	m_3	m_4	m_5	m_6	m_7

3）最小项性质

注意：此处的"和"、"加"均表示"逻辑或运算"，"积"、"乘积"均表示"逻辑与运算"。

① n 个变量的逻辑函数有 2^n 个最小项。

② 每一个最小项对应了一组变量取值，任意一个最小项中只有对应的那一组取值使其值为 1，其他均为 0。

③ 任意两个最小项之积恒为 0，记作：$m_i \cdot m_j = 0 (i \ne j)$。

④ 所有最小项的逻辑和为 1，记作 $\sum m_i = 1(i = 0, 1, 2, \cdots, 2n-1)$。

⑤ n 个变量逻辑函数的每一个最小项都有 n 个相邻项。所谓相邻是指逻辑相邻：两个最小项中除一个变量不同外，其他的都相同，这两个最小项就是相邻。例如，三变量逻辑函数 ABC 的相邻项有 $\overline{A}BC$、$A\overline{B}C$ 和 $AB\overline{C}$，共 3 个。

⑥ 两个最小项相加可以消去互为反变量的因子。

4）最小项是组成逻辑函数的基本单元

任何逻辑函数都可以表示成为最小项之和的形式——标准与或式，并且这种形式是唯一的。就是说，一个逻辑函数只有一个最小项之和的表达式。

【例】写出函数 F = AB + BC + AC 的最小项表达式。

解：

$F = AB + BC + AC$
$= AB(C + \overline{C}) + BC(A + \overline{A}) + AC(B + \overline{B})$
$= ABC + AB\overline{C} + ABC + \overline{A}BC + ABC + A\overline{B}C$
$= ABC + AB\overline{C} + A\overline{B}C + \overline{A}BC$
$= m_7 + m_6 + m_5 + m_3$
$= \sum_m (7, 6, 5, 3)$

5）逻辑函数的卡诺图

(a) 最小项卡诺图的画法

① 画正方形或矩形时，图形中分割出 2^n 个小方格，n 为变量的个数，每个最小项对应一个小方格。

② 变量取值按循环码排列（Gray Code），特点是相邻两个编码只有一位状态

不同。

卡诺图形象地表达了变量各个最小项之间在逻辑上的相邻性。图 2.1.10 为两变量卡诺图，2.1.10(a)中方格内填写的是最小项，2.1.10(b)方格内填写的为最小项二进制代码，2.1.10(c)方格内填写的为最小项十进制编号，采用十进制编号的方法书写最为简洁，也可以省略字母 m，只写十进制编号。

A \ B	$\overline{B}$	B
$\overline{A}$	$\overline{A}\,\overline{B}$	$\overline{A}B$
A	$A\overline{B}$	AB

(a)

A \ B	0	1
0	00	01
1	10	11

(b)

A \ B	0	1
0	m0	m1
1	m2	m3

(c)

图 2.1.10　两变量卡诺图

图 2.1.11 为 3 变量卡诺图，图 2.1.12 为 4 变量卡诺图，图 2.1.13 为 5 变量卡诺图，五变量以上卡诺图失去直观性强的优点，很少使用。

A \ BC	$\overline{B}\,\overline{C}$	$\overline{B}C$	BC	$B\overline{C}$
$\overline{A}$	$\overline{A}\,\overline{B}\,\overline{C}$	$\overline{A}\,\overline{B}C$	$\overline{A}BC$	$\overline{A}B\overline{C}$
A	$A\overline{B}\,\overline{C}$	$A\overline{B}C$	ABC	$AB\overline{C}$

(a)

A \ BC	00	01	11	10
0	000	001	011	010
1	100	101	111	110

(b)

A \ BC	00	01	11	10
0	m0	m1	m3	m2
1	m4	m5	m7	m6

(c)

图 2.1.11　3 变量卡诺图

AB \ CD	00	01	11	10
00	m0	m1	m3	m2
01	m4	m5	m7	m6
11	m12	m13	m15	m14
10	m8	m9	m11	m10

图 2.1.12　4 变量卡诺图

AB \ CDE	000	001	011	010	110	111	101	100
00	0	1	3	2	6	7	5	4
01	8	9	11	10	14	15	13	12
11	24	25	27	26	30	31	29	28
10	16	17	19	18	22	23	21	20

图 2.1.13　5 变量卡诺图

在卡诺图中，一个最小项对应图中一个变量取值的组合(反映在编号上)的小格子，两个逻辑相邻的最小项对应的小格子位置间有以下 3 种情况：

- 相接：两个小格子紧挨着，有一个边重合。
- 相对：各在任一行或一列的两头。
- 相重：将纸面对折起来时，小格子的位置重合。

在卡诺图上,两个相邻最小项合并时,相当于把其圈在一起组成一个新格子。新格子和两相邻最小项消去变化量之后的式子相对应。在图 2.1.14 中,虚线框中两项可以合并为 BC,即 $\overline{A}BC+ABC=BC$。

(b) 将真值表填入卡诺图

根据逻辑函数的变量个数选择相应的卡诺图,然后根据真值表将函数输出值填写到卡诺图中的每个小方格,即在对应于变量取值组合的每一小方格中,函数值为 1 时填 1,为 0 时填 0,则可以得到函数的卡诺图。

例如,保险箱简易防盗系统的真值表如表 2.1.1 所列,将其填入卡诺图,如图 2.1.15 所示。

A \ BC	$\overline{B}\overline{C}$	$\overline{B}C$	BC	$B\overline{C}$
$\overline{A}$	$\overline{A}\overline{B}\overline{C}$	$\overline{A}\overline{B}C$	$\overline{A}BC$	$\overline{A}B\overline{C}$
A	$A\overline{B}\overline{C}$	$A\overline{B}C$	ABC	$AB\overline{C}$

图 2.1.14 两项合并

A \ BC	00	01	11	10
0	0	0	1	0
1	0	1	1	1

图 2.1.15 将真值表填入卡诺图

(2) 表达式转换为卡诺图

函数的真值表、标准与或式和卡诺图都是唯一的,三者之间有一一对应的关系。只不过卡诺图是真值表和标准与或式的阵列图表达形式。

➤ 若给定逻辑函数的最小项表达式,则将对应的逻辑函数最小项的小方格填入 1,其他的方格填入 0。

➤ 若给定一般的逻辑表达式,则首先将函数变换成与或式,但不必变为最小项之和的表达式。在变量卡诺图中,把每一乘积项所包括的那些最小项对应的格子都填上 1,剩下的填 0。

注:每一个与项是其所包含的最小项公因子。每一个与项包含的最小项的格子数是 2,4,8 等(即 2^n),而不能是 3,5 等。若变量为 n 个,每个最小项应出现的变量(或反变量)应为 n 个,其公因子为 m 个变量(m<n),该公因子包含的最小项个数为 2^{n-m}。故 m 越小,该公因子所包含的最小项的个数越多。

【例】请将表达式 $F=\overline{(\overline{A}+\overline{B})\cdot(\overline{B}+\overline{C})\cdot\overline{CA}}$ 填入卡诺图。

解:要将表达式填入卡诺图需要先转换为与或形式,即:

$F=\overline{(\overline{A}+\overline{B})\cdot(\overline{B}+\overline{C})\cdot\overline{CA}}$

$=\overline{\overline{A}+\overline{B}}+\overline{\overline{B}+\overline{C}}+\overline{\overline{CA}}$

$=\overline{AB}+\overline{BC}+\overline{CA}$

$=AB+BC+CA$

将与或式填入卡诺图,如图 2.1.16 所示。

(3) 卡诺图化简法

卡诺图的最突出优点是用几何位置相邻表达了构成函数的各个最小项在逻辑上的相邻

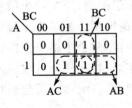

图 2.1.16 将表达式填入卡诺图

性。可以很容易地求出函数的最简与或式,使其在函数的化简和变换中得到应用。利用卡诺图进行化简,简捷直观,灵活方便,且容易确定是否已得到最简结果。

用卡诺图化简逻辑函数一般可按以下步骤进行:
① 画出函数的卡诺图。
② 画包围圈,合并最小项。

画包围圈是用圈将相邻的1(或相邻的0)圈起来,以便于下一步化简,圈中的方格数量必须为2^n个,圈中不能0、1混杂。画包围圈时需保证被圈中的最小项两两相邻,不能出现斜线形、拐棍形等不相邻情况。在卡诺图中凡是圈上的相邻最小项均可合并。合并时,每个包围圈都保留圈中相同变量,消去不同变量,每个圈都是一个与项,如图2.1.17~2.1.21所示,图中均为圈1的情况。

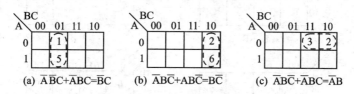

图 2.1.17 3 变量卡诺图中的相邻

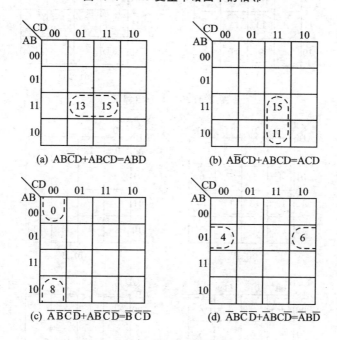

图 2.1.18 4 变量卡诺图中的相邻

③ 选择与项,写出最简与或表达式。

选择与项时,必须包含全部填1的最小项,选用的与项的总数应该最少,每个与项所包含的因子也应该最少。

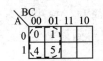
(a) $\overline{A}\overline{B}\overline{C}+\overline{A}B\overline{C}+A\overline{B}\overline{C}+AB\overline{C}=\overline{B}$

(b) $\overline{A}B\overline{C}+\overline{A}BC+AB\overline{C}+ABC=B$

(c) $\overline{A}\,\overline{B}\,\overline{C}+\overline{A}B\overline{C}+A\overline{B}\,\overline{C}+AB\overline{C}=\overline{C}$

图 2.1.19　4 个相邻项

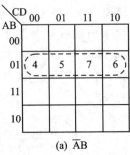
(a) $\overline{A}B$

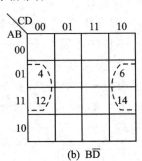
(b) $B\overline{D}$

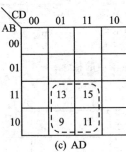
(c) AD

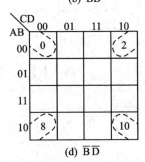
(d) $\overline{B}\,\overline{D}$

图 2.1.20　4 个相邻项

(a) B

(b) $\overline{B}$

(c) $\overline{D}$

(d) $\overline{C}$

图 2.1.21　8 个相邻项

化简时应注意的几个问题：

- 圈 1 得到原函数，圈 0 得到反函数。
- 包围圈必须覆盖所有的 1。
- 圈中 1 的个数必须是 2^n 个相邻的 1。
- 包围圈的个数必须最少(与项最少)。
- 包围圈越大越好(消去的变量多)。
- 每个圈至少包含一个新的最小项(不能有完全重复的圈)。
- 选出最简与或式。

【例】化简函数 $Y=\overline{B}CD+B\overline{C}+\overline{A}\overline{C}D+A\overline{B}C$。

解：①画出函数的卡诺图，如图 2.1.22 所示。

② 圈相邻项，如图 2.1.23 所示。

$\sum(4,5,12,13)=B\overline{C}$

$\sum(1,3)=\overline{A}\overline{B}D$

$\sum(10,11)=A\overline{B}C$

③ 选择与项，写出最简与或表达式：

$Y=B\overline{C}+\overline{A}\overline{B}D+A\overline{B}C$

AB \ CD	00	01	11	10
00		1	3	
01	4	5		
11	12	13		
10			11	10

图 2.1.22　填卡诺图

【例】化简函数 $Y=\sum(1,4,5,6,8,12,13,15)$。

解：①画出函数的卡诺图，如图 2.1.24 所示。

② 圈相邻项，如图 2.1.25 所示。包含 m4、m5、m12、m13 的圈子虽然是最大的，但却是多余的，因为这个圈子中所有的最小项都被其他圈子圈过了。

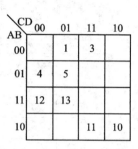

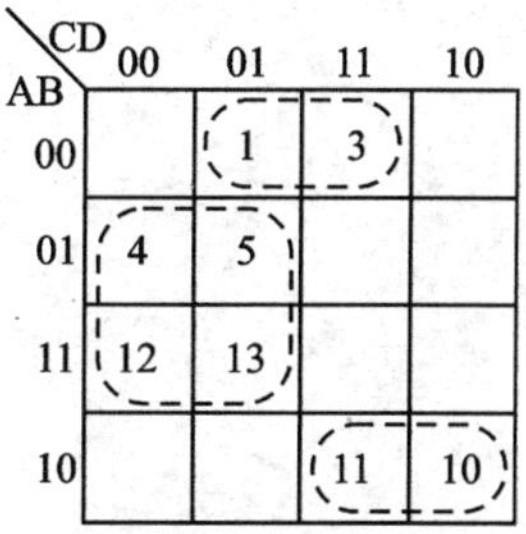

图 2.1.23　圈相邻项

AB \ CD	00	01	11	10
00		1		
01	4	5		6
11	12	13	15	
10	8			

图 2.1.24　填卡诺图

图 2.1.25　圈相邻项

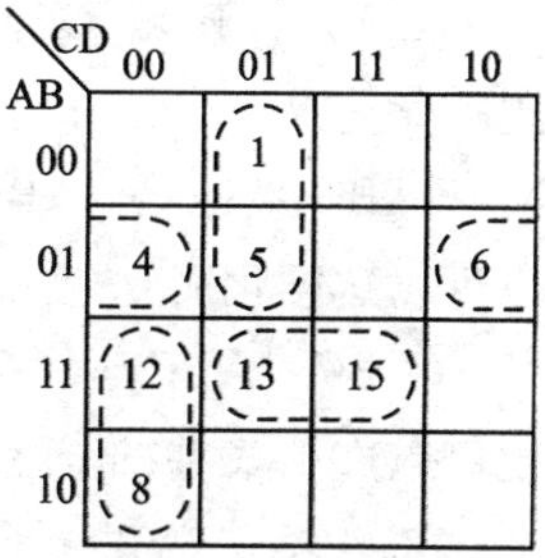

③ 写出最简与或表达式：$Y=\overline{A}\overline{C}D+A\overline{C}\overline{D}+\overline{A}B\overline{D}+ABD$。

2.2　项目 1：多数表决电路

2.2.1　多数表决电路设计

1. 项目要求

在民主决议中，经常采用投票的方式决定议案是否通过，投票一般采用一人一票、少数服从多数的原则。试设计一个数字电路,实现3个人投票的多数表决电路,要求投票的3个人用按键进行投票,投票结果用发光二极管显示。

2. 逻辑分析

逻辑声明:用自变量(字母)分别表示投票的按键,假设用自变量A、B和C分别表示3个投票按键,用函数Y表示最后的投票结果。

逻辑赋值:自变量用1表示同意议案通过,0表示否决议案,函数Y也是用1表示议案通过,0表示议案被否决。

真值表如表2.2.1所列。

表 2.2.1 多数表决真值表

输入			输出	输入			输出
A	B	C	Y	A	B	C	Y
0	0	0	0	1	0	0	0
0	0	1	0	1	0	1	1
0	1	0	0	1	1	0	1
0	1	1	1	1	1	1	1

3. 逻辑表达式

写出表达式:

$$Y = \overline{A}BC + A\overline{B}C + AB\overline{C} + ABC$$

进行化简:

$$Y = (\overline{A}B + A\overline{B})C + AB(\overline{C} + C) = (A \oplus B) \cdot C + AB$$

也可以这样化简:

$$Y = (\overline{A}BC + ABC) + (ABC + A\overline{B}C) + (ABC + AB\overline{C}) = BC + AC + AB$$

也可以在上式基础上变换形式为:

$$Y = BC + AC + AB = \overline{\overline{BC} + \overline{AC} + \overline{AB}}$$

还可以由真值表直接写出Y的反变量表达式:

$$\overline{Y} = \overline{A}\overline{B}\overline{C} + \overline{A}\overline{B}C + \overline{A}B\overline{C} + A\overline{B}\overline{C} = \overline{BC} + \overline{AC} + \overline{AB}$$

可得:$Y = \overline{\overline{BC} + \overline{AC} + \overline{AB}}$

4. 逻辑电路图

按照 $Y = (A \oplus B) \cdot C + AB$ 绘制逻辑电路图,需要4个门、3块集成电路,如图2.2.1所示。

按照 $Y = BC + AC + AB$ 绘制逻辑电路图,需要5个门,两块集成电路,如图2.2.2所示。

第 2 章 组合逻辑电路

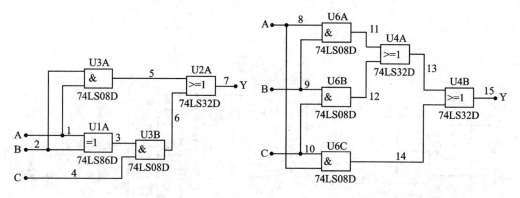

图 2.2.1　3 块集成电路　　　　　　　图 2.2.2　2 块集成电路

按照 $Y=\overline{\overline{BC}+\overline{AC}+\overline{AB}}$ 绘制逻辑电路图，需要 2 个门、2 块集成电路，如图 2.2.3 所示。该电路可以同时得到 Y 的原变量和反变量，如果只需要 Y 的反变量，则只用一块 74LS54 集成电路就可以实现，如图 2.2.4 所示。

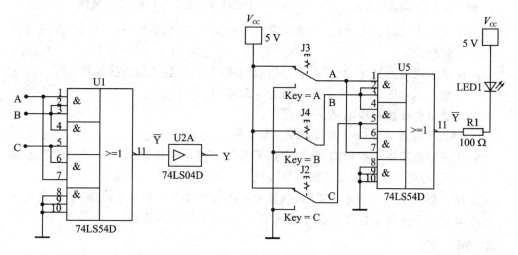

图 2.2.3　2 块集成电路　　　　　　　图 2.2.4　只用一个门的图 2.2.3 仿真电路图

当输入信号具有反变量时，按照 $Y=\overline{\overline{BC}+\overline{AC}+\overline{AB}}$ 绘制逻辑电路图，也只需要一个门、一块集成电路，如图 2.2.5 所示。

按图 2.2.5 实现电路功能时，输入端按键接高电平表示不同意议案通过，接低电平表示同意议案通过，输出高电平表示最终议案通过，输出低电平表示最终议案被否决，如图 2.2.6 所示。

在工程应用中，根据不同的实际场合，可以从以上方案中选择简单、经济的一个方案。

5. 安装电路

> 注意集成电路型号，不要张冠李戴。

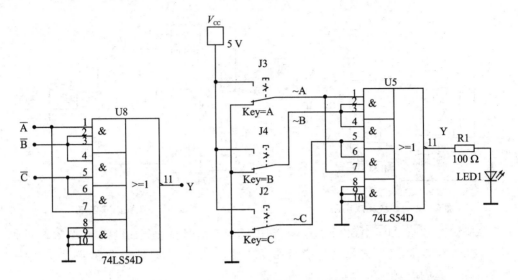

图 2.2.5　一块集成电路　　　　图 2.2.6　图 2.2.5 的仿真电路图

- 注意集成电路引脚排列,不要将输出端直接相连,也不要将输出端直接连接到电源或地。
- 注意集成电路好坏,要首先进行集成电路测试,然后才能连接线路。
- 注意电源电压,不要把集成电路的电源接反。
- 不要带电插拔集成电路。
- CMOS 集成电路(74HC 系列和 4000 系列)注意防静电。
- 正确处理不使用的管脚,与门多余管脚要接高电平或接同一个与门的其他输入端,或门多余管脚要接低电平或同一个或门的其他输入端。
- 插拔集成电路注意保护管脚,插集成电路时要注意管脚对准插座,拔集成电路时要用专用集成电路起拔器拔起集成电路,不要掰弯管脚。

6. 测　试

将输入自变量 A、B、C 分别接逻辑电平 0 或 1,改变输入自变量,测量输出函数 Y 的电平高低,将测量结果记录到真值表中,比较测试结果是否与项目要求一致。

7. 组合电路设计方法小结

组合电路设计主要按照以下顺序进行:
① 将实际问题的语言描述转换为逻辑描述。
这需要首先进行逻辑定义和逻辑赋值,然后根据题意列出真值表。
② 逻辑化简和转换。
将真值表转换为逻辑表达式。逻辑表达式的繁简不同绘制出的逻辑电路图也有所不同,所以化简逻辑表达式十分重要,可以根据不同情况将表达式转换为较易实现的形式。化简时要注意充分利用无关项进行化简,以使表达式尽量简单。

③ 根据逻辑表达式绘制出逻辑电路图。

要注意输入画在左侧,输出画在右侧,某些较复杂的逻辑电路图可以将输入画在下面,输出画在最上面。绘制逻辑电路图时尽量选择已有集成电路型号绘制,以便于电路实现。

④ 表达式的化简和绘制逻辑电路图可以借助计算机完成,完成后可以首先利用计算机进行仿真验证。如果验证失败,说明设计可能还有问题,需要进一步修改和完善。如果验证通过,可以安装调试实际电路。实际电路是检验设计成功与否的唯一标准。

2.2.2 逆向分析电路的逻辑功能

对已有电子线路或设备进行实验测试和理论分析统称称为逆向分析。逆向分析是学习设计方法、提高调试和维修技能、仿制产品和产品改进的重要手段。

1. 逆向工程

逆向工程(reverse engineering)是通过对某种产品的结构、功能、运作进行分析、分解、研究后,制作出功能相近但又不完全一样的产品过程。

逆向工程可能会被误认为是对知识产权的严重侵害,但是在实际应用上反而可能会保护知识产权所有者。例如在集成电路领域,如果怀疑某公司侵犯知识产权,可以用逆向工程技术来寻找证据。

需要逆向工程的原因包括以下几种:

① 接口设计:由于互操作性,逆向工程被用来找出系统之间的协作协议。

② 文件丢失:采取逆向工程的情况往往是某一个特殊设备的文件已经丢失了(或者根本就没有)同时又找不到工程的负责人。完整的系统时常需要基于已有的旧系统进行再设计,这就意味着想要集成原有的功能进行项目的唯一的方法便是采用逆向工程的方法分析已有的碎片进行再设计。

③ 产品分析:用于调查产品的运作方式、部件构成、估计预算、识别潜在的侵权行为。

④ 安全性评估。

⑤ 去除复制保护和伪装的登录权限。

⑥ 制造没有许可/未审批的副本。

⑦ 学术/研究目的。

逆向工程经常用在军事上,用来复制从战场上由常规部队或情报活动获得的别国的技术、设备、信息或其零件。比如,第二次世界大战时,德国发明了装汽油的油桶,英美军用逆向工程复制了这些油桶。

逆向工程要注意遵守相关法律,在许多国家制品或制法都受商业秘密保护,只要合理地取得制品或制法就可以对其进行逆向工程。专利需要把你的发明公开发表,因此专利不需要逆向工程就可进行研究。逆向工程的一种动力就是确认竞争者的产品是否侵权专利或侵犯版权。

为了互用性(例如,支持未公开的文件格式或硬件外围),而对软件或硬件系统进行的逆向工程被认为是合法的。为了获取一个有版权的计算机程序中隐含的思想和功能元素,且有合法的理由要获取,当只有拆解这一种方法时,根据法律判定,拆解是对有版权作品的公平使用。

电子线路的逆向工程主要包括:

① PCB 抄板:是将实际电子线路板转换为电路原理图的过程。拿到一块线路板,首先在纸上记录好所有元器件的型号、参数、位置;然后,拆掉所有器件,清理 PCB 板,用扫描仪扫描 PCB 板;最后,借助计算机绘制电路原理图。现在也有用金属探针测量各节点之间的电气连接情况,直接得到电路图的方法,更先进的方法是用电子束代替机械探针来测试印制电路板。

② 分析电路:也称为读图,就是在已有电路图的情况下逆向分析电路的功能。读图练习能够通过电路图分析产品的设计思想,对于提高电路的设计能力有很大的帮助,读图能力也是从事产品安装、调试、维修工作的技术人员必备的能力。

③ 设计新电路:在设计新电路时总会或多或少地借鉴已有电路,但是重点在于根据客户需求对已有电路进行改进和创新。设计电路时通常要进行仿真验证,然后进行样机测试,针对不足进行修改设计,再经过小批量试生产,才算完成了新产品的设计工作。

2. 组合电路分析实例

对于实际组合电路板,可以采用实验的方法,分别给各个输入端输入高低电平,同时测量输出端电平的高低,就可以直接得到组合电路的真值表。对于给定的组合电路图,可以根据逻辑电路图写出逻辑表达式,然后进行化简,根据需要列出真值表。

【例】写出图 2.2.7 的表达式,列出其真值表。

解:直接根据电路图从左边的输入端向右侧输出端逐级写出表达式,经过一个门写一次新表达式,直至最终输出结果,如图 2.2.8 所示。

将最终输出的函数表达式化简:

$C = AB + (A \oplus B)C_0 = AB + A\overline{B}C_0 + \overline{A}BC_0$

$S = A \oplus B \oplus C_0$

$= (A\overline{B} + \overline{A}B) \oplus C_0$

$= (A\overline{B} + \overline{A}B) \cdot \overline{C_0} + \overline{(A\overline{B} + \overline{A}B)} \cdot C_0$

$= A \cdot \overline{B} \cdot \overline{C_0} + \overline{A} \cdot B \cdot \overline{C_0} + A \cdot B \cdot C_0 + \overline{A} \cdot \overline{B} \cdot C_0$

其中,$S = A \oplus B \oplus C_0$ 根据异或逻辑关系可以直接填入真值表。真值表如表 2.2.2 所列。

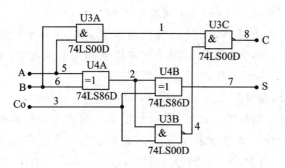

图 2.2.7 电路图

表 2.2.2 真值表

输入			输出	
A	B	Co	C	S
0	0	0	0	0
0	0	1	0	1
0	1	0	0	1
0	1	1	1	0
1	0	0	0	1
1	0	1	1	0
1	1	0	1	0
1	1	1	1	1

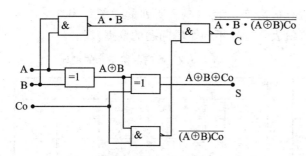

图 2.2.8 逐级写出表达式

通过对真值表的分析可知,本电路为加法器电路,S 为本位和输出端,C 为进位输出端。对真值表进行功能分析主要依靠事先对电路功能的了解和工作经验。

2.3 具有无关项的逻辑问题

在分析某些具体的逻辑函数时,常遇到输入变量的取值组合不是任意值的情况。对输入变量的取值所施加的限制为约束。这些受约束的变量取值组合所对应的最小项叫约束项。有时也会遇到在某些输入变量取值下不影响输出函数的情况。例如,对于 8421 编码只出现 0000~1001,而 1010~1111 这 6 种取值与 8421 码无关。通常把与输出逻辑函数无关的最小项称作任意项。

任意项在输入时不会影响电路的可靠工作,约束项由外界保证不会输入至电路输入端,也不会影响电路的可靠工作。在不严格区分时,约束项和任意项统称为无关项。

2.3.1 实际问题中的无关项

比如,水塔供水的例子用语言描述为:有一个水塔,水塔配备两台水泵,一台功率大,一台功率小。水塔需要保持一定的水量,为此,在水塔中垂直安装了 3 个传感器用来测量水量的多少,没有水时,两台水泵同时工作;水量较少时,大功率水泵单独工作;水量较多时,小功率水泵单独工作;水满时,两台水泵都不工作。

假如用 A 代表水塔中位置最高的传感器,B、C 分别代表位置更低的两个传感器,用 Y1 代表大功率水泵,用 Y0 代表小功率水泵。用 1 代表传感器的位置有水,用 0 表示传感器的位置没有水,用 1 代表水泵工作,0 代表水泵不工作。

根据前面的逻辑变量声明和逻辑变量赋值可以列出下面的真值表(表 2.3.1)。表中的×表示这种情况不会出现,称为无关项。比如,实际情况不会出现位置较高的传感器 B 处有水,而位置较低的传感器 C 处无水的情况。如果实际情况需要考虑这样的情况,则认为这是一种故障,需要两台水泵同时停止工作。另外设置一盏灯,灯亮表示有故障,灯灭表示没有故障,则题目变成了另外一个实际问题,如果用 Y3 表示故障灯,1 表示灯亮,0 表示灯灭,真值表变为表 2.3.2 所列的样子。表 2.3.1 和表 2.3.2 是两个不同的逻辑问题,真值表是区别不同逻辑问题的依据。

表 2.3.1 有无关项的真值表

输入			输出	
A	B	C	Y1	Y0
0	0	0	1	1
0	0	1	1	0
0	1	0	×	×
0	1	1	0	1
1	0	0	×	×
1	0	1	×	×
1	1	0	×	×
1	1	1	0	0

表 2.3.2 具有故障指示的设计

输入			输出		
A	B	C	Y3	Y1	Y0
0	0	0	0	1	1
0	0	1	0	1	0
0	1	0	1	0	0
0	1	1	0	0	1
1	0	0	1	0	0
1	0	1	1	0	0
1	1	0	1	0	0
1	1	1	0	0	0

真值表中每一行对应于表达式的一个与逻辑项,这个与逻辑项包括所有自变量,比如表 2.3.1 的第一行可以写为 $Y1=\overline{A}\cdot\overline{B}\cdot\overline{C}\cdot\overline{D}$ 和 $Y2=\overline{A}\cdot\overline{B}\cdot\overline{C}\cdot\overline{D}$,第二行可以写为 $Y1=\overline{A}\cdot\overline{B}\cdot\overline{C}\cdot D$ 和 $Y2=\overline{A}\cdot\overline{B}\cdot\overline{C}\cdot D$,如表 2.3.3 所列。

表 2.3.3 由真值表写表达式

A	B	C	Y1	Y0	Y1 的与逻辑项	Y0 的与逻辑项
0	0	0	1	1	$Y1=\overline{A}\cdot\overline{B}\cdot\overline{C}$	$Y0=\overline{A}\cdot\overline{B}\cdot\overline{C}$
0	0	1	1	0	$Y1=\overline{A}\cdot\overline{B}\cdot C$	$\overline{Y0}=\overline{A}\cdot\overline{B}\cdot C$
0	1	0	×	×	$\overline{A}\cdot B\cdot\overline{C}$	$\overline{A}\cdot B\cdot\overline{C}$
0	1	1	0	1	$\overline{Y1}=\overline{A}\cdot B\cdot C$	$Y0=\overline{A}\cdot B\cdot C$
1	0	0	×	×	$A\cdot\overline{B}\cdot\overline{C}$	$A\cdot\overline{B}\cdot\overline{C}$
1	0	1	×	×	$A\cdot\overline{B}\cdot C$	$A\cdot\overline{B}\cdot C$
1	1	0	×	×	$A\cdot B\cdot\overline{C}$	$A\cdot B\cdot\overline{C}$
1	1	1	0	0	$\overline{Y1}=A\cdot B\cdot C$	$\overline{Y0}=A\cdot B\cdot C$

完整的函数表达式应该包括输出函数和约束条件两个组成部分,输出函数部分为所有令输出变量等于 1 的与逻辑项之和,或者所有令输出变量等于 0 的与逻辑项之和。前者记作 $Y1=\overline{A}\cdot\overline{B}\cdot\overline{C}+\overline{A}\cdot\overline{B}\cdot C$(或者 $Y1(A,B,C)=\sum m(0,1)$),后者记作 $\overline{Y1}=\overline{A}\cdot B\cdot C+A\cdot B\cdot C$。

约束条件部分为所有无关项,无关项表示该项是 0 还是 1 无所谓,若把无关项全当作 0,则 Y1 的无关项可以记作:

$\overline{A}\cdot B\cdot \overline{C}+A\cdot \overline{B}\cdot \overline{C}+A\cdot \overline{B}\cdot C+A\cdot B\cdot \overline{C}=0$ 或者 $\sum d(2,4,5,6)$

若把无关项全当作 1,则 Y1 的无关项可以记作:

$(\overline{A}\cdot B\cdot \overline{C})\cdot(A\cdot \overline{B}\cdot \overline{C})\cdot(A\cdot \overline{B}\cdot C)\cdot(A\cdot B\cdot \overline{C})=1$

完整的 Y1 逻辑函数表达式可以用下面 3 种表示方法中的任何一种:

$\begin{cases} Y1=\overline{A}\cdot\overline{B}\cdot\overline{C}+\overline{A}\cdot\overline{B}\cdot C \\ \overline{A}\cdot B\cdot \overline{C}+A\cdot \overline{B}\cdot \overline{C}+A\cdot \overline{B}\cdot C+A\cdot B\cdot \overline{C}=0 \end{cases}$

或者

$\begin{cases} Y1=\overline{A}\cdot\overline{B}\cdot\overline{C}+\overline{A}\cdot\overline{B}\cdot C \\ (\overline{A}\cdot B\cdot \overline{C})\cdot(A\cdot \overline{B}\cdot \overline{C})\cdot(A\cdot \overline{B}\cdot C)\cdot(A\cdot B\cdot \overline{C})=1 \end{cases}$

或者

$Y1(A,B,C)=\sum m(0,1)+\sum d(2,4,5,6)$

完整的 Y0 逻辑函数表达式可以表示为:

$\begin{cases} Y0=\overline{A}\cdot\overline{B}\cdot\overline{C}+\overline{A}\cdot B\cdot C \\ \overline{A}\cdot B\cdot \overline{C}+A\cdot \overline{B}\cdot \overline{C}+A\cdot \overline{B}\cdot C+A\cdot B\cdot \overline{C}=0 \end{cases}$

或者

$\begin{cases} Y0=\overline{A}\cdot\overline{B}\cdot\overline{C}+\overline{A}\cdot B\cdot C \\ (\overline{A}\cdot B\cdot \overline{C})\cdot(A\cdot \overline{B}\cdot \overline{C})\cdot(A\cdot \overline{B}\cdot C)\cdot(A\cdot B\cdot \overline{C})=1 \end{cases}$

或者

$Y0(A,B,C)=\sum m(0,3)+\sum d(2,4,5,6)$

2.3.2 用公式法化简有无关项的逻辑函数

可以将无关项当成 0,也可以将无关项当成 1,怎样能够让表达式更简单就怎样化简。如表 2.3.4 所列的真值表,如果将无关项当成 0,则表达式为 $Y=\overline{A}\cdot\overline{B}$,如果将无关项当成 1,则表达式为:

$Y=\overline{A}\cdot\overline{B}+\overline{A}\cdot B$
$=\overline{A}(\overline{B}+B)$
$=\overline{A}\cdot 1$
$=\overline{A}$

表 2.3.4 具有无关项的逻辑函数

A	B	Y
0	0	1
0	1	×
1	0	0
1	1	0

结果较简单。

水塔供水的例子中,Y1 表达式化简:

$$\begin{cases} Y1 = \overline{A} \cdot \overline{B} \cdot \overline{C} + \overline{A} \cdot \overline{B} \cdot C \\ \overline{A} \cdot B \cdot \overline{C} + A \cdot \overline{B} \cdot \overline{C} + A \cdot \overline{B} \cdot C + A \cdot B \cdot \overline{C} = 0 \end{cases}$$

将无关项用括号括起来放到最后,在化简中适当加以利用(注:第一行括号内为无关项):

$Y1 = \overline{A} \cdot \overline{B} \cdot \overline{C} + \overline{A} \cdot \overline{B} \cdot C + (\overline{A} \cdot B \cdot \overline{C} + A \cdot \overline{B} \cdot \overline{C} + A \cdot \overline{B} \cdot C + A \cdot B \cdot \overline{C})K$

$= \overline{A} \cdot \overline{B} \cdot \overline{C} + \overline{A} \cdot \overline{B} \cdot C + (A \cdot \overline{B} \cdot \overline{C} + A \cdot \overline{B} \cdot C)K$ 选择可用无关项

$= \overline{A} \cdot \overline{B} + A \cdot \overline{B}$

$= \overline{B}$

Y0 表达式化简:

$$\begin{cases} Y0 = \overline{A} \cdot \overline{B} \cdot \overline{C} + \overline{A} \cdot B \cdot C \\ \overline{A} \cdot B \cdot \overline{C} + A \cdot \overline{B} \cdot \overline{C} + A \cdot \overline{B} \cdot C + A \cdot B \cdot \overline{C} = 0 \end{cases}$$

$Y0 = \overline{A} \cdot \overline{B} \cdot \overline{C} + \overline{A} \cdot B \cdot C + (\overline{A} \cdot B \cdot \overline{C} + A \cdot \overline{B} \cdot \overline{C} + A \cdot \overline{B} \cdot C + A \cdot B \cdot \overline{C})$

$= \overline{A} \cdot \overline{B} \cdot \overline{C} + \overline{A} \cdot B \cdot C + (\overline{A} \cdot B \cdot \overline{C} + A \cdot \overline{B} \cdot \overline{C} + A \cdot \overline{B} \cdot C + A \cdot B \cdot \overline{C})$

$= \overline{A} \cdot (\overline{B} \cdot \overline{C} + B \cdot C + B \cdot \overline{C}) + (A \cdot \overline{B} + A \cdot B) \cdot \overline{C}$

$= \overline{A} \cdot (\overline{B} \cdot \overline{C} + B) + A \cdot \overline{C}$

$= \overline{A} \cdot (\overline{C} + B) + A \cdot \overline{C}$

$= \overline{A} \cdot B + \overline{A} \cdot \overline{C} + A \cdot \overline{C}$

$= \overline{A} \cdot B + \overline{C}$

2.3.3 用卡诺图法化简有无关项的逻辑函数 *

卡诺图中一般用"×"或"Φ"表示无关项。存在无关项时,可以把一个或几个无关项写进逻辑函数中,也可以把无关项从函数式中删掉,不影响函数值。因此在卡诺图上,究竟将"×"作为"1"还是"0"对待,应以得到的相邻最小项矩形组合最大而且矩形组合数目最少为原则。

【例】化简具有约束项的逻辑函数 $F = \overline{ABCD} + \overline{A}BCD + A\overline{BCD}$。

已知约束条件为:

$\overline{A}BCD + \overline{AB}CD + \overline{AB}\overline{CD} + A\overline{BC} + ABCD + ABC\overline{D} + A\overline{BC}\overline{D} = 0$

解:如果不利用约束项,F 已无从化简,适当写入一些约束项后可以得到:

$F = \overline{ABCD} + (\overline{A}BCD) + \overline{A}BCD + (\overline{AB}\overline{CD}) + A\overline{BCD} + (AB\overline{CD} + ABC\overline{D} + A\overline{BC}\overline{D})$

$= \overline{AB}D + \overline{A}BD + A\overline{CD} + AC\overline{D}$

$= \overline{A}D + A\overline{D}$

可见,利用了约束项以后能使逻辑函数进一步化简。但是,公式法在确定应该写入哪些约束项时还不够直观。

如果改用卡诺图化简法,则只要将 F 的卡诺图画出,立即就能看出化简时对这些约束项应如何取舍。卡诺图如图 2.3.1 所示。化简结果与公式法相同。

【例】化简逻辑函数 $F(A,B,C,D)=\sum m(0,1,2,3,6,8)+\sum d(10,11,12,13,14,15)$。

解：将逻辑函数填入四变量卡诺图，以矩形圈尽量大为原则，圈所有填"1"的最小项，如图 2.3.2 所示。

化简结果为：$F(A,B,C,D)=\overline{AB}+C\overline{D}+A\overline{D}$

【例】化简逻辑函数 $F(A,B,C,D)=\sum m(4,6,10,13,15)+\sum d(0,1,2,5,7,8)$。

解：将逻辑函数填入四变量卡诺图中，如图 2.3.3 所示。

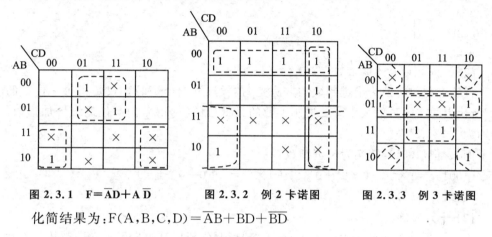

图 2.3.1　$F=\overline{AD}+A\overline{D}$　　　图 2.3.2　例 2 卡诺图　　　图 2.3.3　例 3 卡诺图

化简结果为：$F(A,B,C,D)=\overline{AB}+BD+\overline{BD}$

2.4　项目 2：按键代码显示电路

2.4.1　数的进制与代码

1. 数的进制

人们常用的计数进制是十进制，由 0、1、2、…、9 这 10 个基本字符组成，计数运算是按"逢十进一"的规则进行。在计算机中，除了十进制数外，经常使用的数制还有二进制数和十六进制数，在运算中分别遵循的是逢二进一和逢十六进一的法则。

(1) 二进制

二进制数由两个基本字符 0、1 组成，运算规律是逢二进一。为区别于其他进制数，二进制数的书写通常在数的右下方注上基数 2，或后面加 B 表示。例如：二进制数 10110011 可以写成 $(10110011)_2$ 或 10110011B。十进制数可以不加注。

计算机中的数据均采用二进制数表示，这是因为二进制数中只有两个字符 0 和 1，用电路实现比较容易，可以用具有两个不同稳定状态的元器件表示，例如，表示电路中有无电流，有电流用 1 表示，无电流用 0 表示，类似的还有电路中电压的高低、晶体管的导通和截止等。另外，二进制数只有两个数码，正好与逻辑代数中的"真"和

"假"相吻合；还有，二进制数运算简单，能够大大简化计算中运算部件的结构。

二进制数的加法和乘法运算如下：

$0+0=0 \quad 0+1=1+0=1 \quad 1+1=10$

$0 \times 0=0 \quad 0 \times 1=1 \times 0=0 \quad 1 \times 1=1$

十进制整数转换为二进制数的方法是"除 2 取余"，小数转换方法是"乘 2 取整"。例如，将十进制 25 转换为二进制数：

```
2 25L  1  ↑
2 12L  0
2  6L  0
2  3L  1
   1L  1
```

注意，从下向上读取余数，$(25)_{10}=(11001)_2$。

将二进制数转换为十进制数的方法是"按权展开，再求和"。权是指每一位上的"1"所代表的实际数值大小。二进制整数的最低位的权为 2^0，向高位逐级增加指数，分别为 2^1、2^2、2^3 等。

例如，把 $(1001)_2$ 转换为十进制数：

$(1001)_2 = 1 \times 2^3 + 0 \times 2^2 + 0 \times 2^1 + 1 \times 2^0 = 8+0+0+1 = 9$

$(1001)_2 = (9)_{10}$

(2) 十六进制

由于二进制数在使用中位数太长，不容易记忆，所以又提出了十六进制数。十六进制数由 0、1、2、3、4、5、6、7、8、9、A、B、C、D、E、F 这 16 个基本字符组成，运算是按"逢十六进一"的规则进行的。

十进制整数转换为十六进制数的方法是"除 16 取余"，小数转换方法是"乘 16 取整"，与转换为二进制数的方法类似。

例如，将十进制 25 转换为二进制数：

```
16 125L  13  ↑
     7L   7
```

注意，从下向上读取余数，并将十进制的 13 转换为十六进制的 D，可知：$(125)_{10} = (7D)_{16}$。

将十六进制数转换为十进制数的方法是也是"按权展开，再求和"。十六进制整数的最低位的权为 16^0，向高位逐级增加指数，分别为 16^1、16^2、16^3 等。

例如，把 $(38A)_{16}$ 转换为十进制数：

$(38A)_{16} = 3 \times 16^2 + 8 \times 16^1 + 10 \times 16^0 = 768+128+10 = 906$

$(38A)_{16} = (906)_{10}$

(3) 二进制与十六进制之间的转换

二进制数与十六进制数之间的转换非常方便，由于 4 位二进制数恰好有 16 个组合状态（即 1 位十六进制数与 4 位二进制数是一一对应的）。所以，十六进制数与二进制数的转换是十分简单的。

十六进制数转换成二进制数,只要将每一位十六进制数用对应的 4 位二进制数替代即可。例如,将 $(4AF8B)_{16}$ 转换为二进制数:

$(4AF8B)_{16} = (0100\ 1010\ 1111\ 1000\ 1011)_2$

去掉最高位的 0,即 $(4AF8B)_{16} = (10010101111110001011)_2$。

二进制数转换为十六进制数,将二进制数从最低位向左,每 4 位一组,依次写出每组 4 位二进制数所对应的十六进制数。例如,将二进制数 $(111010110)_2$ 转换为十六进制数:

$(0001\ 1101\ 0110)_2 = (1\ D\ 6)_{16}$

所以 $(111010110)_2 = (1D6)_{16}$,当二进制数最高位一组不足 4 位时,必须加 0 补齐 4 位。

2. 代码

代码(code)定义:一组由字符、符号或信号码元以离散形式表示信息的明确的规则体系。代码的应用广泛,例如:姓名为文字代码,用文字代表某个人;身份证号码为数字代码,用一串数字表示某个人;邮政编码为数字代码,用 6 位十进制数字表示一个邮政地区;拼音缩写,可以认为是字母代码。

仅用二进制字符 0 和 1 表示特定信息的代码称为二进制代码,常见的有普通二进制代码、BCD 码、余三码和格雷码等。其中,普通二进制代码是用二进制数表示对应十进制数,如 $(1100)_2 = (12)_{10}$。BCD 码是将 4 位二进制数编为一组,表示一位十进制数,相邻两组之间采用十进制的关系。根据组中二进制位的权,BCD 码分为 8421 码、2421 码和 5421 码等,如 $(0010\ 0000)_{8421BCD} = (20)_{10}$。表 2.4.1 为常见二进制代码与十进制数的对照表。

表 2.4.1 常用二进制代码与十进制数的对照表

十进制数	8421 码	余 3 码	格雷码	2421 码	5421 码
0	0000	0011	0000	0000	0000
1	0001	0100	0001	0001	0001
2	0010	0101	0011	0010	0010
3	0011	0110	0010	0011	0011
4	0100	0111	0110	0100	0100
5	0101	1000	0111	1011	1000
6	0110	1001	0101	1100	1001
7	0111	1010	0100	1101	1010
8	1000	1011	1100	1110	1011
9	1001	1100	1101	1111	1100

2.4.2 子项目1:编码器设计

能够实现编码功能的逻辑电路称为编码器。编码器应用广泛,凡是有键盘的地方都离不开编码器,比如电视机遥控器、手机、工控机、计算机等,这些机器设备内部使用二进制代码,操作人员在使用设备时通过按键给出操作意图,编码器将二进制代码与按键一一对应起来,实现对按键的编码,设备内部程序通过对应代码了解和执行人的操作意图。

编码器的输入端连接按键,所以有多少个需要编码的按键,就需要有多少个输入端,而编码器的输出是二进制代码。按照普通二进制代码来说,n位代码能够表示2^n个按键,所以,编码器的输出端数量一般比输入端数量少。假设输入端个数为n,输出端个数为m,则$n \leqslant 2^m$。

1. 编码器设计

① 项目要求:试设计一个编码器,能对 A、B、C、D 这4个按键进行编码,要求输出普通二进制代码。

② 项目分析:已知输入为 A、B、C、D 这4个变量,输出为普通二进制代码,因为$4 = 2^2$,所以输出只要有两位二进制代码就可以了。

③ 列出真值表:用 Y1 表示代码高位,用 Y0 表示代码低位。当没有按键按下或者有多个按键按下时输出00。列出真值表如表2.4.2所列。

表 2.4.2 4按键编码器真值表

输入				输出		输入				输出		输入				输出	
A	B	C	D	Y1	Y0	A	B	C	D	Y1	Y0	A	B	C	D	Y1	Y0
0	0	0	0	0	0	0	1	1	0	0	0	1	1	0	0	0	0
0	0	0	1	0	0	0	1	1	1	0	0	1	1	0	1	0	0
0	0	1	0	0	1	1	0	0	0	1	1	1	1	1	0	0	0
0	0	1	1	0	0	1	0	0	1	0	0	1	1	1	1	0	0
0	1	0	0	1	0	1	0	1	0	0	0						
0	1	0	1	0	0	1	0	1	1	0	0						

④ 写出表达式:
$$Y1 = \overline{A}B\overline{CD} + A\overline{BCD} = (A \oplus B)\overline{CD}$$
$$Y0 = \overline{ABC}\overline{D} + A\overline{BCD} = (A \oplus C)\overline{BD}$$

⑤ 绘制电路图:如图2.4.1所示。图中 LED1 为4个独立发光二极管构成的发光条,在仿真软件中有字母标识的一面为阳极,本图中仅使用了其中两个发光二极管,其阳极分别接 Y1 和 Y0,阴极通过限流电阻接地。图中限流电阻为排阻,排阻有完全独立的电阻联排和共用一个端子的联排两种结构,前者一般用 2×4、2×8、2×

10等方法表示,后者用1×4、1×8、1×10等方法表示。完全独立的排阻就是把完全独立的电阻联排封装,每个电阻都有两个引脚,如果排阻有n个电阻,就有2n个引脚;共用一个端子的排阻就是把电阻的一侧引脚完全连接在一起,然后引出封装引脚,这样,如果排阻有n个电阻,就有n+1个引脚。排阻和LED排一般比相应数量的独立元件价格高,但是具有体积小、连线方便的优点,在仿真时经常使用。

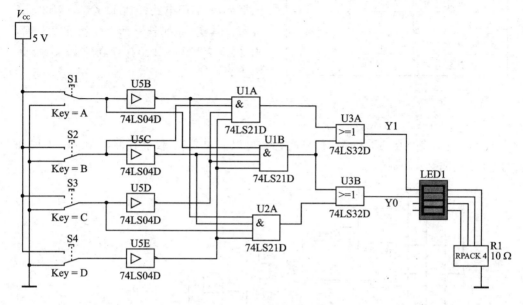

图 2.4.1 4 按键编码器

⑥ 进行仿真:通过仿真可知,按下单个按键时,该电路能够正确输出对应代码;当按下多个按键时,发光二极管全熄灭,与 D 按下时输出的 00 相同。测试结果与真值表相同,实现了设计功能。

2. 改进的编码器电路

在前面的例子中,如果输出 00,则机器设备无法分辨是出现同时按下两个按键或更多按键的情况、或者没有按键按下、或者正确地按下了按键 D,这不是一个完善的编码器。为了改变这种情况,我们可以单独设定一个输出来表示这种情况,如真值表中的 Y2,如果 Y2 为 1 代表同时有两个以上按键按下或者没有按键按下,说明此时的输出是一种错误现象,输出的代码不算数。Y2Y1Y0 算是 3 位二进制代码,Y2 也可以单独作为错误指示。

根据前面的分析列出真值表,如表 2.4.3 所列,真值表的最后一行就表示任何两个以上按键按下或者没有按键按下都会导致 Y2 输出 1,而此时 Y1 和 Y0 都输出 0。

表 2.4.3　改进的编码器真值表

输入				输出		
A	B	C	D	Y2	Y1	Y0
0	0	0	1	0	0	0
0	0	1	0	0	0	1
0	1	0	0	0	1	0
1	0	0	0	0	1	1
其余情况				1	0	0

根据真值表写出表达式：
Y2＝AB＋AC＋AD＋BC＋BD＋CD
Y1＝$\overline{AB}\,\overline{CD}$＋A$\overline{BCD}$
Y0＝$\overline{ABC}\,\overline{D}$＋A$\overline{BCD}$

Y2 的表达式比较复杂，画出的电路图也复杂，所需门电路多达 11 个，如图 2.4.2 所示。其实，仔细分析真值表就可以发现，Y2 的反变量与 Y1、Y0 存在密切关系，表达式为：

$\overline{Y2}$＝Y1＋Y0＋$\overline{ABCD}$
Y2＝$\overline{Y1＋Y0＋\overline{ABCD}}$

当电路本身具备 Y1 和 Y0 信号时，Y2 可以简单实现，仅需在原电路基础上增加两个门，如图 2.4.3 所示。

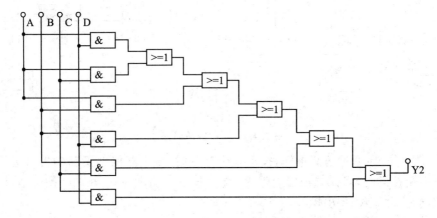

图 2.4.2　Y2 的电路图

经仿真可知，Y2 为 1 时表示没有按键按下或者有多个按键按下，此时 Y1Y0 为无效代码；Y2 为 0 时，Y1 和 Y0 显示正常的按键代码。测试结果与表 2.4.3 相同，图 2.4.3 实现了设计功能。

3. 优先编码器 *

优先编码器也能解决同时有两个按键按下的问题，它将按键分出优先级别，当多个按键同时按下时，对优先级别高的按键进行优先编码。

常用集成优先编码器有集成电路 74LS147 和 74LS148 等。表 2.4.4 为 74LS147 英文数据手册(data sheet)中的真值表。

根据真值表可知，74LS147 的 9 个输入端中，9 的优先级别最高，1 的优先级别最低，输出的 4 位代码中，D 是最高位，A 是最低位，输入低电平代表有效，输出为反码。

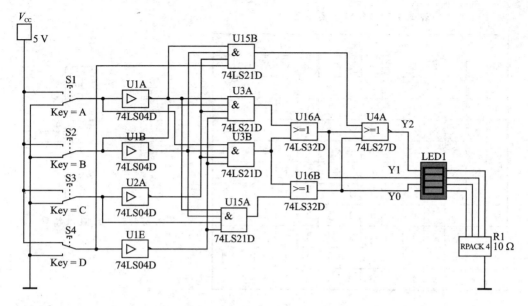

图 2.4.3 改进的编码器

反码是原码的按位取反,如 1011 的反码为 0100。图 2.4.4 为 74LS147 的符号。

表 2.4.4 74LS147 真值表

输入									输出			
1	2	3	4	5	6	7	8	9	D	C	B	A
1	1	1	1	1	1	1	1	1	1	1	1	1
×	×	×	×	×	×	×	×	0	0	1	1	0
×	×	×	×	×	×	×	0	1	0	1	1	1
×	×	×	×	×	×	0	1	1	1	0	0	0
×	×	×	×	×	0	1	1	1	1	0	0	1
×	×	×	×	0	1	1	1	1	1	0	1	0
×	×	×	0	1	1	1	1	1	1	0	1	1
×	×	0	1	1	1	1	1	1	1	1	0	0
×	0	1	1	1	1	1	1	1	1	1	0	1
0	1	1	1	1	1	1	1	1	1	1	1	0

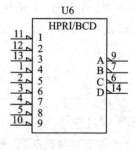

图 2.4.4 74LS147 符号

表 2.4.5 为 74LS148 的真值表,图 2.4.5 为 74LS148 的符号。根据真值表可知,74LS148 除 8 个数据输入端外,还有一个使能端(也叫选通端、片选端或控制端)EI,当 EI 为低电平时,编码器才能正常编码,否则输出全为高电平。输入也是低电平有效,7 的优先级别最高,0 的优先级别最低。输出为反码。除编码输出端外,还有两个扩展输出端,用来区别 0 的代码、无有效输入和未被选通 3 种情况。

表 2.4.5　74LS148 真值表

输入									输出				
EI	0	1	2	3	4	5	6	7	A2	A1	A0	GS	EO
1	×	×	×	×	×	×	×	×	1	1	1	1	1
0	1	1	1	1	1	1	1	1	1	1	1	1	0
0	×	×	×	×	×	×	×	0	0	0	0	0	1
0	×	×	×	×	×	×	0	1	0	0	1	0	1
0	×	×	×	×	×	0	1	1	0	1	0	0	1
0	×	×	×	×	0	1	1	1	0	1	1	0	1
0	×	×	×	0	1	1	1	1	1	0	0	0	1
0	×	×	0	1	1	1	1	1	1	0	1	0	1
0	×	0	1	1	1	1	1	1	1	1	0	0	1
0	0	1	1	1	1	1	1	1	1	1	1	0	1

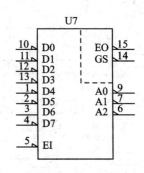

图 2.4.5　74LS148 符号

2.4.3　子项目 2:译码器设计

将输入代码恢复成特定信息的过程称为译码,是编码的逆过程。译码器是能够实现译码功能的电路,输出端一般比输入端数量多,假设输入端个数为 n,输出端个数为 m,则 $m \leqslant 2^n$。通常用输入输出端的数量称呼普通二进制译码器,如 3 线-8 线译码器表示 3 位的普通二进制译码器,4 线-16 线译码器表示 4 位的普通二进制译码器,特别的,4 线-10 线译码器是指 4 位的 8421BCD 译码器。

1. 译码器设计

① 项目要求:请设计图 2.4.1 中 4 按键编码器所对应的译码器。

② 项目分析:图 2.4.1 中的 4 按键编码器是将 4 个按键编成两位普通二进制代码,译码器要实现逆过程,所以有两个代码输入端,4 个信号输出端。

③ 列出真值表:设计译码器必须首先知道编码器的真值表,然后根据编码器的真值表列出对应的译码器真值表,如表 2.4.6 所列。

④ 写出表达式:
A1=$\overline{R1} \cdot \overline{R0}$　B1=$\overline{R1} \cdot R0$　C1=$R1 \cdot \overline{R0}$　D1=$R1 \cdot R0$

⑤ 绘制电路图:如图 2.4.6 所示。

⑥ 进行仿真:仿真时需要在图 2.4.6 的基础上给输入端加信号源(逻辑电平开关),给输出端加发光二极管和限流电阻,发光二极管阳极接 74LS08,阴极接排阻,如图 2.4.7 所示。改变开关 S1 和 S2,观察发光二极管,记录测试结果,可以证明测试结果与真值表相同,实现了设计功能。

表 2.4.6 译码器真值表

输入		输出			
R1	R0	A1	B1	C1	D1
0	0	0	0	0	1
0	1	0	0	1	0
1	0	0	1	0	0
1	1	1	0	0	0

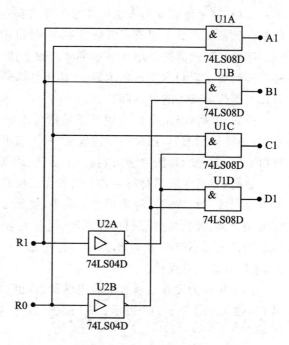

图 2.4.6 译码器原理图

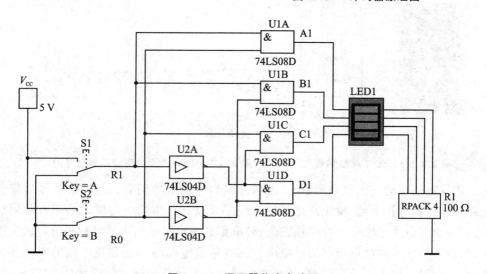

图 2.4.7 译码器仿真电路图

2.7 段码显示器

为便于操作人员读取数据,在数字测量仪器仪表或其他数字设备中,常常将测量结果或运算结果用数字、文字或符号显示出来。因此,显示译码器和显示器是数字设备不可或缺的组成部分。

目前,显示器的显示方法主要有字段式和点阵式两种。字段式通过预先设置好的横、竖、斜线或点来组成字母或数字,有时也可以将简单符号做成一个字段直接显示。字段式显示器通常用来显示字母或数字,结构简单,很难显示复杂图形,常见的有7段码显示器和米字形显示器等,用于计算器、电子手表、交通路口倒计时器、数字万用表等仪器仪表的显示部分。

点阵式显示器由密集的圆点显示器件组成,通过大量小圆点组合,能够显示汉字、复杂符号和图形,通常控制比较复杂,一般由单片机、数字信号处理器(DSP)或计算机完成,常用于高级数字仪表显示、手机、计算机、电视机等。

目前,显示器按照材料主要分为发光二极管显示器和液晶显示器两大类,这两类均有字段式和点阵式两种显示器。其中,发光二极管(LED)显示器能够直接发光,可观测距离远、颜色炫丽、醒目,在功耗、可视角度和刷新速率等方面都有优势。液晶(LCD)显示器不能直接发光,需要有背光源照明,能量主要消耗在背光源上,其在轻、薄、柔性方面具有优势。

图2.4.8为发光二极管7段码显示器,也称为7段数码管。一般7段数码管都带有小数点,用字母DP表示。7段数码管分为共阴极和共阳极两类,如图2.4.9所示。

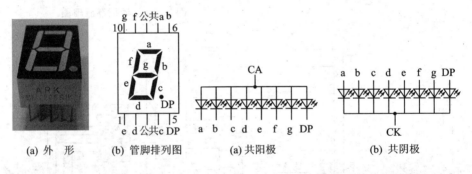

(a) 外 形　　(b) 管脚排列图　　(a) 共阳极　　　　(b) 共阴极

图2.4.8 LED 7段数码管　　　图2.4.9 LED 7段数码管结构示意图

集成电路驱动共阴极数码管时,需向外输出电流给数码管,使其发光,流出集成电路的电流称为拉电流,输出高电平时对应字段发光。集成电路驱动共阳极数码管时,需输出低电平才能使对应字段发光,外电路的高电平输出电流经数码管流入集成电路,流入集成电路的电流称为灌电流。某些集成电路灌电流和拉电流的驱动能力不同,一般灌电流大于拉电流,这类集成电路适合驱动共阳极数码管,使用时需注意。

LED数码管使用时的注意事项与一般发光二极管相同,都要加合适的限流电阻。

3. 7段码显示译码器

将8421BCD码译码为7段输出,驱动7段码显示器的电路称为7段码显示译码器。由于7段码显示译码器使用量巨大,所以早已有相应集成电路,如CC4511、

74LS48、74LS49、74LS247、74LS248 和 74LS249 等多种型号。

表 2.4.7 为 CC4511 的功能表,其输入为 8421BCD 码,输出为 a～g 这 7 个字段。输入为原码,输出为高电平有效,应该驱动共阴极数码管。其输入端 $\overline{LT}$ 为亮灯测试, $\overline{BI}$ 为灭灯测试,LE 为锁存控制。

表 2.4.7 CC4511 功能表

输入							输出							显示字形
LE	$\overline{BI}$	$\overline{LT}$	D	C	B	A	a	b	c	d	e	f	g	
×	×	0	×	×	×	×	1	1	1	1	1	1	1	8
×	0	1	×	×	×	×	0	0	0	0	0	0	0	消隐
0	1	1	0	0	0	0	1	1	1	1	1	1	0	0
0	1	1	0	0	0	1	0	1	1	0	0	0	0	1
0	1	1	0	0	1	0	1	1	0	1	1	0	1	2
0	1	1	0	0	1	1	1	1	1	1	0	0	1	3
0	1	1	0	1	0	0	0	1	1	0	0	1	1	4
0	1	1	0	1	0	1	1	0	1	1	0	1	1	5
0	1	1	0	1	1	0	0	0	1	1	1	1	1	6
0	1	1	0	1	1	1	1	1	1	0	0	0	0	7
0	1	1	1	0	0	0	1	1	1	1	1	1	1	8
0	1	1	1	0	0	1	1	1	1	0	0	1	1	9
0	1	1	1	0	1	0	0	0	0	0	0	0	0	消隐
0	1	1	1	0	1	1	0	0	0	0	0	0	0	消隐
0	1	1	1	1	0	0	0	0	0	0	0	0	0	消隐
0	1	1	1	1	0	1	0	0	0	0	0	0	0	消隐
0	1	1	1	1	1	0	0	0	0	0	0	0	0	消隐
0	1	1	1	1	1	1	0	0	0	0	0	0	0	消隐
1	1	1	×	×	×	×	锁存							锁存

图 2.4.10 为 Multisim 中的 74LS48 符号,需要说明的是,实际的 74LS48 也是输出高电平有效的 7 段码显示译码器,适合驱动共阴极数码管。

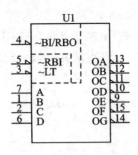

图 2.4.10　74LS48 符号

2.4.4　子项目 3：显示按键代码的电路设计

1. 项目要求

有 4 个按键，按下一个按键数码管就显示对应编码，比如 4 个按键的代码分别为 1、2、3、4，则按下代码为 1 的按键，数码管显示 1，按下代码为 2 的按键，数码管显示 2，依此类推。

2. 项目分析

本项目可以采用两种设计思路，一种是按照前面学习的组合电路设计思路，先将实际问题抽象为逻辑问题，列真值表，写表达式，化简表达式，绘制电路图。另一种思路是采用已有的集成编码器、集成译码器等中规模集成电路进行设计。两种设计思路对应两种设计方案，下面分别讨论。

方案一：直接用门电路驱动数码管显示。

方案二：使用集成编码器输出 4 位的 BCD 码，然后再通过显示译码器驱动数码管显示。

3. 方案一

① 根据项目要求列出真值表（如表 2.4.8 所列），假设两个以上按键同时按下时显示字形 8。

表 2.4.8　显示按键代码真值表

输入				输出						
K4	K3	K2	K1	a	b	c	d	e	f	g
0	0	0	1	0	1	1	0	0	0	0
0	0	1	0	1	1	0	1	1	0	1
0	1	0	0	1	1	1	1	0	0	1
1	0	0	0	0	1	1	0	0	1	1
其余情况				1	1	1	1	1	1	1

② 写出表达式：

$\overline{a} = \overline{K4} \cdot \overline{K3} \cdot \overline{K2} \cdot K1 + K4 \cdot \overline{K3} \cdot \overline{K2} \cdot \overline{K1}$

$b = 1$

$\overline{c} = \overline{K4} \cdot \overline{K3} \cdot K2 \cdot \overline{K1}$

$\overline{d} = \overline{a}$

$\overline{e} = \overline{K4} \cdot \overline{K3} \cdot \overline{K2} \cdot K1 + \overline{K4} \cdot \overline{K3} \cdot K2 \cdot \overline{K1} + K4 \cdot \overline{K3} \cdot \overline{K2} \cdot \overline{K1}$

$\overline{f} = \overline{K4} \cdot \overline{K3} \cdot \overline{K2} \cdot K1 + \overline{K4} \cdot \overline{K3} \cdot K2 \cdot \overline{K1} + \overline{K4} \cdot K3 \cdot \overline{K2} \cdot \overline{K1}$

$\overline{g} = \overline{K4} \cdot \overline{K3} \cdot \overline{K2} \cdot K1$

对前面的式子两边同时取非，然后应用摩根定理：

$a = \overline{\overline{K4} \cdot \overline{K3} \cdot \overline{K2} \cdot K1} \cdot \overline{K4 \cdot \overline{K3} \cdot \overline{K2} \cdot \overline{K1}}$

$b = 1$

$c = \overline{\overline{K4} \cdot \overline{K3} \cdot K2 \cdot \overline{K1}}$

$d = a$

$e = \overline{\overline{K4} \cdot \overline{K3} \cdot \overline{K2} \cdot K1} \cdot \overline{\overline{K4} \cdot \overline{K3} \cdot K2 \cdot \overline{K1}} \cdot \overline{K4 \cdot \overline{K3} \cdot \overline{K2} \cdot \overline{K1}}$

$f = \overline{\overline{K4} \cdot \overline{K3} \cdot \overline{K2} \cdot K1} \cdot \overline{\overline{K4} \cdot \overline{K3} \cdot K2 \cdot \overline{K1}} \cdot \overline{\overline{K4} \cdot K3 \cdot \overline{K2} \cdot \overline{K1}}$

$g = \overline{\overline{K4} \cdot \overline{K3} \cdot \overline{K2} \cdot K1}$

对照以上各式可简化为：

$a = g \cdot \overline{K4 \cdot \overline{K3} \cdot \overline{K2} \cdot \overline{K1}}$

$b = 1$

$c = \overline{\overline{K4} \cdot \overline{K3} \cdot K2 \cdot \overline{K1}}$

$d = a$

$e = g \cdot c \cdot \overline{K4 \cdot \overline{K3} \cdot \overline{K2} \cdot \overline{K1}} = a \cdot c$

$f = g \cdot c \cdot \overline{\overline{K4} \cdot K3 \cdot \overline{K2} \cdot \overline{K1}}$

$g = \overline{\overline{K4} \cdot \overline{K3} \cdot \overline{K2} \cdot K1}$

③ 画出电路图：如图 2.4.11 所示，需要 4 片集成电路：1 片 74LS04，2 片 74LS40，1 片 74LS08。

4. 方案二

74LS147 是输入低电平有效的 10 线-4 线优先编码器，以 BCD 码的反码输出，其中 9 的优先级最高，1 的优先级最低。当输入 9～1 全为高电平时，输出 0 的编码 1111。

74LS48 是 4 线 7 段译码器，输入 BCD 原码，输出高电平有效，内部有上拉电阻，可以直接驱动共阴极数码管。管脚图如图 2.4.12 所示。

由于 74LS147 输出 BCD 反码，而 74LS48 需要输入 BCD 原码，所以，74LS147 的每个输出端都需要一个非门取反，以求得 BCD 原码，如图 2.4.13 所示。该图为仿真电路图，必须加限流电阻，否则不能仿真；如果用实际器件实现，由于 74LS48 内部

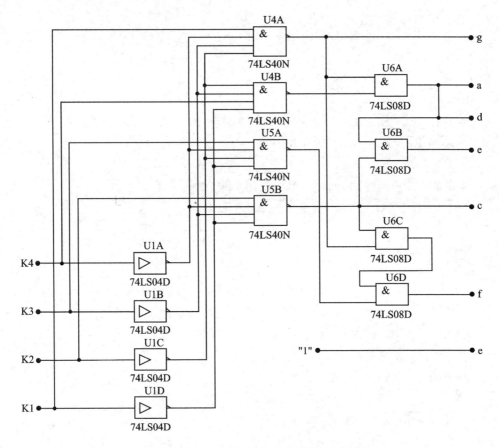

图 2.4.11　门电路实现显示按键编码功能

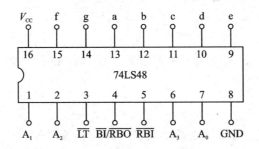

图 2.4.12　74LS48 管脚图

有上拉电阻,不需要外接限流电阻也能正常工作,当然也可以外接限流电阻调节 LED 发光亮度。

由于只需要对 1~4 按键进行编码,而 74LS147 是优先编码器,所以输入端 5~9 需接为无效,即接高电平。74LS48 的 3 个控制输入端也接为无效(高电平)。该设计需要 3 片集成电路,分别是 74LS147、74LS04 和 74LS48。

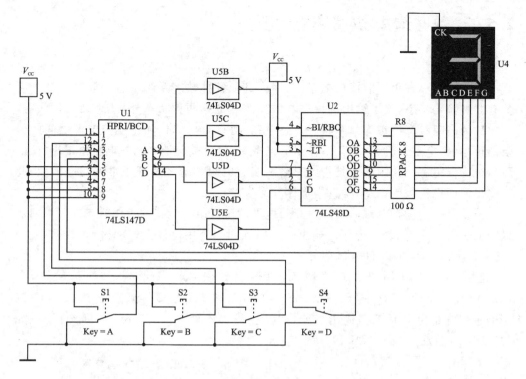

图 2.4.13 采用编码器和译码器的设计

5. 测试电路

图 2.4.11 为原理图,仿真和安装实际电路时需要仿照图 2.4.13 增加信号源、限流电阻和数码管,数码管须选用共阴极数码管,Multisim 仿真软件名称中用字母 K 做共阴极数码管标识。图 2.4.11 中的 e 直接接 5 V 的 V_{CC}。安装实际电路和仿真测试都可以证明:两个方案均能实现设计功能。其中,方案一每次只能按下一个按键,没有按键优先处理功能,输入高电平有效;方案二具有优先编码功能,开关 S4 具有最高的优先级别,输入低电平有效。

6. 小结

根据本项目可知,一个实际问题具有不同解决方案,简单的逻辑问题使用普通门电路就可以方便、灵活地实现设计,而复杂的逻辑问题适合采用集成度高的逻辑器件,这样可以简化设计、降低成本。

2.5　实操任务 4:数据选择与分配

复杂的数字系统中经常需要对数据的传递进行控制,数据选择器和数据分配器就是实现数据传递控制的常用逻辑器件。

2.5.1 数据选择器(多路复用器)

1. 三态门

三态门是一种重要的接口电路,在计算机和各种数字系统中应用极为广泛。它具有3种输出状态,除了输出端为高电平和低电平这两种状态外,还有第三种状态,通常称为高阻状态或称为开路状态。门电路输出高电平时,输出端与电源之间的电阻值很小(低电阻),称为低阻态;输出低电平时,输出端与地之间的电阻值很小(低电阻),也为低阻态。高阻状态是指此时输出端与电源和地都呈现非常大的电阻值,此时输出端的电流极为微小,常忽略不计。

改变三态门的控制端(或称选通端)电平就可以改变电路的工作状态。三态门可以同OC门一样,把若干个门的输出端并接到同一公用总线上,分时传送数据,成为TTL系统和总线的接口电路。

三态门的符号如图2.5.1所列,真值表如表2.5.1所列。常用三态门有74LS125、74LS126、74LS365、74LS366、74LS367和74LS368等型号,另外,还有一些别的集成电路也具有三态输出功能,如一些编码器(如74LS348)、数据选择器(如74LS251)、触发器(如74LS374)等。

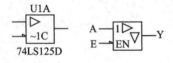

图2.5.1 三态门符号

表2.5.1 三态门真值表

使能	输入	输出
E	A	Y
0	0	0
0	1	1
1	×	Z

注:Z为高阻态。

实际操作 4.1

① 图2.5.2为三态门74LS125管脚图,图中三态门符号为国外常用符号,每片74LS125有4个三态门,A0~A3分别为4个门的使能端,低电平有效,B0~B4分别为4个门的输入端,O0~O3分别为4个门的输出端。74LS126管脚排列与74LS125相同,只不过使能端为高电平有效。

② 将74LS125的一个三态门的使能端接逻辑电平开关,该门的输入端接另一个逻辑电平开关,其输出端连接一个发光二极管检验电平电路。

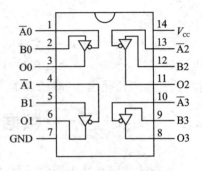

图2.5.2 74LS125管脚图

③ 将上述74LS125的7脚接地,14脚接+5 V电源。

④ 先使上述三态门使能端接低电平,改变输入端的电平,观察发光二极管是否发光,进行记录。

⑤ 再使上述三态门使能端接高电平,改变输入端的电平,观察发光二极管是否发光,进行记录。

⑥ 去掉输出端所接电平检验电路,使三态门输出端处于悬空状态,改变三态门使能端电平和输入端电平,分别用万用表测量输出端对电源电压和对地电压,进行记录。

利用三态门的3个状态可以实现总线结构,如图2.5.3所示。三态门之所以能实现总线结构,是因为它有一个使能端,当使能端有效时,其能实现门电路的逻辑功能;当使能端无效时,输出为高阻态。多个三态门实现总线结构时,任何时刻只允许一个三态门工作,即只允许一个三态门的使能端有效,可见总线结构中的三态门是分时工作的。

2. 三态门构成的数据选择器

数据选择器(Data Selector)也称为多路开关(Multiplexer),具有从输入的多路数据中选择一路输出的功能。在数据选择器中,由地址信号指定被选择的信号进行输出。图2.5.4为数据选择器的功能示意图,图中D3~D0为待选择的数据;Y为输出端,输出选择结果;A1和A0为地址,用来确定开关的位置,决定将哪一路数据传送到输出端Y。

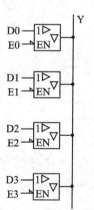

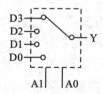

图2.5.3 三态门数据总线　　　图2.5.4 数据选择器功能示意图

利用三态门的控制端可以实现数据选择功能,真值表如表2.5.2所列,其中A0~A3为地址,D0~D3为数据,Y为输出,由地址的正确性保证表中所列之外的最小项都是无关项。电路如图2.5.5所示。

表 2.5.2 数据选择器真值表

地址				输入	输出
A3	A2	A1	A0	D0~D3	Y
1	1	1	0	×	D0
1	1	0	1	×	D1
1	0	1	1	×	D2
0	1	1	1	×	D3
其余				×	×

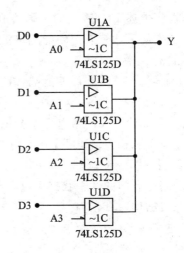

图 2.5.5 三态门构成的数据选择器

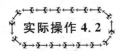

① 将一片 74LS125 按照图 2.5.5 连接。

② 将图 2.5.5 中的地址输入端 A0~A3 和数据输入端 D0~D3 分别接 8 个逻辑电平开关,输出端 Y 接一个发光二极管检验电平电路。

③ 接通 74LS125 的电源和地。

④ 改变地址 A0~A3 电平,观察输出 Y 与数据输入 D0~D3 的对应关系,进行记录。

3. 集成数据选择器

常用集成数据选择器有 74LS151 和 74LS153 等。74LS151 为集成 8 选一数据选择器,表 2.5.3 为 74LS151 的真值表,其地址选择输入端为 CBA,其中 C 为地址高位,A 为地址低位;选通输入端为 S,低电平时,74LS151 可以实现数据选择功能;输出端 Y 为原码输出,W 为反码输出。

图 2.5.6 为仿真软件 Multisim 中 74LS151 的符号,该符号符合国家标准,其中 ~G 表示 G 的反变量,即 $\overline{G}$,地址也是按照 CBA 的顺序排列高位到低位,输出 Y 为原码, ~W 为反码输出端。

8 选一数据选择器的表达式为:

$Y = \overline{G} \cdot (\overline{CBA} \cdot D0 + \overline{CB}A \cdot D1 + \overline{C}B\overline{A} \cdot D2 + \overline{C}BA \cdot D3 + C\overline{BA} \cdot D4 + C\overline{B}A \cdot D5 + CB\overline{A} \cdot D6 + CBA \cdot D7)$

74LS153 为双 4 选一集成数据选择器,表 2.4.4 为真值表,图 2.5.7 为符号。74LS153 中两个 4 选一数据选择器共用地址输入端 BA,每个数据选择器单独拥有一个选通输入端,选通输入端低电平有效。

表 2.5.3　74LS151 真值表

输入			输出		
选择			选通	Y	W
C	B	A	S		
×	×	×	1	0	1
0	0	0	0	D0	$\overline{D0}$
0	0	1	0	D1	$\overline{D1}$
0	1	0	0	D2	$\overline{D2}$
0	1	1	0	D3	$\overline{D3}$
1	0	0	0	D4	$\overline{D4}$
1	0	1	0	D5	$\overline{D5}$
1	1	0	0	D6	$\overline{D6}$
1	1	1	0	D7	$\overline{D7}$

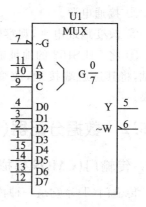

图 2.5.6　74LS151 符号

4 选一数据选择器 74LS153 的表达式为：

$1Y = \overline{1G} \cdot (\overline{BA} \cdot 1C0 + \overline{B}A \cdot 1C1 + B\overline{A} \cdot 1C2 + BA \cdot 1C3)$

$2Y = \overline{2G} \cdot (\overline{BA} \cdot 2C0 + \overline{B}A \cdot 2C1 + B\overline{A} \cdot 2C2 + BA \cdot 2C3)$

表 2.5.4　74LS153 真值表

选择输入端		数据输入				选通输入	输出
B	A	C0	C1	C2	C3	G	Y
×	×	×	×	×	×	1	0
0	0	0	×	×	×	0	0
0	0	1	×	×	×	0	1
0	1	×	0	×	×	0	0
0	1	×	1	×	×	0	1
1	0	×	×	0	×	0	0
1	0	×	×	1	×	0	1
1	1	×	×	×	0	0	0
1	1	×	×	×	1	0	1

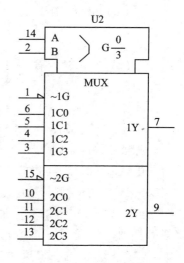

图 2.5.7　74LS153 符号

实际操作 4.3

① 将 74LS151 的地址输入 CBA 接逻辑电平开关，选通端 G 接地，输出 Y 接发光二极管检验电平电路。

② 接通电源。

③ 改变地址电平,观察输出发光二极管与数据输入端的对应关系,进行记录。

④ 将 74LS153 的地址输入 BA 接逻辑电平开关,选择其中一个数据选择器进行测试,将其选通端接地,改变地址,观察输出与数据输入端的对应关系,记录测试结果。

2.5.2 数据分配器(多路分配器)*

1. 传输门(CMOS 模拟开关)

传输门(TG)就是一种传输模拟信号的模拟开关。CMOS 传输门是利用结构上完全对称的 NMOS 管和 PMOS 管,按闭环互补形式连接的一种双向传输开关,也称为 CMOS 模拟开关。图 2.5.8 是传输门的符号和结构示意图。

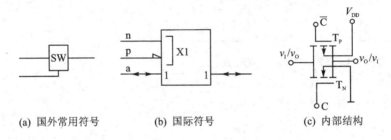

(a) 国外常用符号　　(b) 国际符号　　(c) 内部结构

图 2.5.8　传输门

典型 COMS 传输门有 CC4066(CMOS 四双向开关)、74HC4066 等型号,CC4066 的主要参数有:

> 电源电压(V_{DD})范围:$-0.5 \sim +20$ V;
> 输入电压范围:$-0.5 \sim V_{DD}+0.5$ V;
> 典型传输电阻:125 Ω($V_{DD}=15$ V);
> 传输信号范围:可以对 15 V 数字量或正负 7.5 V 模拟量进行传输。

74HC4066 的典型传输电阻为 30 Ω($V_{DD}=6$ V)。

除典型 CMOS 传输门外,还有一些具有选择器功能的集成模拟开关,也能传输模拟信号,如 3 个 2 选一模拟开关 CC4053、双 4 选一模拟开关 CC4052、8 选一模拟开关 CC4051、双 8 选一模拟开关 CC4097、16 选一模拟开关 CC4067 等。

2. 传输门构成的数据分配器

数据分配器是根据地址信号的要求将一路输入数据分配到指定输出通道上去的逻辑电路,又称多路分配器。数据分配器的功能与数据选择器相反,功能示意图如图 2.5.9 所示,D 为待分配的数据,Y3、Y2、Y1 和 Y0 为输出端,A1 和 A0 为地址输入端,数据 D 分配到哪个输出端由地址 A1A0 决定。

第 2 章 组合逻辑电路

根据数据分配器的功能很容易联想到传输门可以方便地用来构成数据分配器,如图 2.5.10 所示,表 2.5.5 为其真值表。A3、A2、A1、A0 为地址,任一时刻都只有一个为 1,则将数据 D 分配到指定的输出端。

表 2.5.5　图 2.5.10 的真值表

地址				输入	输出			
A3	A2	A1	A0	D	Y3	Y2	Y1	Y0
0	0	0	1	×	Z	Z	Z	D
0	0	1	0	×	Z	Z	D	Z
0	1	0	0	×	Z	D	Z	Z
1	0	0	0	×	D	Z	Z	Z
其余				×	Z	Z	Z	Z

注:Z 为高阻态。

其实,传输门和三态门在某些情况下可以互相代替,如将图 2.5.10 中的传输门全换成三态门也可以实现数据分配的功能,将图 2.5.5 中的三态门全换成传输门也可以实现数据选择的功能。图 2.5.11 为图 2.5.10 的仿真电路图。

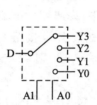

图 2.5.9　数据分配器功能示意图

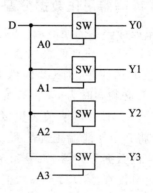

图 2.5.10　传输门构成的数据分配器

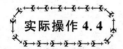

实际操作 4.4

① 按照图 2.5.11 连接电路。注意:图中 LED1 的阳极接 CD4066 的输出端,阴极通过接排阻接地。

② 给定地址 A3A2A1A0,改变数据 D,观察输出端所接发光二极管,记录结果。更改地址后,再次观察输出发光二极管与数据 D 的对应关系,直至真值表(表 2.5.5)中 4 个有效地址全部测试完毕,记录结果。

③ 将地址更改为真值表中未列出的其他地址,改变数据 D,观察输出端所接发光二极管是否发光,然后进行讨论。

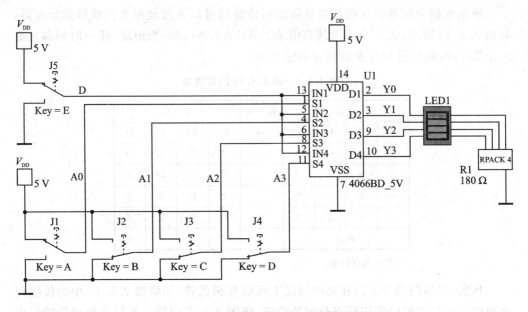

图 2.5.11 门电路构成数据分配器的仿真电路图

3. 集成译码器用作数据分配器

利用集成译码器的使能端(选通端)可以实现数据分配器的功能。例如,3 线-8 线译码器 74LS138 的真值表如表 2.5.6 所列,符号如图 2.5.12 所示。其中,G1 为高电平有效的选通端,而 G2 为低电平有效的选通端,G2 包括 G2A 和 G2B,要求 G2A 和 G2B 必须同时为低电平,而且 G1 同时为高电平,译码器才能输出译码结果。

通过分析 74LS138 真值表可以发现,只要把待分配数据 D 接至 G2A 或者 G2B 的管脚上,将其余使能端正确配置,将 CBA 当作地址输入端,则 74LS138 就构成了一个 8 输出的数据分配器,如图 2.5.13 所示。

若将待分配数据 D 接至 G1,把 G2A 和 G2B 接地,将 CBA 当作地址输入端,则在输出端可以得到 D 的反变量。

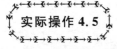

实际操作 4.5

① 按照图 2.5.13 将 74LS138 的代码输入端 CBA 作为地址输入端接至逻辑电平开关,G1 接至高电平(+5 V),~G2A 接至低电平(地),~G2B 作为数据输入端接至逻辑电平开关,输出端 Y0~Y7 接至发光二极管逻辑电平显示。

② 给定地址 CBA(即 A2A1A0),观察输出与数据输入 D 的对应关系,记录测试结果。

③ 测试所有地址对数据 D 的分配功能。

表 2.5.6　74LS138 真值表

输入					输出							
使能端		选择输入										
G1	$\overline{G2}$ *	C	B	A	Y0	Y1	Y2	Y3	Y4	Y5	Y6	Y7
×	1	×	×	×	1	1	1	1	1	1	1	1
0	×	×	×	×	1	1	1	1	1	1	1	1
1	0	0	0	0	0	1	1	1	1	1	1	1
1	0	0	0	1	1	0	1	1	1	1	1	1
1	0	0	1	0	1	1	0	1	1	1	1	1
1	0	0	1	1	1	1	1	0	1	1	1	1
1	0	1	0	0	1	1	1	1	0	1	1	1
1	0	1	0	1	1	1	1	1	1	0	1	1
1	0	1	1	0	1	1	1	1	1	1	0	1
1	0	1	1	1	1	1	1	1	1	1	1	0

注：* $\overline{G2}$=G2A+G2B。

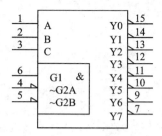

图 2.5.12　74LS138 符号

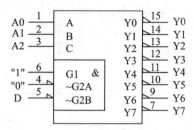

图 2.5.13　译码器用作数据分配器

④ 将数据 D 接至 74LS138 的 G1，将～G2B 也接低电平（地），重复前述测试，观察输出与数据 D 的对应关系。

2.5.3　共享线路的通信系统 *

共享线路也就是线路复用，是提高线路利用率的方法。通常线路需要消耗铜、铝等有色金属（距离远时常用光纤），价格昂贵，当通信距离较远时，线路铺设成本更是惊人。如何在一条线路上同时或分时传输多路信号就成为重要课题，常见的无线通信、公共电话网和互联网除少数用户接入部分外，全采用线路复用技术，以降低成本。

利用数据选择器和数据分配器可以构成简单的线路复用系统：通信发送端先利用数据选择器从多路信号中选择一路要发送的信号送到传输线路上，通信接收端用数据分配器将信号分配到通信目的地。只要数据选择器和数据分配器使用了合适的地址信号，就可以实现远距离的共享线路通信，原理图如图 2.5.14 所示。

左边的 74LS125 构成数据选择器，是发送设备，右边的 4066 构成数据分配器，是接收设备，两者之间的连接线为通信线路。A3A2A1A0 为发送设备和接收设备的共用地址。发送和接收使能端高低电平不同，地址要加反相器。本电路只能实现 D0 - Y0、D1 - Y1、D2 - Y2、D3 - Y3 这样的固定通信。真值表如表 2.5.7 所列。

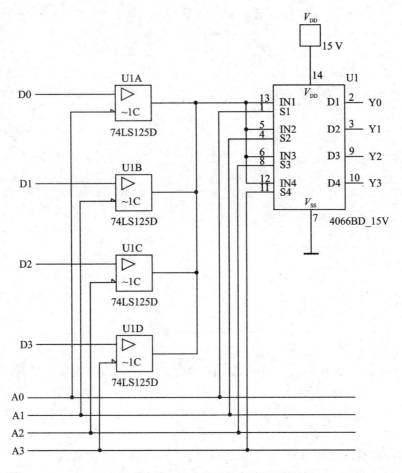

图 2.5.14 共享线路的通信系统设计思路

表 2.5.7 图 2.5.14 的真值表

地址				输入数据				输出			
A3	A2	A1	A0	D3	D2	D1	D0	Y3	Y2	Y1	Y0
0	0	0	1	×	×	×	×	Z	Z	Z	D0
0	0	1	0	×	×	×	×	Z	Z	D1	Z
0	1	0	0	×	×	×	×	Z	D2	Z	Z
1	0	0	0	×	×	×	×	D3	Z	Z	Z
其余				×	×	×	×	Z	Z	Z	Z

图 2.5.14 还有重大缺陷,本来共享线路是为了节省远距离的传输线路,而图 2.5.14 中除了一根信号传输线外,还需要 4 根地址传输线,相当于没有节省传输线路,反而增加了一根。根据编码器和译码器的原理可以知道,要想减少地址线路数

量,可以将地址编成代码,用译码器控制传输门或三态门,从而极大地减少传输地址所需要的线路数量。据此,将图 2.5.14 改进为图 2.5.15,图中 J1 和 J2 是地址代码,高电平有效。其中,74LS139 为 2 线-4 线译码器(输出低电平有效),用于地址译码。图 2.5.15 只需要一根信号传输线、两根地址传输线,如果要进行 8 路信号的传输,只需要 3 根地址线加一根信号线,也就是说,需要传输的信号数量越多,相对节省的导线越多。

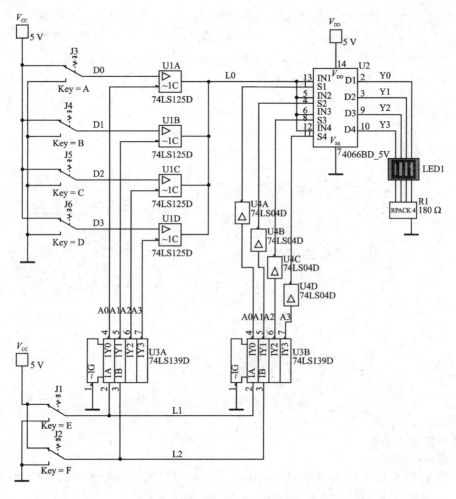

图 2.5.15 共享线路的通信系统仿真图

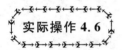

① 按照图 2.5.15 连接电路,注意:LED1 的阳极接 CD4066,阴极通过限流电阻接地。

② 改变地址 L2L1(J2 为地址代码高位按键,J1 为地址代码低位按键),观察输出发光二极管与输入数据 D3、D2、D1、D0 的对应关系,记录测试结果。

实际的电话系统都有交换机,负责地址选择问题,这样图 2.5.15 就可以实现 D3~D0 与 Y3~Y0 的任意两者之间通信。这里都是单工通信,也就是说只能左边发送,右边接收,如果左侧的数据选择器也用双向开关 CC4066 实现,就能实现半双工通信。

利用集成数据选择器和集成译码器还可以对图 2.5.15 做进一步的改进,如图 2.5.16 和图 2.5.17 所示。图 2.5.16 和图 2.5.17 的区别在于数据选择器和数据分配器的连接方法有所不同,都能实现同样的功能。两图中都有 3 根地址线,可以实现 8 个信号远距离共享通信。

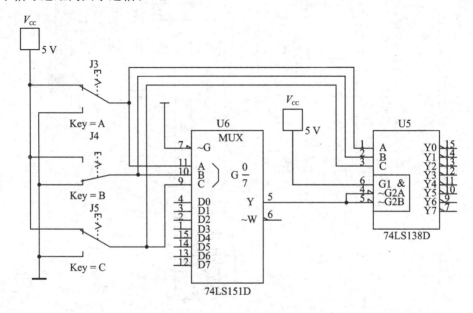

图 2.5.16 改进的通信系统 1

① 按照图 2.5.16 连接电路,74LS151 的 D0~D7 为数据输入端,接逻辑电平开关,74LS138 的每个输出端都接发光二极管检验电平电路。

② 改变地址输入(74LS151 的 CBA),观察数据输入(74LS151 的 D0~D7)与发光二极管(74LS138 的 Y0~Y7)的对应关系,记录测试结果。

③ 按照图 2.5.17 重复上述测试过程,记录测试结果,并进行分析讨论。

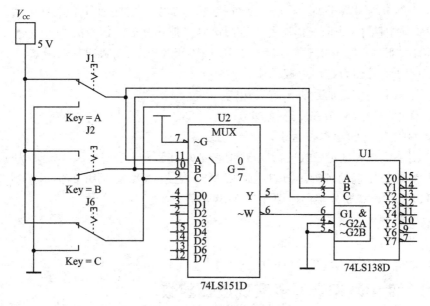

图 2.5.17 改进的通信系统 2

2.6 实操任务 5:中规模集成电路应用 *

根据集成电路规模的大小,通常将其分为小规模集成电路(SSI)、中规模集成电路(MSI)、大规模集成电路(LSI)、超大规模集成电路(VLSI)。分类的依据是一片集成电路芯片上包含的逻辑门个数或元件个数。

中规模集成电路(medium scale integrated circuit)通常指含逻辑门数为 10 门~99 门(或含元件数 100~999 个)。常见中规模集成电路有:数据选择器、编码器、译码器、触发器、计数器、寄存器等。

2.6.1 使用 MSI 实现逻辑函数的基本方法

中规模集成电路(MSI)比小规模集成电路集成度高,利用 MSI 实现逻辑函数能够使电路更加简洁,减少焊点和外部连线,从而提高系统可靠性、可维护性,降低功耗、设计成本、生产成本和维修成本。

中规模集成电路一般都是专用功能器件,都具有某种特定的逻辑功能,用这些功能器件实现组合逻辑函数,一般都采用对比法进行设计。用对比法进行设计的要点是:先写出 MSI 的表达式,然后将 MSI 表达式和要实现的逻辑函数进行比对,将两者相同的项保留下来,去除掉不需要的项。

如果中规模集成电路的功能较强,也就是说,如果 MSI 包含了所有最小项,则能够直接实现所有逻辑函数,而不需要外接其他电路。但是,如果 MSI 不能实现所有最小项,则实现逻辑函数时,经常需要外接一些门电路辅助 MSI 完成任务。常用的中规模集成电路中,数据选择器和二进制译码器都具有输入信号的所有最小项,能够完成所有关于输入信号的逻辑函数,经常用来实现各种较复杂的逻辑函数。

用 MSI 设计组合逻辑电路的步骤:
① 写出需要实现的逻辑函数表达式;
② 根据表达式复杂程度选择 MSI;
③ 写出 MSI 的逻辑表达式;
④ 对要实现的逻辑函数进行变换,把它尽可能变换成与 MSI 表达式类似的形式;
⑤ 对比要实现的逻辑函数表达式和 MSI 表达式,确定 MSI 的输入端需要连接的信号以及是否需要外接门电路拓展 MSI 功能;
⑥ 绘制逻辑电路图;
⑦ 进行仿真;
⑧ 安装、调试电路,并进行测试。

2.6.2 使用数据选择器实现逻辑函数

1. 实现半加器

半加器是实现两个一位二进制数进行加法运算的电路,真值表如表 2.6.1 所列。表中 B 和 A 代表两个一位的二进制数,C 代表本位向高位的进位,S 代表本位和。

① 根据半加器真值表,写出其表达式:
$C = BA$
$S = A\overline{B} + \overline{A}B$

② 根据表达式选择数据选择器 74LS153,74LS153 中有两个数据选择器,分别实现进位 C 和本位和 S。

③ 两个数据选择器的表达式为:
$1Y = \overline{1G} \cdot (\overline{BA} \cdot 1C0 + \overline{B}A \cdot 1C1 + B\overline{A} \cdot 1C2 + BA \cdot 1C3)$
$2Y = \overline{2G} \cdot (\overline{BA} \cdot 2C0 + \overline{B}A \cdot 2C1 + B\overline{A} \cdot 2C2 + BA \cdot 2C3)$

④ 用第一个数据选择器实现进位 C,用第二个数据选择器实现本位和 S。数据选择器和半加器表达式都是简单的与或表达式,不需要做更多变换。

⑤ 通过对比表达式可知,使数据选择器的 B 等于半加器的 B,数据选择器的 A 等于半加器的 A,则,如果第一个数据选择器的输入端信号满足:$1G=0$、$1C0=0$、$1C1=0$、$1C2=0$、$1C3=1$,第一个数据选择器的输出 1Y 表达式就完全与半加器 C 的表达式完全相同,实现了用数据选择器实现半加器进位的功能。

同样的,74LS153 两个数据选择器共用地址 BA,所以,当第二个数据选择器的输入端信号满足:$2G=0$、$2C0=0$、$2C1=1$、$2C2=1$、$2C3=0$,第二个数据选择器的输出 2Y 表达式就完全与半加器 S 的表达式完全相同,实现了用数据选择器实现半加器本位和的功能。

⑥ 根据前述结论,绘制电路图如图 2.6.1 所示。

表 2.6.1 半加器真值表

输入		输出	
B	A	C	S
0	0	0	0
0	1	0	1
1	0	0	1
1	1	1	0

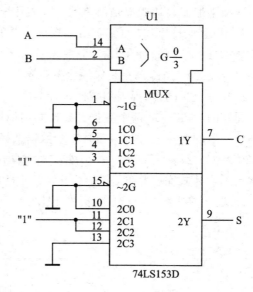

图 2.6.1 半加器

实际操作 5.1

① 在原理图(见图 2.6.1)的基础上自行绘制仿真电路图、设计仿真步骤进行仿真测试。

② 在仿真的基础上根据仿真电路和原理图,安装、测试电路。

2. 实现全加器

全加器能够实现 3 个一位二进制相加运算,真值表如表 2.6.2 所列,其中,A、B 代表加数和被加数,Co 代表低位向本位的进位,C 代表本位向高位的进位,S 代表本位和。

① 根据全加器真值表,写出进位 C 的表达式:C＝AB＋A$\overline{B}$Co＋$\overline{A}$BCo

本位和 S 的表达式为:S＝A·$\overline{B}$·$\overline{Co}$＋$\overline{A}$·B·$\overline{Co}$＋A·B·Co＋$\overline{A}$·$\overline{B}$·Co

② 根据全加器表达式选择数据选择器 74LS153,74LS153 中有两个数据选择器,分别实现进位 C 和本位和 S。

③ 两个数据选择器的表达式为:

1Y＝$\overline{1G}$·($\overline{BA}$·1C0＋$\overline{B}$A·1C1＋B$\overline{A}$·1C2＋BA·1C3)

2Y＝$\overline{2G}$·($\overline{BA}$·2C0＋$\overline{B}$A·2C1＋B$\overline{A}$·2C2＋BA·2C3)

表 2.6.2 全加器真值表

输入			输出	
B	A	Co	C	S
0	0	0	0	0
0	0	1	0	1
0	1	0	0	1
0	1	1	1	0
1	0	0	0	1
1	0	1	1	0
1	1	0	1	0
1	1	1	1	1

④ 用第一个数据选择器实现进位 C,用第二个数据选择器实现本位和 S。数据选择器和半加器表达式都是简单的与或表达式,不需要做更多变换。

⑤ 通过对比表达式可知,令:数据选择器的 B 等于半加器的 B,数据选择器的 A 等于半加器的 A,则,如果第一个数据选择器的输入端信号满足:1G=0、1C0=0、1C1=Co,1C2=Co,1C3=1,第一个数据选择器的输出 1Y 表达式就完全与全加器 C 的表达式完全相同,实现了用数据选择器实现全加器进位的功能。

同样的,74LS153 两个数据选择器共用地址 BA,对比全加器 S 表达式和第二个数据选择器的表达式,所以,当第二个数据选择器的输入端信号满足:2G=0、2C0=Co,2C1=$\overline{Co}$,2C2=$\overline{Co}$,2C3=Co,第二个数据选择器的输出 2Y 表达式就完全与全加器 S 的表达式完全相同,实现了用数据选择器实现全加器本位和的功能。

⑥ 根据前述结论,绘制电路图如图 2.6.2 所示。

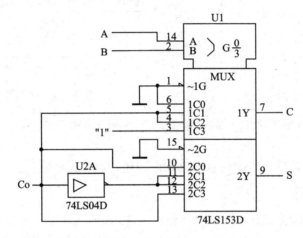

图 2.6.2 全加器

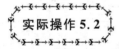

① 在原理图(见图 2.6.2)的基础上自行绘制仿真电路图、设计仿真步骤进行仿真测试。

② 在仿真的基础上根据仿真电路和原理图,安装、测试电路。

3. 小　　结

通过前述两个例子可知:

① 集成 4 选一数据选择器可以实现 3 输入变量和少于 3 输入变量的任意逻辑函数,类似的,集成 8 选一可以实现 4 输入变量和少于 4 输入变量的任意逻辑函数,集成 16 选一数据选择器可以实现 5 输入变量和少于 5 输入变量的任意逻辑函数。

② 每个数据选择器可以实现一个逻辑函数。

③ 用4选一数据选择器实现少于3变量的逻辑函数时,不需外接任何门电路,只需将数据输入端接常量(电源或地);实现3变量逻辑函数时,数据输入端需接输入变量,若输入信号存在反变量时,则不需外接任何门电路,否则需要外接非门来获得反变量。类似的,8选一和16选一数据选择器也有同样问题。

2.6.3 使用译码器实现逻辑函数

1. 集成译码器

一个 n 变量的二进制译码器的输出包含了 n 个变量的所有最小项(共 2^n 个)。例如,74LS138 是 3 线/8 线译码器,它的 8 个输出包含了 3 个变量的所有最小项,真值表如表 2.6.3 所列。

表 2.6.3 译码器 74LS138 真值表

输入					输出							
G1	$\overline{G2}+\overline{G3}$	C	B	A	Y_0	Y_1	Y_2	Y_3	Y_4	Y_5	Y_6	Y_7
0	x	x	x	x	1	1	1	1	1	1	1	1
x	1	x	x	x	1	1	1	1	1	1	1	1
1	0	0	0	0	0	1	1	1	1	1	1	1
1	0	0	0	1	1	0	1	1	1	1	1	1
1	0	0	1	0	1	1	0	1	1	1	1	1
1	0	0	1	1	1	1	1	0	1	1	1	1
1	0	1	0	0	1	1	1	1	0	1	1	1
1	0	1	0	1	1	1	1	1	1	0	1	1
1	0	1	1	0	1	1	1	1	1	1	0	1
1	0	1	1	1	1	1	1	1	1	1	1	0

由表 2.6.3 可得,当 G1=1 且 $\overline{G2}+\overline{G3}=0$ 时,允许译码器工作,否则就禁止译码。

在允许译码的条件下,可得 74LS138 表达式:

$\overline{Y0}=\overline{C}\overline{B}\overline{A}=m0$　$\overline{Y1}=\overline{C}\overline{B}A=m1$　$\overline{Y2}=\overline{C}B\overline{A}=m2$　$\overline{Y3}=\overline{C}BA=m3$
$\overline{Y4}=C\overline{B}\overline{A}=m4$　$\overline{Y5}=C\overline{B}A=m5$　$\overline{Y6}=CB\overline{A}=m6$　$\overline{Y7}=CBA=m7$

观察上述表达式可见,其中囊括了关于 C、B、A 这 3 个自变量的所有最小项,故用译码器可实现函数变量的个数小于等于译码器地址线个数的逻辑函数。也就是说,用 2 线-4 线译码器可以实现 2 变量(含少于 2 变量)的逻辑函数,用 3 线-8 线译码器可以实现 3 变量(含少于 3 变量)的逻辑函数,用 4 线-16 线译码器可以实现 4 变量(含少于 4 变量)的逻辑函数,依此类推。

2. 用集成译码器实现数值比较器

具有对两个数字大小或是否相等进行比较功能的逻辑电路称为数值比较器。一位数值比较器能够对两个一位二进制数进行大小的比较,真值表如表 2.6.4 所列。

① 根据真值表写出表达式:

$Y_{A<B} = B \cdot \overline{A}$ $Y_{A=B} = \overline{B} \cdot \overline{A} + B \cdot A$ $Y_{A>B} = \overline{B} \cdot A$

② 观察译码器 74LS138 真值表(表 2.6.3),若令译码器的地址输入端 B 等于数值比较器的输入信号 B,地址输入端 A 等于数值比较器的输入信号 A,在译码器地址输入端 C=1 时,译码器的输出表达式变为:

$\overline{Y4} = \overline{B} \cdot \overline{A}$ $\overline{Y5} = \overline{B} \cdot A$ $\overline{Y6} = B \cdot \overline{A}$ $\overline{Y7} = B \cdot A$

③ 变换形式,用译码器输出 Y0~Y7 表示数值比较器的输出函数:

$Y_{A<B} = \overline{\overline{Y6}}$ $Y_{A=B} = \overline{\overline{Y4} + \overline{Y7}}$ $Y_{A>B} = \overline{\overline{Y5}}$

若输出采用与非门,则需将上述表达式变换形式为:

$Y_{A<B} = \overline{\overline{Y6}}$ $Y_{A=B} = \overline{\overline{Y4} \cdot \overline{Y7}}$ $Y_{A>B} = \overline{\overline{Y5}}$

④ 根据前述定义和表达式绘制电路图,如图 2.6.3 所示。

表 2.6.4 一位数值比较器真值表

输入		输出		
B	A	$Y_{A<B}$	$Y_{A=B}$	$Y_{A>B}$
0	0	0	1	0
0	1	0	0	1
1	0	1	0	0
1	1	0	1	0

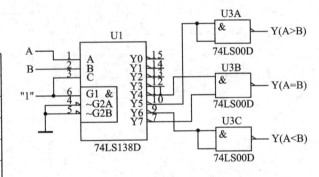

图 2.6.3 译码器实现数值比较器

实际操作 5.3

① 在原理图(图 2.6.3)的基础上自行绘制仿真电路图、设计仿真步骤进行仿真测试。

② 在仿真的基础上根据仿真电路和原理图安装、测试电路。

3. 小 结

① n 位二进制译码器具备 n 变量逻辑函数所有的最小项,故可以用来实现任意的 n 变量逻辑函数;

② 每个译码器可以同时实现多个逻辑函数,数量仅受译码器带负载能力的影响;

第 2 章 组合逻辑电路

③ 因为每个译码器输出端仅相当于一个最小项,故用译码器实现逻辑函数都需要外接与、或、非等逻辑门电路进行功能拓展;

④ 因为需要使用外接门电路进行功能拓展,所以经常需要对表达式进行变换,以获得尽量简单的外围电路。

2.6.4 使用译码器进行级联扩展

1. 集成电路的级联扩展应用

集成电路的生产批量越大,平均每块集成电路的成本越低。出于通用性和成本的原因,市场在售集成电路只有固定的系列品种,不能满足千变万化的设计需求,所以,经常在电路设计中对已有集成电路进行扩展应用。级联扩展应用本质上是在设计电路时,事先人为对芯片进行编码,然后利用译码器译码实现片选(芯片选通控制)。

【例】用双 4 选一数据选择器 74LS153 构成 8 选一数据选择器。

解:一共只有两个 4 选一数据选择器,根据编码器原理,只需要一位二进制代码就可以区分这两个数据选择器。假设用变量 A2 代表数据选择器,则 A2=0 代表选中第一个数据选择器(第一个数据选择器编码为 0),A2=1 代表选中第二个数据选择器(第二个数据选择器编码为 1)。

利用 74LS153 的选通输入端,可以实现 A2 对两个数据选择器的控制。74LS153 的选通输入端为低电平有效,符号中的~1G 即 $\overline{1G}$。由于是利用地址输入端 A2 控制数据选通输入端~1G 和数据选通输入端~2G,所以,A2 为输入自变量,~1G 和~2G 为输出函数,真值表如表 2.6.5 所列。表中 A2 若为 0,则第一个数据选择器被选通,第二个数据选择器未选通;A2 若为 1,反之。

写出表达式:

~1G=A2,~2G=$\overline{A2}$(即 $\overline{1G}$=A2,$\overline{2G}$=$\overline{A2}$)

画出电路图,如图 2.6.4 所示。

两个数据选择器有两个数据输出端,如果其中某个数据选择器有效,则对应数据输出端会随输入发生 0、1 变化,是变量,而无效的数据选择器输出端仅仅固定输出常数 0。由前面的分析和设置可知,~1G 和~2G 的信号分别来自 A2 的原变量和反变量,所以,两个数据选择器必然只有一个有效,而另一个必然无效。据此可列出真值表,如表 2.6.6 所列。

写出表达式:

① 若不使用无关项,则 Y=$\overline{1Y}$·2Y+1Y·$\overline{2Y}$=1Y⊕2Y。画出电路图,如图 2.6.4 所示。

② 若将无关项当做 1,则 Y=1Y+2Y。画出电路图,如图 2.6.5 所示。

表 2.6.5 选通控制真值表

输入	输出	
A2	~1G	~2G
0	0	1
1	1	0

表 2.6.6 输出控制真值表

输入		输出
1Y	2Y	Y
0	0	0
0	1	1
1	0	1
1	1	×

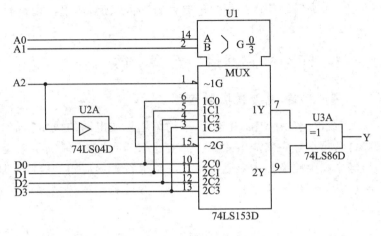

图 2.6.4　8 选一数据选择器

③ 若输入输出通盘考虑,则如果输入选择了第一个数据选择器,输出也应该让第一个数据选择器输出;若输入选择了第二个数据选择器,则输出也应该让第二个数据选择器输出。据此,输出端应采用一个数据选择器,由输入端作为地址控制,对多个数据选择器的输出进行选择输出。利用传输门或三态门构成的数据选择器可以实现前述要求,复杂的控制可以用集成数据选择器实现,利用三态门 74LS125 实现的电路如图 2.6.6 所示。

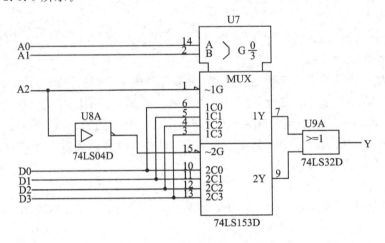

图 2.6.5　使用或门输出

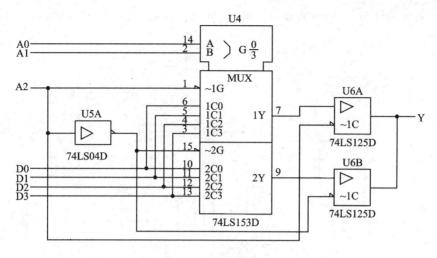

图 2.6.6 使用数据选择器输出

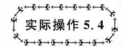

① 在原理图(见图 2.6.5 和图 2.6.6)的基础上分别自行绘制仿真电路图、设计仿真步骤进行仿真测试。

② 仿真的基础上分别根据仿真电路和原理图,安装、测试电路。

【例】用双 2 线-4 线译码器 74LS155 构成 4 线-16 线译码器。

解:假设 2 线-4 线译码器有 2 个地址输入端(B、A),4 个输出端(Y3～Y0);假设 4 线-16 线译码器有 4 个地址输入端(A3～A0),16 个输出端(Y15～Y0)。根据输入输出端子数量对比可知,至少需要 4 个 2 线-4 线译码器才能构成 4 线-16 线译码器。对这 4 个 2 线-4 线译码器的选择控制就是问题的关键。

每片 74LS155 的两个 2 线-4 线译码器共用地址输入(BA),选通控制则是分别控制:译码器 1 的选通控制信号为 $\overline{1G} \cdot 1C$(要求~1G 脚输入低电平的同时,1C 脚输入高电平),译码器 2 的选通控制信号为 $\overline{2G} \cdot \overline{2C}$(要求~1G 脚和~2G 脚同时输入低电平)。

4 线-16 线地址 A3A2A1A0 高两位负责芯片选择,低两位由各个 2 线-4 线译码器实现,也就是说:第一个 2 线-4 线译码器(编号 00)实现 0000～0011 的地址译码,第二个 2 线-4 线译码器(编号 01)实现 0100～0111 的地址译码,第三个 2 线-4 线译码器(编号 10)实现 1000～1011 的地址译码,第四个 2 线-4 线译码器(编号 11)实现 1100～1111 的地址译码,这样地址的高两位对应于 2 线-4 线译码器的编号。另外,用一个 2 线-4 线译码器实现地址高两位对译码器的译码,就可以将 16 个地址(0000～1111)与 16 个输出端(Y0～Y15)一一对应起来。绘制电路图,如图 2.6.7 所示;图中 U1 和 U2 实现地址码中低两位的译码,共用地址 A1A0;图中 U3 负责地址码中高两位的译码,译码后通过 U1 和 U2 的选通端进行芯片选择控制。

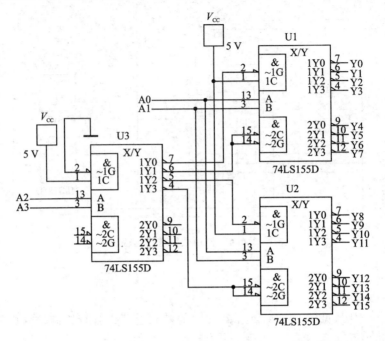

图 2.6.7 用 2 线-4 线译码器实现 4 线-16 线译码器

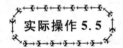

① 在原理图(见图 2.6.7)的基础上自行绘制仿真电路图、设计仿真步骤进行仿真测试。

② 请读者在仿真的基础上,根据仿真电路和原理图,安装、测试电路。

2. 地址译码

地址译码的本质仍然是对集成电路进行选通控制,只是应用场合不同。比如图 2.5.15 就是地址译码的例子,其中通过地址编码减少了传输线的数量,而地址译码实现了对数据的选择通过控制。而图 2.6.7 中的 U3 也起到地址译码作用。

比较常见的一个地址译码例子是存储芯片级联拓展,如图 2.6.8 所示。图中 2114 为存储芯片,每片的存储容量较小,需要使用 4 片,这些芯片的输出端都连接到了数据总线上,每一片 2114 有 10 个地址输入(A9～A0),共用读写控制端(R/~W)。当读/写控制端有效时,A9～A0 指定存储单元的内容通过 4 个输入输出端口(I/O 口)连接到数据总线上,因此,4 片 2114 必须轮流工作,其芯片选通端任意时刻都只能有一个有效,这就需要使用译码器对其进行控制。先对 4 片 2114 进行编码,也就是地址代码(人为指定一个代码代表该芯片),4 片存储芯片需要用 2 位地址代码,分别为 00、01、10、11,2 位地址代码对应于译码器输入,译码器 4 个输出端分别接

4个存储芯片的芯片选通端。这样,就用2位地址代码实现了芯片的选择控制,这两位地址代码也就相当于比A9更高的2位地址代码,它们共同构成了A11～A0的12位地址代码。

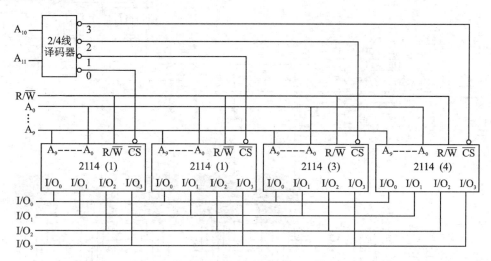

图 2.6.8　存储器级联

另一个常见例子是数码管的动态显示,如图 2.6.9 所示。由于单片机 I/O 口数量有限,经常用变换地址代码的方法控制多个数码管,令其轮流发光,因为人眼具有视觉暂留现象,所以感觉数码管是在稳定发光。由于地址代码的位数远少于其代表的数码管数量,所以,使用地址代码能够减少单片机所需的输出端口数量。

图 2.6.9 中 74LS138 负责地址译码,其输入端 CBA 接单片机的输出端口。单片机通过代码指定轮换到哪个数码管发光,则译码器对应管脚输出低电平,于是译码器该管脚所接 PNP 三极管导通,从而为选中的共阳极数码管提供电源电流。74LS245 是三态输出的 8 双向总线发送/接收器,片选端～G 低电平时,如果 DIR="0",信号由 B 向 A 传输;DIR="1",信号由 A 向 B 传输;当～G 为高电平时,A、B 均为高阻态。当 74LS245 的 B 口为低电平时其对应的数码管字段被点亮。

单片机负责输出数码管需显示的字形(字段),通过 74LS245 驱动数码管,而通过 74LS138 选择需点亮的数码管,故单片机需不停地通过 74LS138 和 74LS245 同步更新选中的数码管和其显示的内容,更新的频率一般高于 50 Hz 才能得到较稳定的显示。

┌╌╌╌╌╌╌╌╌╌╌╌┐
╎ **实际操作 5.6** ╎
└╌╌╌╌╌╌╌╌╌╌╌┘

① 在原理图(图 2.6.9)的基础上自行绘制仿真电路图、设计仿真步骤进行仿真测试。

② 在仿真的基础上,根据仿真电路和原理图,安装、测试电路。

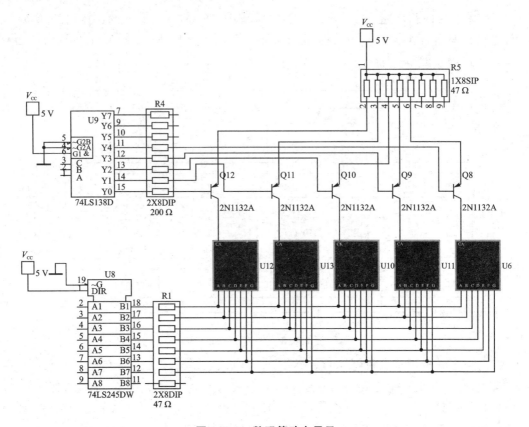

图 2.6.9 数码管动态显示

本章小结

知识小结

本章主要介绍了几种逻辑描述方法和这几种方法之间的转换、组合逻辑电路的设计方法和分析方法、数据选择器、编码器、译码器等几种常用的组合逻辑电路、三态门和传输门等知识。

实际问题都是用语言描述的,需要转换为逻辑描述才能用来制作数字电路。这个转换过程是很重要的逻辑分析过程,需要首先确定因果关系,原因作为输入变量,结果作为输出函数,原因决定结果,因果关系不能错。然后给输入变量和输出函数分配一个字母,这些字母要么取值为 0,要么取值为 1,需要首先声明取值为 0 代表实际问题中的哪种情况、取值为 1 代表实际问题中的哪种情况,然后列出真值表。

真值表是非常重要的一种逻辑描述方法,但是不易绘制电路图,通常需要将真值表转换为表达式,然后根据表达式绘制逻辑电路图,逻辑表达式和逻辑电路图也是非常重要的逻辑描述方法。实际测试电路时,很容易用示波器观察到波形图,波形图也称为时序图,也是常用的逻辑描述方法。

由真值表得到的表达式往往比较繁琐,可以利用公式进行化简,这样便于理解输入和输出之间的逻辑关系,在用电路实现的时候也可以使电路更简单,降低电路成本,降低功耗,提高电路平均无故障时间。有时候表达式和实际集成电路的功能之间有有所区别,还需要对表达式进行相应变换,以利于利用集成电路实现逻辑功能。

用表达式绘制逻辑电路图比较简单,一般遵循输入端放在左边,输出端放在右边,从左到右、从输入到输出的绘制方法。绘制电路时,信号从输入到输出的顺序一定要和表达式的运算次序保证一致。

组合电路的设计一般按照实际问题-真值表-表达式-逻辑电路图的流程进行,组合电路的分析是设计的逆过程,一般先有逻辑电路图,然后写出表达式,对表达式化简后列出真值表。简单的逻辑问题可以直接从化简后的表达式看出来;对于复杂的逻辑问题,只能通过认真分析真值表才能猜测出逻辑功能。

数据选择器、编码器、译码器、加法器、数值比较器是比较常用的组合逻辑电路,需要熟悉它们的功能,在需要的时候应该能够设计它们的电路,也要会根据情况选用已有的中规模集成电路。

技能小结

本章在技能方面主要用到了前一章练习的集成电路型号识别、管脚排列识别、集成门电路的名称与功能对照识别、集成电路安装、按照原理图和管脚图连线、集成电路逻辑功能测试、简单电路图绘制、万用表的使用和示波器的使用等技能。

本章开始出现一个电路使用多片集成电路的情况,这需要在连接电路之前测试每片集成电路的好坏,这是一个熟悉集成电路逻辑功能和管脚排列的过程,之后连接电路会更容易,不容易接错线。另一方面,事先检测过集成电路好坏,如果电路出现故障就只需要检查连线是否错误,容易缩小故障范围,在确定故障原因后一定要记得再次检查相关集成电路的好坏,因为错误的连线有可能导致集成电路损坏。

在连线比较复杂的时候,可以连一根实际导线后立刻在电路图上的这根线做一个标记(用数字、字母、点、圆圈、三角、横线等简单符号),最后,当所有线都连完的时候,电路图上所有线都应该已经做好标记了。查找故障时,也可以在查找过的导线上用另一种符号再做一次标记,这样便于理清查找思路,避免重复查找。

项目完成时要及时记录整理相关数据和资料,尽快完成技术报告,以免忘记或遗漏。

思考与练习

① 逻辑思维训练:

设"并非无奸不商"为真,则以下哪项一定为真:

A. 所有商人都是奸商。　　　　B. 所有商人都不是奸商。

  C. 并非有的商人不是奸商。   D. 并非有的商人是奸商。

  E. 有的商人不是奸商。

  ② 试分析科学技术普及与创新和知识产权保护的关系。

  ③ 试分析山寨文化的含义、历史、利弊与创新和知识产权保护的关系。

  ④ 设计一个逻辑电路完成以下功能：某比赛设置有一个主裁判 3 个副裁判，当 3 个裁判同意或主裁判和一个副裁判同意的情况下成绩有效；否则，成绩无效。

  ⑤ 某工厂有 A、B、C 共 3 个车间，各需电力 10 kW，由厂变电所的 X、Y 两台变压器供电。其中，X 变压器的功率为 13 kV·A（千伏安），Y 变压器的功率为 25 kV·A。为合理供电，需设计一个送电控制电路，控制电路的输出接继电器线圈，送电时线圈通电，不送电时线圈不通电。

  ⑥ 请设计一个监控信号灯工作状态的逻辑电路，信号灯由红、黄、绿 3 盏灯组成。正常情况下任意时刻一灯亮，其他两灯灭；其他 5 种情况属故障状态。要求电路能发出故障指示。

  ⑦ 人类有 4 种基本血型：A、B、AB、O 型。输血者与受血者的血型必须符合下述原则：

  ➢ O 型血可以输给任意血型的人，但 O 型血只能接受 O 型血；

  ➢ AB 型血只能输给 AB 型，但 AB 型能接受所有血型；

  ➢ A 型血能输给 A 型和 AB 型，但只能接受 A 型或 O 型血；

  ➢ B 型血能输给 B 型和 AB 型，但只能接受 B 型或 O 型血。

  请设计一个检验输血者与受血者血型是否符合上述规定的逻辑电路。如果输血者与受血者的血型符合规定电路输出"1"（提示：电路只需要 4 个输入端，它们组成一组二进制代码，每组代码代表一对输血——受血的血型对）。

  ⑧ 请分别用数据选择器和译码器实现逻辑函数 $Y1=\overline{AB}+C$。

  ⑨ 请用 3 线-8 线译码器实现 4 线-16 线译码器。

  ⑩ 请用 8 选 1 数据选择器实现 16 选 1 数据选择器。

第 3 章
时序逻辑电路

学习目标

专业知识：
- 深刻理解时序、现态和次态的概念；
- 熟练掌握时钟脉冲的主要参数；
- 熟练掌握状态方程、状态转换表和状态转换图等逻辑表示方法和这几种表示方法之间的互相转换；
- 熟练掌握 SR 锁存器、D 触发器、JK 触发器的符号和特性方程；
- 掌握时序逻辑电路的分析方法；
- 理解寄存器和移位寄存器的逻辑功能；
- 掌握时序逻辑电路的设计方法；
- 熟悉计数器的逻辑功能；
- 掌握用集成计数器构成任意进制计数器的基本方法。

专业技能：
- 能够按照功能表检测触发器的好坏；
- 能按照电路图安装较复杂的时序逻辑电路；
- 能够按照功能表检测寄存器的好坏；
- 会使用示波器观察时序电路波形；
- 会检查时序逻辑电路的故障并能排除故障；
- 能完成分析、设计、安装、调试等工程项目流程；
- 会设计简单的状态机。

素质提高：
- 培养学生严肃、认真的科学态度和良好的学习方法；
- 使学生养成独立分析问题和解决问题的能力并具有协作和团队精神；
- 能综合运用所学知识和技能独立解决课程设计中遇到的实际问题，具有一定的归纳、总结能力；
- 具有一定的创新意识，具有一定的自学、表达、获取信息等各方面的能力；
- 培养规范的职业岗位工作能力；
- 培养学生的质量、成本、安全意识。

3.1 时间的描述

3.1.1 在数字电路中描述时间

日常生活中经常需要时间的概念，比如早晨 7:00 起床、7:30 早餐、8:30 上课，人们通过钟表来掌握时间。需要利用数字电路解决生活中的实际问题时，也需要数字电路能按照一定的时间节拍完成指定任务，这就需要在数字电路中要有一个指示时间的钟表，但是一个钟表比较复杂，于是通常在数字电路中采用时钟脉冲的方法来计时间。

具有时间概念的数字电路称为时序逻辑电路。数字电路主要包括组合逻辑电路和时序逻辑电路两大部分，时序逻辑电路中可以包含组合逻辑电路，两者的主要区别就在于有没有时间长短的概念、是否具有记忆功能。

1. 时钟脉冲

时钟脉冲(clock pulse)是一串周期固定的脉冲，在数字电路里用来计量时间的长短，电路中所有数字集成电路的工作顺序和工作节拍都建立在时钟脉冲的基础之上，一个时钟脉冲是数字电路中的最小时间单位。假设一个时钟脉冲是 1 s，则该电路中所有的时间都是其整数倍，通过对时钟脉冲个数的计量来确定时间，原理与机械钟表类似。

周期(cycle)和频率(frequency)互为倒数，时钟脉冲在电路中显然应该是频率最高的信号，现在计算机的 CPU 主频(主时钟脉冲频率)达到了几个吉赫兹(GHz)，对应的周期为零点几纳秒(ns)。在计算机发展历史上，曾经主要采用提高 CPU 主频的方法来提高计算机处理速度，而如今主要采用多核处理器技术提高计算机处理速度，主频几乎不再提高，原因是在当前材料和技术限制下，时钟脉冲的频率很难提高，这是计算机发展的主要瓶颈。

时钟脉冲分为上升沿、高电平、下降沿和低电平 4 个组成部分，上升沿是指电压从低电平上升到高电平的过程，下降沿是指电压从高电平下降到低电平的过程，具体波形和参数如图 3.1.1 所示。

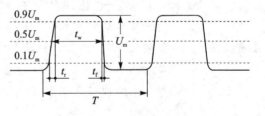

图 3.1.1 脉冲波形

时钟脉冲的主要参数有：幅度 U_m，单位为 V；上升时间 t_r，单位为 s；下降时间 t_f，单位为 s；周期 T，单位为 s；频率 $f=1/T$，单位为 Hz；脉冲宽度 t_w，单位为 s，占空比 $q=t_w/T$，无量纲。

理想的时钟脉冲是矩形波，但实际上，电信号经过导线和元器件总需要时间，这就是上升时间和下降时间存在的原因。上升时间和下降时间限制了最高时钟频率。一般将占空比为 50% 的矩形波称为方波。

2. 状态、现态与次态

现实生活中很多事物都有不同的状态,状态是系统从一个环节到另一个环节的相对稳定的部分,不稳定部分则变化剧烈,不易描述。时序逻辑电路中都有一些锁存器或触发器,这些锁存器和触发器具有记忆功能,它们的输出是 1 就称为 1 状态 (state),是 0 就称为 0 状态,时序逻辑电路的状态就是指这些记忆单元的状态。

时序逻辑电路能够记忆以前的状态,也能随输入条件改变现有状态。为了区别过去的状态和新的状态,将现有状态称为现态(Present state),用上标 n 表示,将即将发生的新状态称为次态(Next state),用上标 n+1 表示。现态和次态仅在描述同一个变量(或函数)变化前和变化后的区别时使用,比如 $Q_1^{n+1} = Q_1^n A + Q_2 B$,主要描述 Q_1 变化前后的关系,等号左侧为次态,等号右侧为现态。也就是说,Q_1 的新状态由 Q_1 的现态和 A、B、Q_2 等共同决定,在求 Q_1 次态的表达式中 Q_2 现在是 1 就是 1,是 0 就是 0,不需要区别 Q_2 现态和次态。

3.1.2 状态转换图和状态转换表

时序逻辑的根本问题在于描述时间的先后(操作和执行的步骤顺序)以及时间间隔的长短,状态转换图和状态转换表就可以很好地描述电路状态转换步骤。

如果说真值表是实际问题的语言描述和逻辑描述的桥梁和纽带,则对于时序逻辑问题来说,状态转换图就是实际问题的语言描述和时序逻辑描述的桥梁和纽带。而状态转换表则是将状态转换图变换为表达式的途径,表达式则用来绘制逻辑电路图。

1. 状态转换图

时序电路的工作流程可以用状态转换图(state transition diagram)来描述,状态转换图包括时序电路可能出现的所有状态,并且用箭头指出状态转换的方向。比如全自动洗衣机的一个完整洗衣过程包括以下 4 个环节(也可以称为 4 个状态):浸泡、洗涤、漂洗、甩干。假设每次都是这样完整的流程,可以用汉字绘制出流程图,如图 3.1.2 所示。

4 个环节需要用两位二进制代码,也就是两个变量组成代码。假设用 Q_1 和 Q_0 表示二进制代码,$Q_1 Q_0 = 00$ 表示浸泡,$Q_1 Q_0 = 01$ 表示洗涤,$Q_1 Q_0 = 10$ 表示漂洗,$Q_1 Q_0 = 11$ 表示甩干;用 CP 表示时钟脉冲,则可以列出代码状态转换图,图中的 $Q_1 Q_0$ 用来表示图中两个数字中前面的代表 Q_1,后面的代表 Q_0。

状态转换图中没有指出时钟脉冲,但是默认从一个状态变化到下一个状态时需要一个时钟脉冲周期的时间,也就是一个箭头代表一个时钟脉冲周期。状态转换图形象、直观地描述了状态之间的关系,唯一确定了执行步骤和次序,规定了时间的先后次序,解决了组合电路中缺乏时间概念的问题。

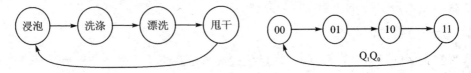

图 3.1.2　文字流程图　　　　　图 3.1.3　代码流程图

2. 状态转换表

状态转换表(state transition table)是表格形式的状态转换图,两者本质是相同的。状态转换表有两种形式,一种是使用现态和次态表达时钟脉冲到达前后的状态变化,这种方法不需要单独列出时钟脉冲;另一种是按照时间前后顺序依次将各个状态列出,这种方法需要在状态转换表左侧列出时钟脉冲 CP 的变化秩序。

第一种方法,现态作为输入列在左侧,次态作为输出列在右侧。填写状态转换表时,先将输入按照普通真值表的填法,列出所有取值可能,一次全部填入,然后按照每行的现态去填写相对应的次态,直到全部完成。这一方法类似于第二章所述的真值表填写方法,洗衣机洗涤流程图转换为状态转换表的例子如表 3.1.1 所列。

第二种方法在表格中为了表示先后顺序(状态转换图中的箭头),用时钟脉冲个数的顺序递增来表示状态的先后顺序。这种方法首先假设 CP 为 0,从状态转换图中任意选择一个状态,然后按照状态转换图中的状态转换秩序(箭头方向)在状态转换表中依次排列,并逐渐增大时钟脉冲 CP 的数值。当状态转换图中一个循环完成时,要画一个箭头从最末状态指向第一个状态,然后令 CP 为 0,在剩余状态中再选一个状态,根据这个状态的转换秩序依次向下排列,直到出现前面已经有过的状态,然后用箭头指向这个已有状态,直到所有状态都已经出现在状态转换表里。这一方法类似于将状态转换图竖排列出而成,洗衣机洗涤流程图转换为状态转换表的例子如表 3.1.2 所列。

在时序逻辑设计时,状态转换表主要用来将状态转换图转换为逻辑表达式。在时序逻辑分析时,状态转换表用来将逻辑表达式转换为状态转换图。

3. 状态转换表转换为状态转换图

如果是真值表形式的状态转换表(类似表 3.1.1 的形式),在画状态转换图时,任意从表中左侧选择一个状态作为现态写下来,从后面画一个箭头指向次态,这个次态为表中现态对应的右侧状态,然后再将这个次态作为现态,从后面画一个新箭头,再去表中查找对应次态,依次完成状态转换表中所列全部状态即可完成整个状态转换图。

如果是带时钟脉冲 CP 的状态转换表(类似表 3.1.2 的形式),在画状态转换图时,只需按时钟脉冲 CP 的顺序依次用箭头将各个状态连接起来就可以了,相对简单一些。时序逻辑中除了现态作为输入变量,次态作为输出变量外,比较复杂些的时序逻辑都会额外具有输入、输出变量,在将状态转换表转换为状态转换图时,必须妥善处理这些变量。

【例】具有输入输出变量的状态转换表如表 3.1.3 所列,画出其对应的状态转换图。

表 3.1.1　类似真值表的状态转换

$Q_1^n Q_0^n$	$Q_1^{n+1} Q_0^{n+1}$
00	01
01	10
10	11
11	00

表 3.1.2　类似状态转换图竖排的状态转换

CP	$Q_1 Q_0$
0	00
1	01
2	10
3	11

表 3.1.3　有输入输出变量的状态转换

输入		输出	
A	$Q_1^n Q_0^n$	$Q_1^{n+1} Q_0^{n+1}$	Y
0	00	01	0
0	01	10	0
0	10	11	0
0	11	00	1
1	00	11	0
1	01	00	0
1	10	01	0
1	11	10	0

解:通常在状态转换图中,状态是用二进制数字表示的。为了表示二进制数字高低各位与触发器输出变量字母的对应关系,状态转换图中会单独标注出状态字母的排列,其顺序与二进制状态数字排列顺序一一对应。比如,图 3.1.4 中的 $Q_1 Q_0$ 表示状态中的 01 表示 $Q_1 = 0$、$Q_0 = 1$。输入、输出变量字母也在图中进行标注,中间用斜线分割,如 A/Y,一般斜线左侧为输入变量,斜线右侧为输出变量,二进制数字标注在箭头上方,表示箭头根部的状态所对应的输出和转换为次态所需的输入。例如图 3.1.4 中,状态 11 的次态为 00,两个状态的连接箭头上方标注为 0/1,表示 A=0、Y=1,说明 11 状态的输出变量 Y 为 1,从 11 状态转换为 00 状态需要条件 A=0。

可以根据输入变量 A 的取值不同将状态转换表画成两个状态转换图,如图 3.1.4 所示。

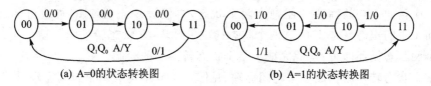

(a) A=0 的状态转换图　　　　(b) A=1 的状态转换图

图 3.1.4　A 取值不同时绘制出两个状态转换图

也可以画在一张图里,如图 3.1.5 所示。这种图看起来比较复杂,需要特别注意箭头上标注的状态转换条件。

【例】 某时序逻辑的状态转换表如表 3.1.4 和表 3.1.5 所列，画出其对应的状态转换图。

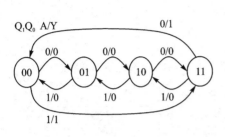

图 3.1.5　合二为一的状态转换图

表 3.1.4　状态转换表

$Q_2^n Q_1^n Q_0^n$	$Q_2^{n+1} Q_1^{n+1} Q_0^{n+1}$
000	001
001	010
010	011
011	100
100	000
101	100
110	111
111	110

表 3.1.5　状态转换表

CP	$Q_2 Q_1 Q_0$
0	000
1	001
2	010
3	011
4	100
0	101
0	110
1	111

解：某些时序逻辑的工作状态数量不是 2^n，这就导致代码有富裕。比如，某数字设备有 3 个工作状态：工作、省电和休眠，按照二进制编码的知识可以知道，对 3 个状态进行编码需要两位二进制代码，而两位二进制代码共有 4 种组合（00、01、10、11），除去用来表示 3 个工作状态的 3 个代码外，还有一个富裕的代码。比如，用 00 表示休眠、01 表示省电、10 表示工作，则 11 为富裕的代码。设计时序电路的时候，必须考虑 11 的次态是什么。也就是说，设计人员必须准确掌握数字系统的每一个细节，绝不能有任何忽略。因为，数字系统可能在开机时的冲击电流作用下或者像雷电等强干扰下进入任何可能的状态，即使是不工作的状态也必须安排妥当。正常工作的状态代码称为有效状态，富裕的状态代码被称为无效状态。一个状态是有效状态还是无效状态在状态转换表中难以辨认，在状态转换图中比较容易识别。

如果按照表 3.1.4 绘制状态转换图，假设初始状态为 000，查表 3.1.4 可知对应次态为 001，通过一个箭头指由 000 指向 001，然后再将 001 作为现态，查表求知其次态，直至 100 的次态为 000，至此完成了一个从 0000 到 1000 的状态循环。剩余的 3 个状态也必须画到状态转换图中去，从剩余的状态中任选一个状态作为现态，比如 101，查表可知其次态为 100，则在状态转换图中靠近 100 的附近写上 101，然后画一个由 101 指向 100 的箭头。还剩余两个状态，再假设现态是 110，查表可知次态为 111，而 111 的次态又是 110，这两个状态构成了循环，在状态转换图原循环旁边单独画一个两状态循环即可，至此完成了整个状态转换图的绘制。

如果状态转换图构成多个封闭循环（见图 3.1.6 中构成两个封闭循环）称为不能自启动，其中某些循环不是工作需要的循环称为无效循环。无效循环的状态数一般较少，比如上面的例子中 110 和 111 构成的循环只有两个状态。图中共有 3 个无效状态：101、110、111，其余 5 个为有效状态。

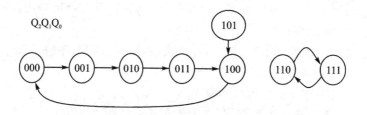

图 3.1.6 多循环的状态转换图

3.2 实操任务 6:触发器的使用

3.2.1 记忆的基本单元——触发器

时序逻辑电路之所以具有记忆功能,主要原因在于内含锁存器(Latch)和触发器(Flip-Flop)的存储电路单元,通常这些存储电路单元的内部也是由门电路构成,但是具有反馈结构,通过反馈实现状态的自我保持从而达到记忆的效果。锁存器和触发器都具有 0 和 1 两种稳定状态,一旦状态确定,只要保证电源供电就能自行保持,即长期存储一位的二进制码,直到有外部信号作用时才有可能改变。时序逻辑电路的状态也就是其内部这些存储单元的状态。

锁存器是一种基本存储单元电路,存储内容就是它的状态,1 状态代表存储一个 1,0 状态代表存储一个 0,锁存器可在特定输入信号作用下改变状态。锁存器的状态同所有的输入信号和记忆的原有状态相关,基本锁存器的状态随时受到输入信号变化的影响,没有时钟输入端;门控锁存器的门控信号是电平(高电平或者低电平),其实应该是使能信号,门控锁存器的状态在门控信号有效时间内随时受到输入信号变化的影响。

锁存器的缺点是时序分析较困难,输出脉冲容易产生毛刺;优点是用门电路构成锁存器时需要的门电路数量较少,工作速度快,经常用于地址锁存,使用时一定要保证所有的地址信号在门控信号有效时稳定,绝对不发生变化。

触发器是常用存储单元电路,存储方式与锁存器相同,内部由锁存器构成,新状态也与记忆的原状态和输入信号有关,但是新状态仅仅取决于时钟信号的有效脉冲边沿时刻(上升沿或者下降沿)的输入信号和现态,是一种对脉冲边沿敏感的存储电路,具有抗干扰能力强的优点。

锁存器和触发器都是具有记忆功能的二进制存储器件,也都是组成各种时序逻辑电路的常用基本器件,主要区别为:

① 门控锁存器由电平触发,非同步控制。在使能信号(门控信号)有效时锁存器相当于通路,在使能信号无效时锁存器为记忆状态。触发器由时钟沿触发,为同步控制。

② 锁存器对输入电平敏感,受布线延迟影响较大,很难保证输出没有毛刺产生,触发器则不易产生毛刺。

③ 如果使用门电路来搭建锁存器和触发器,则锁存器消耗的门数量比触发器要少,这是锁存器比触发器优越的地方。

④ 锁存器将时序分析变得极为复杂。

一般在设计中避免使用锁存器,因为锁存器会使时序分析十分复杂,最大的危害在于不能过滤毛刺,这对于下一级电路是极其危险的,所以,能用触发器的地方就尽量不用锁存器。

3.2.2　SR 锁存器

SR 锁存器(Set-Reset Latch)有时也称为 RS 触发器,这是不严谨的称呼,混淆了触发器和锁存器的区别。SR 锁存器分为基本 SR 锁存器和门控 SR 锁存器两类,其中基本 SR 锁存器是各种锁存器和触发器的基本单元,也常用在按钮或开关的消抖电路中。门控 SR 锁存器比基本 SR 锁存器增加了门控信号,使得抗干扰能力得到增强,但仍然具有锁存器的缺点,单独应用较少,一般在作为集成触发器内部结构出现。

1. 或非门 SR 锁存器

基本 SR 锁存器包括两种电路结构,它们都有反馈,通过反馈的自我保持作用实现记忆功能。由或非门构成的 SR 锁存器如图 3.2.1 所示,当 S 和 R 同时为 1 时,Q = $\overline{Q}$ = 0,出现了原变量等于反变量的情况,违背了逻辑学的基本逻辑关系,所以,使用时要注意避免 S 和 R 同时为 1 的情况,这种约束条件也属于无关项;当 S 为 1 且 R 为 0 时,可知 Q 为 1 且 $\overline{Q}$ = 0,称锁存器为 1 状态;当 S 为 0 且 R 为 1 时,Q = 0 且 $\overline{Q}$ = 1,称锁存器为 0 状态;当 S 为 0 且 R 为 0 时,$Q^{n+1} = \overline{R + \overline{Q^n}} = \overline{0 + \overline{Q^n}} = Q^n$ 且 $\overline{Q^{n+1}} = \overline{S + Q^n} = \overline{0 + Q^n} = \overline{Q^n}$,锁存器为保持(记忆)功能。

根据前述分析可得或非门 SR 锁存器的功能表,如表 3.2.1 所列。

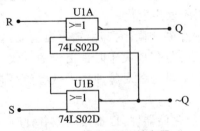

图 3.2.1　或非门 SR 锁存器

表 3.2.1　或非门锁存器的功能

S	R	Q^{n+1}	$\overline{Q^{n+1}}$	功能
0	0	Q^n	$\overline{Q^n}$	记忆
0	1	0	1	置 0
1	0	1	0	置 1
1	1	0	0	禁止

根据表 3.2.1 可得或非门 SR 锁存器逻辑表达式:

$$\begin{cases} Q^{n+1} = S + \overline{R}Q^n \\ S \cdot R = 0 (约束条件) \end{cases}$$

或非门锁存器的时序图如图 3.2.2 所示。从图中可以看出,当锁存器不是处于记忆功能时,输出状态随时受到输入的影响,因此,当输入受到干扰时,输出容易发生错误。

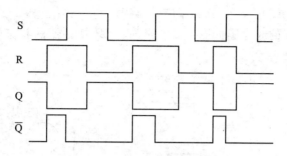

图 3.2.2　或非门锁存器波形图

2. 与非门 SR 锁存器

由与非门构成的 SR 锁存器如图 3.2.3 所示,锁存器的两个输入端分别为 $\overline{S}$ 和 $\overline{R}$,对应的输出端分别为 Q 和 $\overline{Q}$,这和或非门 SR 锁存器有所不同。当 $\overline{S}$ 和 $\overline{R}$ 同时为 0 时,$Q=\overline{Q}=1$,也出现了原变量等于反变量的情况,违背了逻辑学的基本逻辑关系,所以,使用与非门 SR 锁存器时要注意避免 $\overline{S}$ 和 $\overline{R}$ 同时为 0 的情况,这和或非门 SR 锁存器有所区别。需格外注意;当 $\overline{S}$ 为 0 且 $\overline{R}$ 为 1 时,可知 Q 为 1 且 $\overline{Q}=0$,锁存器为 1 状态;当 $\overline{S}$ 为 1 且 $\overline{R}$ 为 0 时,Q=0 且 $\overline{Q}=1$,锁存器为 0 状态;当 $\overline{S}$ 为 1 且 $\overline{R}$ 为 1 时,$Q^{n+1} = \overline{S \cdot \overline{Q^n}} = \overline{1 \cdot \overline{Q^n}} = Q^n$ 且 $\overline{Q^{n+1}} = \overline{R \cdot Q^n} = \overline{1 \cdot Q^n} = \overline{Q^n}$,锁存器为保持(记忆)功能。

根据前述分析可得与非门 SR 锁存器的功能表,如表 3.2.2 所列。如果将表 3.2.2 中的 S 和 R 的反变量写成原变量,对应的 0 和 1 取反,可以发现其与表 3.2.1 极为相似,区别仅仅是在违反约束条件时的 Q 的结果不同。

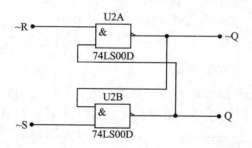

图 3.2.3　与非门 SR 锁存器

表 3.2.2　与非门 SR 锁存器的功能

$\overline{S}$	$\overline{R}$	Q^{n+1}	$\overline{Q^{n+1}}$	功能
0	0	1	1	禁止
0	1	1	0	置 1
1	0	0	1	置 0
1	1	Q^n	$\overline{Q^n}$	记忆

根据表 3.2.2 可得与非门 SR 锁存器逻辑表达式:

$$\begin{cases} Q^{n+1} = S + \overline{R}Q^n \\ \overline{S} + \overline{R} = 1(约束条件) \end{cases}$$

将与非门锁存器和或非门锁存器的逻辑表达式进行比较,可以发现两者是等价的，它们的约束条件可以通过摩根定理进行转换。类似地，一种逻辑功能的锁存器或者触发器可能有不同的多种电路结构或触发形式，因为具有相同的逻辑功能，而具有相同的真值表和相同的逻辑表达式，所以其真值表也称为特性表，逻辑表达式也称为特征方程(characteristic equation)或特性方程。

与非门锁存器的时序图如图 3.2.4 所示。SR 锁存器的状态转换图如图 3.2.5 所示。

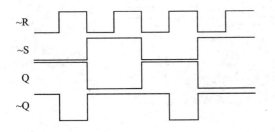

图 3.2.4　与非门 SR 锁存器波形图　　　　图 3.2.5　SR 锁存器状态转换图

基本 SR 锁存器结构简单，一般直接使用或非门或者与非门连接而成。常见集成 SR 锁存器为 74LS279，如图 3.2.6 所示。

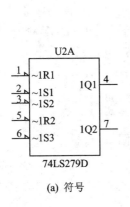

(a) 符号

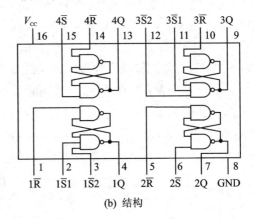

(b) 结构

图 3.2.6　集成 SR 锁存器 74LS279

在使用 SR 锁存器时还要特别注意：如果有某些特殊原因会导致两个输入端同时有效（违背约束条件）时，输出是确定的，而且有 $Q=\bar{Q}$，但在脱离同时有效时，如果两个输入端的输入信号同时跃变为无效，则由于门电路的延迟时间不同，输出有可能是 1 状态，也可能是 0 状态，如图 3.2.7 中阴影部分所示。对于某连接好的实际 SR 锁存器，由于两个集成电路的延时长短是确定的，所以输出是确定的 0 状态或

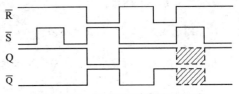

图 3.2.7　SR 锁存器的特殊问题

者确定的1状态。也就是说,实际SR锁存器的输出是确定的,但需要实际测试。因此,更换集成电路或者生产多个产品时,无法保证其输出状态到底是什么,而实际生产产品时必须保证所有产品的一致性,所以在用SR锁存器设计电路时,必须考虑到这个问题;如果不能容忍这种情况,就需要选择其他种类的锁存器或者触发器。当两个输入信号从同时有效分别先后退出有效时,则没有这个问题,分别按照置0或置1功能执行。

实际操作 6.1

① 将或非门74LS02按照图3.2.8连线,构成基本SR锁存器;

② 将输入接逻辑电平开关,输出经限流电阻接发光二极管或者直接连接到示波器;

③ 接通74LS02的电源和地;

④ 改变输入电平,观察输出Q和$\overline{Q}$与输入S和R的对应关系,进行记录;

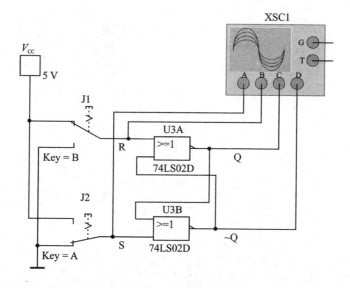

图 3.2.8 或非门SR锁存器仿真图

⑤ 如果采用仿真软件进行仿真,在快速按动J1和J2时能看到类似图3.2.9的波形;如果采用实际的电路连接,则需要使用1 kHz(或更高频率)的脉冲源作为输入,示波器才能较好地显示出连续的波形;如果要看到类似图3.2.9的效果,还要求S和R的频率不能相同;

⑥ 将与非门74LS00按照图3.2.10连线,构成基本SR锁存器,重复前述步骤进行测试,记录测试结果;

⑦ 如果采用软件仿真的方法,示波器截出的波形图如图3.2.11所示。

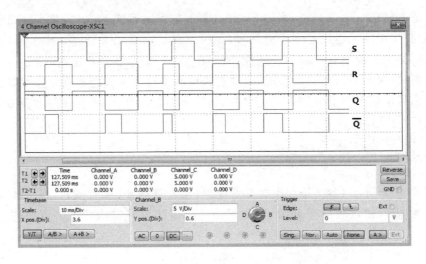

图 3.2.9　或非门 SR 锁存器仿真示波器截图

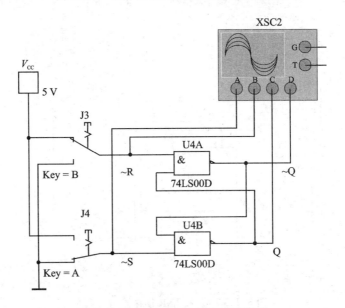

图 3.2.10　与非门 SR 锁存器仿真图

3. 利用基本 SR 锁存器消除机械开关振动的影响

利用基本 SR 锁存器可以实现机械开关的消抖作用。机械开关的触点并不是理想光滑的,在断开时从紧密连接到虚接、再到断开,电流会有断续情况,形成一些尖脉冲,容易被数字电路误判为 0 或者 1,从而导致错误;在闭合时,由于采用弹簧弹力或弹性机械臂,在未接触到接触过程中往往发生多次弹跳,形成较多的尖脉冲,比开关断开更易导致逻辑错误。

第 3 章 时序逻辑电路

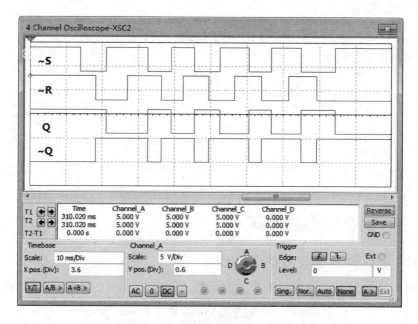

图 3.2.11 与非门 SR 锁存器仿真示波器的截图

消除机械抖动影响的电路如图 3.2.12 所示,其波形图如图 3.2.13 所示。在图 3.2.12 中,两个与非门构成输入低电平有效的基本 SR 锁存器,输出为 Q,开关 S 的一端接地,另一端在触点 A、B 之间拨动,触点 A、B 均通过限流电阻接电源(+5 V),A 接基本 SR 锁存器的 $\overline{S}$,B 接 $\overline{R}$。图中用到了两个与非门,而一片 74LS00 集成电路有 4 个与非门,所以,图中标注了"$\frac{1}{2}$个 74LS00",表示需要使用半个 74LS00 集成电路的逻辑功能。

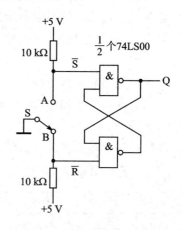

图 3.2.12 消除机械抖动电路图

在开关 S 从 B 拨到 A 触点前,B(即 $\overline{R}$)为低电平,A(即 $\overline{S}$)为高电平,锁存器为置 0 功能,故输出 Q 为 0;当开关 S 刚开始从 B 触点离开时(还未拨到 A 触点),B(即 $\overline{R}$)可能发生抖动,A(即 $\overline{S}$)为高电平不会变化,锁存器在置 0 功能和保持功能之间转换,故输出 Q 仍然为 0;当开关 S 刚开始接触 A 触点时,A(即 $\overline{S}$)转换为低电平时会发生多次抖动,B(即 $\overline{R}$)为高电平,不会发生抖动,锁存器在置 1 功能和保持功能之间转换,故输出 Q 跃变为 1 之后不会再发生抖动。这样,开关从 B 触点拨到 A 触点的过程中,即使有多次机械抖动,但是输出 Q 没有抖动。与前述情况类似,当开关从 A 拨到 B 触点时,基本 SR 锁存器也能消除机械抖动

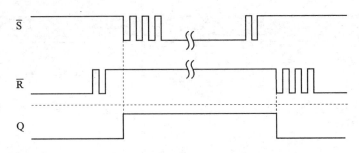

图 3.2.13　消除抖动作用的波形图

带来的干扰。

3.2.3　D 锁存器与触发器

1. D 锁存器和 D 触发器的相同之处

D 锁存器和 D 触发器都具有相同的功能表、特征方程、状态转换图，它们的符号和波形时序有所不同；都只有一个数据输入端，其功能如表 3.2.3 所列。

需要特别指出的是，虽然功能表中没有提到记忆功能，但是，由于 D 锁存器和触发器都具有门控输入端或时钟脉冲输入端，在门控信号或时钟信号无效时，它们处于记忆状态，具有记忆功能；当门控信号或时钟信号有效时，它们执行表 3.2.3 中的置 0、置 1 功能。

D 锁存器和触发器的特征方程（特性方程）为：$Q^{n+1}=D$

特征方程也是指门控信号或时钟信号有效时输出 Q 的新状态，若门控信号或时钟信号无效，则 $Q^{n+1}=Q^n$。

D 锁存器和触发器的状态转换图如图 3.2.14 所示。

表 3.2.3　D 锁存器的功能表

D	Q^{n+1}	$\overline{Q^{n+1}}$	功能
0	0	1	置 0
1	1	0	置 1

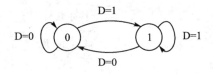

图 3.2.14　D 锁存器和触发器的状态转换图

2. D 锁存器和 D 触发器的区别

锁存器和触发器的逻辑符号有所区别，目的是通过符号的区别表现时序的不同。锁存器 74LS375D 和 74LS373DW 的符号如图 3.2.15 所示。D 触发器 74LS74D 和 74LS175D 的符号如图 3.2.16 所示。

在图 3.2.15 中，74LS375D 的门控信号为 EN1(4 号管脚)，74LS373DW 的门控信号为 C1(11 号管脚)，可以看到，门控信号在方框内部是没有尖角的。对照图 3.2.16，其中 74LS74D 的 1CLK 为时钟信号,74LS175D 的 CLK 为时钟信号,时钟信号在方框内部有尖角。输入端在方框内部有尖角表示该输入信号的边沿有效(上升沿或者下降沿),否则,表示输入信号的电平有效(高电平或者低电平)。由于脉冲信号边沿时间很短(上升时间或下降时间),故很少有干扰会恰巧落在这段时间中,不易产生错误,所以抗干扰能力强。电平持续时间较长,对于占空比为 50% 的矩形波来说,高电平和低电平几乎各占半个周期,在其有效的这一段时间里,干扰很容易造成逻辑错误。也就是说,由于门控电平信号有效时间远大于时钟边沿信号,所以触发器的抗干扰能力比锁存器强很多。

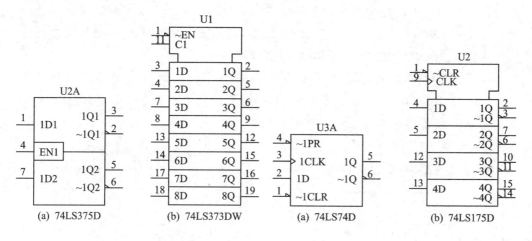

(a) 74LS375D　　　　(b) 74LS373DW　　　　(a) 74LS74D　　　　(b) 74LS175D

图 3.2.15　锁存器的符号　　　　　　　图 3.2.16　触发器的符号

图 3.2.17 为 D 锁存器时序图,ENG 为门控信号。由图可知,当门控信号 ENG 为高电平时,输出 1Q 随时会根据输入 1D 发生变化,造成 1Q 的输出高电平有宽有窄,并不都是门控信号的整数倍,有时会窄到被别的电路误判为干扰脉冲的程度。所以,使用锁存器时,一般要求门控信号有效期间输入 D 不发生变化。

图 3.2.18 为 D 触发器时序图。由图可知,在时钟脉冲 CLK 上升沿时,输出 1Q 随输入 1D 发生改变,而其他时间输出都不随输入发生改变,能够消除输入信号的毛刺。因此,触发器抗干扰能力比锁存器强。

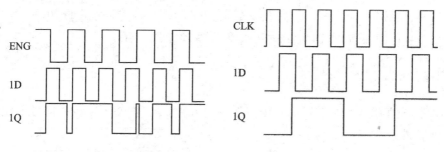

图 3.2.17　D 锁存器时序图　　　　　图 3.2.18　D 触发器时序图

3. 触发器的控制端

常见 D 触发器除了 74LS74 和 74LS175 外,还有 74LS174 和 74LS377 等很多型号。通常触发器除了时钟信号(CLK 或者 C)输入端、数据输入端和输出端外,还会有一些控制端(即使能端)。比如有 74LS175 的英文名称为 Quad D - Type Flip - Flop With Clear,即有清除端的四 D 触发器,其真值表如表 3.2.4 所列。

清除端有时也称为清零端或复位端,该端输入信号有效时,触发器输出被置 0。通过表 3.2.4 可以知道,74LS175 的清除端 Clear 低电平有效,而且优先级别高于时钟信号 Clock,这种清除端也称为异步清除端,这里的"异步"是指不受时钟信号控制。表 3.2.4 中最后一行表示了在清除端和时钟信号均无效的情况下,触发器执行记忆功能。清除端有时也称为清零端或复位端。

74LS175D 的逻辑符号如图 3.2.16 所示,在图中可以看到,清除端"~CLR"表示 $\overline{CLR}$,方框外侧有半三角的箭头,表示该端子输入低电平有效。双上升沿 D 触发器 74LS74D 真值表如表 3.2.5 所列,符号如图 3.2.16 所示。

表 3.2.4 74LS175 的英文真值表

输入		输出	
清除端	时钟信号	D	Q	$\overline{Q}$
0	×	×	0	1
1	↑	1	1	0
1	↑	0	0	1
1	↑	×	Q_0	$\overline{Q_0}$

表 3.2.5 74LS74 真值表

输入				输出	
PR	CLR	CLK	D	Q	$\overline{Q}$
0	1	×	×	1	0
1	0	×	×	0	1
0	0	×	×	1	1
1	1	↑	1	1	0
1	1	↑	0	0	1
1	1	0	×	Q_0	$\overline{Q_0}$

在表 3.2.5 中可以看到 PR 为低电平有效,在有效期间,输出 Q 为 1,其优先级别比时钟信号 CLK 高,是异步控制信号;CLR 也是低电平有效,有效时输出 Q 为 0,也是异步控制信号;PR 和 CLR 不能同时有效,否则会出现 Q 的原变量等于反变量的错误。表中最后一行表示了 D 触发器的记忆功能。注意:这里的 PR 一般写作 PRE,是预置位的缩写,被称为置位端、预置位端或者置 1 端。

实际操作 6.2

① 将 D 锁存器 74LS373DW 按照图 3.2.19 连线,XFG1 为函数信号发生器,XSC1 为四踪示波器;

第 3 章　时序逻辑电路

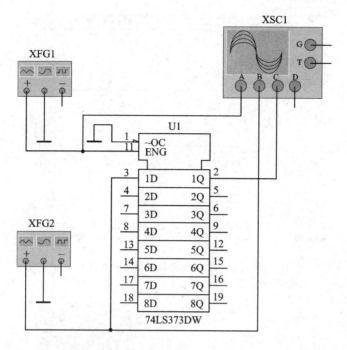

图 3.2.19　D 锁存器仿真电路图

② 示波器通常对 1 kHz 以上的信号显示较稳定,所以函数信号发生器的频率应设定在 1 kHz 以上,一般为几千赫兹,波形采用矩形波,脉冲幅度为 5 V;

③ 控制端~OC 接地,接通 74LS373DW 的电源和地;

④ 用示波器观察输出 Q 与门控信号 ENG、输入信号 D 的对应关系,进行记录和分析;

⑤ 如果采用仿真的方法,74LS373 的门控信号 ENG 采用方波,其频率 1 kHz、占空比 50%、振幅 2.5 V、偏移 2.5 V;输入端 D 采用方波,频率 1.3 kHz,占空比 50%,振幅 2.5 V,偏移 2.5 V;

⑥ 如果输入信号 D 的频率略高于门控信号 ENG,可以观测到类似图 3.2.20 的效果,图中从上到下依次为 ENG、1D、1Q 的波形;

⑦ 将 D 触发器 74LS175 按照图 3.2.21 连线,XFG 为函数信号发生器,XSC 为四踪示波器;

⑧ 函数信号发生器的频率应设定在 1 kHz 以上,一般为几千赫兹,波形采用矩形波,脉冲幅度为 5 V;

⑨ 清除端~CLR 接+5 V 电源,接通 74LS175 的电源和地;

⑩ 用示波器观察输出 Q 与门控信号 ENG、输入信号 D 的对应关系,进行记录和分析;

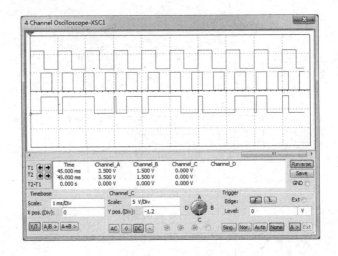

图 3.2.20 D 锁存器仿真电路波形

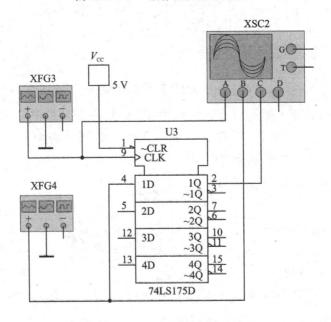

图 3.2.21 D 触发器仿真电路图

⑪ 如果采用仿真的方法,74LS175 的时钟信号 CLK 采用方波,其频率 1 kHz、占空比 50%、振幅 2.5 V、偏移 2.5 V;输入端 D 采用方波,频率 1.3 kHz,占空比 50%,振幅 2.5 V,偏移 2.5 V。

⑫ 如果输入信号 D 的频率略高于时钟信号 CLK,可以观测到类似图 3.2.22 的效果,图中从上到下依次为 CLK、1D、1Q 的波形;

⑬ 分析比较 D 锁存器和 D 触发器的波形图。

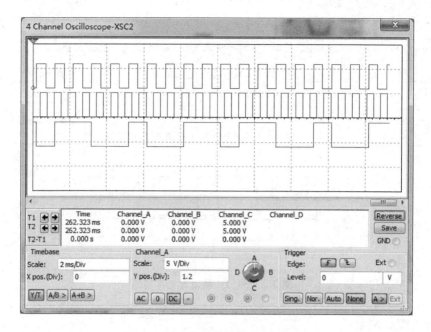

图 3.2.22 D 触发器仿真电路波形

3.2.4 JK 触发器

SR 锁存器的名称来源于置位(Set)和复位(Reset);D 触发器只有一个数据输入端,名称来源于英文数据(Data)的首字母;JK 触发器的名称来自于集成电路发明人Jack Kilby 的名字首字母,他于 1958 年在德州仪器(TI)工作期间发明了世界上第一块集成电路。

JK 触发器是功能最全的基本记忆单元,功能表如表 3.2.6 所列。JK 触发器除了具有 SR 锁存器的记忆、置 0 和置 1 功能外,还具有翻转(取非)功能,当触发器为 0 状态时,翻转后会变成 1 状态;当触发器为 1 状态时,翻转后会变成 0 状态。除功能表中的记忆功能外,JK 触发器也和 D 触发器具有相同的记忆功能,就是在时钟信号无效时,JK 触发器处于记忆状态,具有记忆功能,当时钟信号有效时,执行表 3.2.6 中的各项功能。

JK 触发器的特征方程为:$Q^{n+1} = J \cdot \overline{Q^n} + \overline{K} \cdot Q^n$。在时钟信号有效时,输出 Q 的次态按照特征方程发生变化。JK 触发器的状态转换图如图 3.2.23 所示。

JK 触发器的逻辑符号如图 3.2.24 所示,图中时钟信号 C1 的有效边沿为上升沿。

JK 触发器的时序图如图 3.2.25 所示,图中时钟信号 CLK 的有效边沿为下降沿。常用 JK 触发器型号有 74LS73、74LS112、74LS107、74LS109、74LS113 等。

表 3.2.6 JK 触发器的功能

J	K	Q^n	$\overline{Q^{n+1}}$	功能
0	0	Q^n	$\overline{Q^n}$	记忆
0	1	0	1	置0
1	0	1	0	置1
1	1	$\overline{Q^n}$	Q^n	翻转

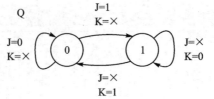

图 3.2.24 JK 触发器逻辑符号

图 3.2.23 JK 触发器状态转换图

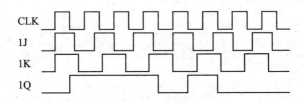

图 3.2.25 JK 触发器时序图

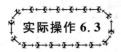

实际操作 6.3

① 双下降沿 JK 触发器 74LS112D 符号如图 3.2.26 所示,功能表如表 3.2.7 所列,由功能表可知:74LS112D 为 CLKD 下降沿有效的 JK 触发器,具有低电平有效的异步预置位端 PR 和低电平有效的异步清除端 CLR,表中最后一行表示了 JK 触发器的记忆功能;

表 3.2.7 74LS112D 功能表

输 入					输 出	
PR	CLR	CLK	J	K	Q	$\overline{Q}$
0	1	×	×	×	1	0
1	0	×	×	×	0	1
0	0	×	×	×	0	0
1	1	↓	0	0	Q_0	$\overline{Q_0}$
1	1	↓	0	1	0	1
1	1	↓	1	0	1	0
1	1	↓	1	1	$\overline{Q_0}$	Q_0
1	1	1	×	×	Q_0	$\overline{Q_0}$

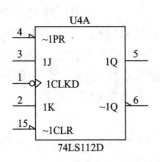

图 3.2.26 74LS112D 符号

② 按照图 3.2.27 连线,接通电源和地,通过开关和发光二极管对 74LS112D 的逻辑功能进行测试,记录数据并进行分析;

第 3 章 时序逻辑电路

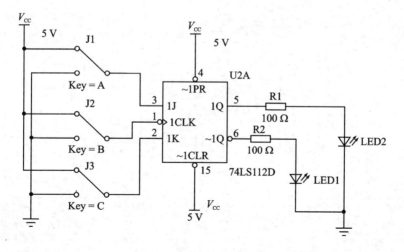

图 3.2.27 JK 触发器逻辑功能测试电路图

③ 按照图 3.2.28 连线,接通电源和地,通过函数发生器和示波器测试 74LS112D 的时序图,记录数据并进行分析;

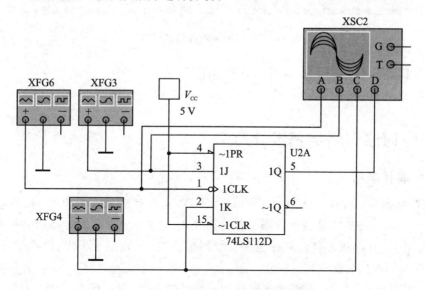

图 3.2.28 JK 触发器时序图测试电路图

④ 如果用仿真的方法测试时序图,函数信号发生器的频率设置为:CLK 为 1 kHz、1J 为 800 Hz、1K 为 700 Hz,占空比全为 50%、振幅全为 2.5 V、偏移全为 2.5 V,则可以在示波器观察到类似图 3.2.29 的波形,图中从上到下依次为 1CLK、1J、1K、1Q 的波形。

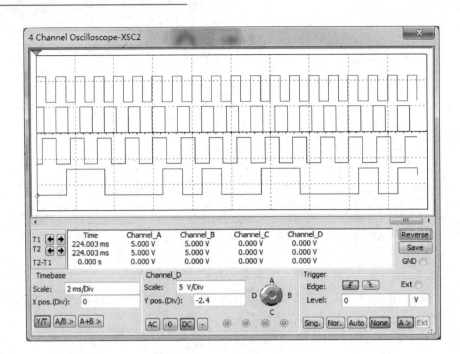

图 3.2.29　JK 触发器仿真时序图

3.3　项目 3：设计一个状态机

3.3.1　时序逻辑电路设计方法

1. 有限状态机

有限状态机(finite - state machine，FSM)，又称有限状态自动机，简称状态机(state machine，SM)，是表示有限个状态以及在这些状态之间的转移和动作等行为的数学模型。有限状态自动机在很多领域都很重要，比如电子工程、语言学、计算机科学、哲学、生物学、数学和逻辑学。

在数字电路系统中，有限状态机就是时序逻辑电路，引入状态机概念对数字系统的设计具有十分重要的作用。状态机是大型电子设计的基础，状态机在处理实时的、逻辑复杂的事件中表现出了自身的优越性，在后续课程可编程逻辑器件(FPGA/CPLD)的学习中会用到状态机的概念。

有限状态机由一定数目的状态和相互之间的转移构成，在任何时候只能处于给定数目状态中的一个。它以一种事件驱动的方式工作，当接收到一个事件时，状态机产生一个输出，同时也可能伴随着状态的转移。要注意的是：状态不是孤立的，是会互相转化的，转化遵守两个原则：转化本身的逻辑性(特定的次态)和转化的外界因素

(条件)。

通过对状态机的逻辑因果关系进行分析,可以将其归纳为 4 个要素,即现态、条件、动作、次态。其中,"现态"和"条件"是原因,"动作"和"次态"是结果。分别介绍如下:
- 现态:是指当前所处的状态。
- 条件:又称为"事件",一个条件被满足时,则触发一个动作,或者执行一次状态的迁移。
- 动作:条件满足后执行的动作。动作执行完毕后,可以迁移到新的状态,也可以仍旧保持原状态。动作不是必需的,当条件满足后,也可以不执行任何动作,直接迁移到新状态。
- 次态:条件满足后要迁往的新状态。"次态"是相对于"现态"而言的,"次态"一旦被激活,就转变成新的"现态"了。

因为有限状态机具有有限个状态,所以可以在实际的工程上实现。但这并不意味着其只能进行有限次的处理,相反,有限状态机是闭环系统,可以无限循环下去。使用状态机设计电路具有以下一些优点:
- 可以将复杂的过程简单化;
- 可以完成复杂的过程表达;
- 表达严谨,无二义性;
- 容易用可编程逻辑器件实现状态机;
- 容易构成同步时序模块;
- 适合于高速电路设计。

状态机主要分为两大类:第一类,若输出只和状态有关而与输入无关,则称为摩尔(Moore)状态机;第二类,输出不仅和状态有关而且和输入有关系,则称为米利(Mealy)状态机。要特别注意的是,因为 Mealy 状态机和输入有关,输出会受到输入的干扰,所以可能会产生窄脉冲或毛刺。

摩尔状态机也可以有输入变量,但是输入变量只改变状态的转换(迁移)方向,而不改变输出,当前的状态(现态)唯一决定了状态机的输出。摩尔状态机的比较简单,具有以下一些特点:
- 在时钟跳变后的有限个门电路延迟后,输出达到稳定值;
- 输出会在一个完整的时钟周期内保持稳定;
- 输入对输出的影响要到下一个时钟周期才能反映;
- 输入、输出之间有隔离。

米利状态机的输出信号与状态机的现态、当前的输入信号都有关系,所以具有以下一些特点:
- 输出信号是在输入变化后立即发生变化;
- 输入变化可能出现在时钟周期内的任何时候;

➢ 对输入的响应比摩尔状态机早,最多可达一个时钟周期。

2. 时序逻辑电路设计方法

时序逻辑电路设计基本等同于状态机设计,其中最关键的是状态转换图的梳理工作。在开始设计之前,一定要确定输入和输出信号,把电路有几个状态以及状态之间的转换原则梳理清晰。

时序逻辑电路设计的主要步骤为:
① 根据设计要求整理出状态转换图;
② 将状态转换图转换为状态转换表;
③ 将状态转换表转换为状态方程;
④ 根据状态方程得到驱动方程;
⑤ 根据驱动方程画出电路图;
⑥ 仿真;
⑦ 安装调试。

在由状态转换图转换为状态转换表时有两种方法,一种是指定无效状态的次态,这样可以保证能够自启动;另一种是将无效状态按照无关项处理,然后检查化简后的设计能否自启动,如果不能自启动再进行相应修改。前者的表达式略复杂,而后者设计过程略复杂,实际应用中一般采用后者。

在由状态方程得到驱动方程时,主要采用比较法,根据采用的触发器类型,将触发器的特征方程与状态方程进行比较,一般简单的状态方程采用 D 触发器,复杂的状态方程采用 JK 触发器,这样能简化电路图、降低成本。

3.3.2 设计一个状态机

1. 项目要求

请设计简易彩灯电路,令 4 个彩灯逐个点亮,直到全亮,然后逐个熄灭,直到全部熄灭,然后再逐个点亮,如此不断循环。

2. 项目分析

此项目没有输入信号,所以是摩尔状态机。假设 1 为灯亮,0 为灯灭,需要对 4 盏灯进行控制,每个触发器控制一盏灯,需要 4 个触发器,每个触发器有两个状态,共有 16 个状态,其中有效状态:0000、1000、1100、1110、1111、0111、0011、0001,无效状态:0010、0100、0101、0110、1001、1010、1011、1101。无效状态可以就近归于易化简的有效状态,也可以统一归于一个有效状态,这样可以保证能够自启动。也可以将无效状态按照无关项处理,然后检查化简后的设计能否自启动,如果不能自启动再进行相应修改,下面以这种方法进行介绍。

3. 画出状态转换图

将无效状态当作无关项,只将有效状态连接起来就可以获得状态转换图,如图 3.3.1 所示,该状态转换图并不是完整的最终状态转换图。

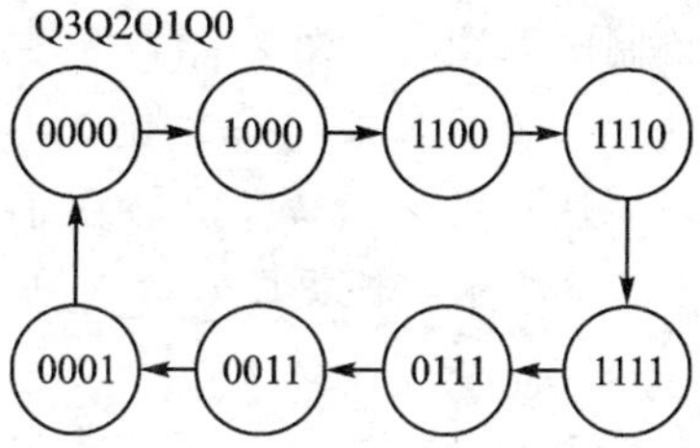

4. 转换为状态转换表

将无效状态当作无关项,列出状态转换表,如表 3.3.1 所列,该状态转换表也不是最终的状态转换表,是设计的中间环节。

图 3.3.1 有效状态的状态转换图

5. 写出逻辑表达式并化简

利用无关项进行化简,可得:

$Q_3^{n+1} = \overline{Q_0}$ $Q_2^{n+1} = Q_3$ $Q_1^{n+1} = Q_2$ $Q_0^{n+1} = Q_1$

6. 检查能否自启动

要检查能否自启动,必须先得到完整的状态转换图,所以要将上一步得到的表达式填入状态转换表中,绘制完整状态转换图,以便判断能否自启动。将表达式填入状态转换表,如表 3.3.2 所列。

表 3.3.1 具有无关项的状态转换

$Q_3^n Q_2^n Q_1^n Q_0^n$	$Q_3^{n+1} Q_2^{n+1} Q_1^{n+1} Q_0^{n+1}$
0000	1000
0001	0000
0010	××××
0011	0001
0100	××××
0101	××××
0110	××××
0111	0011
1000	1100
1001	××××
1010	××××
1011	××××
1100	1110
1101	××××
1110	1111
1111	0111

表 3.3.2 完整状态的转换

$Q_3^n Q_2^n Q_1^n Q_0^n$	$Q_3^{n+1} Q_2^{n+1} Q_1^{n+1} Q_0^{n+1}$
0000	1000
0001	0000
0010	1001
0011	0001
0100	1010
0101	0010
0110	1011
0111	0011
1000	1100
1001	0100
1010	1101
1011	0101
1100	1110
1101	0110
1110	1111
1111	0111

绘制表 3.3.2 对应的完整状态转换图,如图 3.3.2 所示。

在图 3.3.2 中,状态转换图有两个状态循环,所以不能自启动。如果能自启动,则可以直接将第 5 步得到的状态方程与触发器特征方程进行比较,得到驱动方程,从而绘制电路图。此处不能自启动,需要对状态转换图进行修改,方法是将无效循环中的任意一个状态指向一个有效状态,修改状态转换图后,要再次经过状态转换表列出逻辑表达式并且化简,也就是前述的第 4 步和第 5 步。假设修改状态转换图如图 3.3.3 所示。根据图 3.3.3 列出状态转换表,如表 3.3.3 所列。

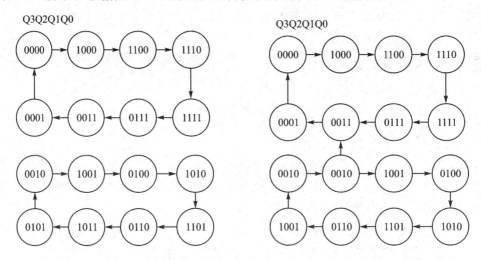

图 3.3.2　完整状态转换图　　　　图 3.3.3　修改后的状态转换图

表 3.3.3　修改后的状态转换

$Q_3^n Q_2^n Q_1^n Q_0^n$	$Q_3^{n+1} Q_2^{n+1} Q_1^{n+1} Q_0^{n+1}$	$Q_3^n Q_2^n Q_1^n Q_0^n$	$Q_3^{n+1} Q_2^{n+1} Q_1^{n+1} Q_0^{n+1}$
0000	1000	1000	1100
0001	0000	1001	0100
0010	0011	1010	1101
0011	0001	1011	0101
0100	1010	1100	1110
0101	0010	1101	0110
0110	1011	1110	1111
0111	0011	1111	0111

根据表 3.3.3 写出逻辑表达式,并进行化简可得:

$Q_3^{n+1} = Q_3^n \overline{Q_0} + \overline{Q_1} \, \overline{Q_0} + Q_2 \overline{Q_0} = (Q_3^n + \overline{Q_1} + Q_2)\overline{Q_0}$　　$Q_2^{n+1} = Q_3$

$Q_1^{n+1} = \overline{Q_3} Q_1^n \overline{Q_0} + Q_2$　　$Q_0^{n+1} = Q_1$

7. 根据触发器类型写出驱动方程

① 假设使用 D 触发器,其特征方程为 $Q^{n+1}=D$。对比 D 触发器特征方程和状态方程,容易得到驱动方程:

$D_3 = (Q_3^n + \overline{Q_1} + Q_2)\overline{Q_0} = \overline{\overline{Q_3^n} \cdot \overline{Q_2} \cdot Q_1} \cdot \overline{Q_0}$

$D_2 = Q_3 \quad D_1 = \overline{Q_3} Q_0^n \overline{Q_0} + Q_2 \quad D_0 = Q_1$

② 假设使用 JK 触发器,其特征方程为 $Q^{n+1}= J \cdot \overline{Q^n} + \overline{K} \cdot Q^n$。将状态方程略作变换,使其具有类似 JK 触发器特征方程的形式,对比 JK 触发器特征方程和状态方程,可以得到驱动方程:

$Q_3^{n+1} = Q_2^n \overline{Q_0} + (\overline{Q_1 Q_0} + Q_2 \overline{Q_0})(\overline{Q_3^n} + Q_3^n)$
$\quad = (\overline{Q_1 Q_0} + Q_2 \overline{Q_0})\overline{Q_3^n} + (\overline{Q_0} + \overline{Q_1 Q_0} + Q_2 \overline{Q_0})Q_3^n$
$\quad = (\overline{Q_1} + Q_2)\overline{Q_0}\overline{Q_3^n} + \overline{Q_0} Q_3^n$

$J_3 = (\overline{Q_1} + Q_2)\overline{Q_0} \quad K_3 = Q_0$

$Q_2^{n+1} = Q_3(\overline{Q_2^n} + Q_2^n) = Q_3 \overline{Q_2^n} + Q_3 Q_2^n$

$J_2 = Q_3 \quad K_2 = \overline{Q_3}$

$Q_1^{n+1} = \overline{Q_3 Q_0} Q_1^n + Q_2(\overline{Q_1^n} + Q_1^n) = Q_2 \overline{Q_1^n} + (\overline{Q_3 Q_0} + Q_2)Q_1^n$

$J_1 = Q_2 \quad K_1 = \overline{\overline{Q_3 Q_0} + Q_2} = (Q_3 + Q_0)\overline{Q_2}$

$Q_0^{n+1} = Q_1$

$J_0 = Q_1 \quad K_0 = \overline{Q_1}$

8. 画出电路图

根据驱动方程很容易画出电路图,采用 D 触发器的电路图如图 3.3.4 所示,采用 JK 触发器的电路图如图 3.3.5 所示。两图中的限流电阻可以更小一些,不是必需 500 Ω。

9. 测试电路

根据图 3.3.4 和图 3.3.5 进行仿真,能够实现项目设计要求。仿真时,刚启动仿真的瞬间,电路状态是随机的,经过有限个状态可以进入到有效状态循环中,证明其能够自启动。

10. 直接设定无效状态的方法

如果直接设定无效状态的次态,根据具体状态设定的不同,状态转换图也有所区别,假设状态转换如图 3.3.6 所示(该图为完整的状态转换图)。由图 3.3.6 可得状态转换表,如表 3.3.4 所列。

由表 3.3.4 写出逻辑表达式并进行化简,可得:

$Q_3^{n+1} = Q_3^n(\overline{Q_2} + \overline{Q_1} + \overline{Q_0}) + \overline{Q_2} Q_1 Q_0 \quad Q_2^{n+1} = Q_2^n Q_1 \overline{Q_0} + Q_3^n \overline{Q_2} + Q_3 \overline{Q_0} + Q_3 Q_1$

$$Q_1^{n+1} = \overline{Q_3} Q_1^n + \overline{Q_3} Q_2 + Q_2 Q_1^n \qquad Q_0^{n+1} = \overline{Q_3} Q_2 Q_0^n + \overline{Q_3} Q_1 + Q_2 Q_1 + Q_1 Q_0^n$$

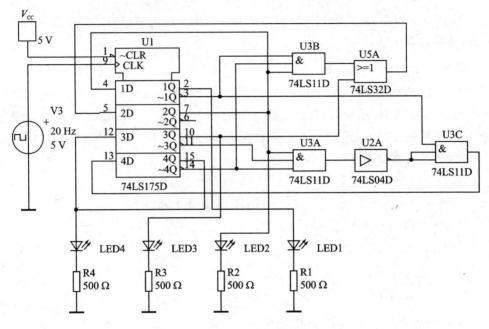

图 3.3.4 采用 D 触发器的电路图

表 3.3.4 完整的状态转换

$Q_3^n Q_2^n Q_1^n Q_0^n$	$Q_3^{n+1} Q_2^{n+1} Q_1^{n+1} Q_0^{n+1}$	$Q_3^n Q_2^n Q_1^n Q_0^n$	$Q_3^{n+1} Q_2^{n+1} Q_1^{n+1} Q_0^{n+1}$
0000	1000	1000	1100
0001	0000	1001	1000
0010	0001	1010	1110
0011	0001	1011	1111
0100	0000	1100	1110
0101	0001	1101	1110
0110	0111	1110	1111
0111	0011	1111	0111

将此逻辑表达式与前述第 6 步所得逻辑表达式进行比较可发现，此方法所得逻辑表达式略复杂，对应的逻辑电路图也较复杂。因此，将无效状态当作无关项的方法设计过程较繁琐，但电路简洁，成本低，实际使用较多；直接指定无效状态的次态的方法设计过程简单，但电路较复杂，实际使用较少。后续的设计步骤与前述第 7～9 步完全相同，不再赘述。

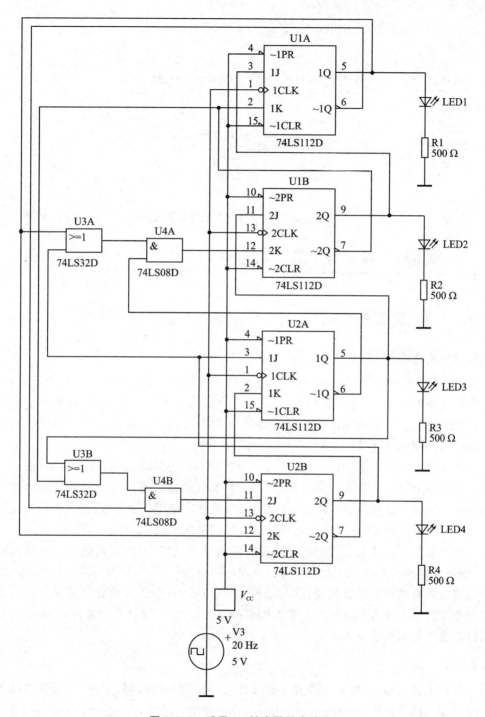

图 3.3.5 采用 JK 触发器的电路图

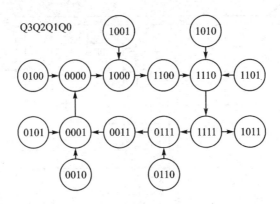

图 3.3.6 直接设定无效状态的次态

3.4 实操任务 7：集成计数器

3.4.1 计数器基本概念

1. 计数器逻辑描述

统计输入脉冲个数的过程叫做计数,能够完成计数工作的数字电路称为计数器。计数器是一种状态机,内部由触发器构成,一个触发器可以记两个状态,故 n 个触发器组成的计数器可以累加计数的最大数目为 2^n 个。一个计数器可以累加计数的数目,称为计数器的模(M),也称为计数器的计数长度。

由于状态机是有限个状态的封闭循环,所以,可以把状态机当作计数器;由于状态机的状态之间不是连续的计数,一般称为广义计数器。常用的计数器是指对输入脉冲进行连续计数的时序电路,连续计数是指其状态按照二进制数递增(+1)或递减(−1)。在计数器的状态位中总是用下标 0 代表最低位(LSB)。

计数器本身在计数过程中除被计数的输入脉冲之外,不需要其他的任何输入信号,而被计数的输入脉冲一般当作内部触发器的时钟信号,不认为是输入信号,所以,计数器在计数过程中被认为没有(不需要)输入信号,可以认为计数器就是摩尔状态机。很多集成计数器具有异步清零端等扩展输入端,输出随时受到输入的影响,这样的计数器就是米利状态机。

2. 分　类

按照电路结构,计数器可以分为异步计数器和同步计数器。异步计数器内部各个触发器的时钟信号(CP)不是同一信号,各个输出端的动作不是同时做出的,会分先后,有不同的时延。同步计数器内部各个触发器的时钟输入端(CLK)都直接连接在一起,时钟信号(CP)均为同一信号,各个输出端的动作统一控制在时钟信号之下。

按照计数方式,计数器可以分为加法计数器、减法计数器和可逆计数器。加法计数器的状态随输入脉冲按照二进制数递增,减法计数器的状态随输入脉冲按照二进制数递减。可逆计数器一般具有加减计数控制端,在其控制下,既可以进行加计数,也可以进行减计数。

按照计数长度(计数器的模)来分,一般分为二进制计数器、十进制计数器和任意进制计数器。这种分类是粗糙的和模糊的,计数器内部都是时序逻辑电路,输出全是0和1的组合,广义的计数器就包括这些组合按照特殊代码方式排列、无序排列等情况,其实,无序排列的状态也可以认为是特殊代码。二进制计数器是指其输出按照二进制计数规律计数,计数长度为 2^n 的计数器,一般称为 n 位二进制计数器。十进制计数器是按照二进制计数规律从 $(0000)_2$ 计到 $(1001)_2$ 的计数器。

3. 应 用

计数器是现代数字系统中不可缺少的组成部分,不仅可用来对脉冲计数,而且广泛用于分频、定时、延时、顺序脉冲发生和数字运算等电路中,经常能在各种数字仪表(万用表、测温表)、工业控制设备和数字钟表等设备中找到计数器。

如果已有脉冲频率较高,希望得到频率较低的脉冲,可以使用分频器,新脉冲的频率是原脉冲频率的几分之一,就叫几分频。比如,从已有 10 kHz 脉冲信号中分频得到 5 kHz 信号,就是二分频,要得到 1 kHz 信号就需要 10 分频。计数器记够若干个时钟脉冲就会产生输出脉冲,所以计数器本身就是分频器,几进制计数器就是对时钟脉冲几分频的分频器。

单个的触发器可以构成一位的二进制计数器,也相当于二分频的分频器。4 位二进制计数器的最低位对时钟脉冲二分频,次低位 4 分频,次高位 8 分频,最高位 16 分频。

3.4.2 集成计数器使用

由于计数器应用广泛,需求量大,所以集成计数器很常见。集成计数器中,常用异步十进制计数器有 74LS196、74LS290,异步 4 位二进制计数器有 74LS177、74LS197、74LS293、74LS393 等,同步十进制计数器有 74LS160、74LS162,同步十进制可逆计数器有 74LS168、74LS190、74LS182 等,同步 4 位二进制计数器有 74LS161、74LS163,同步 4 位二进制可逆计数器有 74LS169、74LS191、74LS193 等。

1. 异步二、五、十进制计数器 74LS290

74LS290 是一种典型的异步集成计数器,既可以实现二进制计数,也能实现五进制计数,通过外部连线还可以实现十进制,使用灵活方便。表 3.4.1 为 74LS290 的功能表,图 3.4.1 为其逻辑符号。

通过功能表和逻辑符号可知,R_{01}、R_{02} 为异步清零端,如果 $R_{01}R_{02}=1$(即两者同时为 1),则输出被清零;R_{91}、R_{92} 为异步置 9 端,如果 $R_{91}R_{92}=1$(即两者同时为 1),则

表 3.4.1　74LS290 的功能

输入				输出	功能
$R_{01}R_{02}$	$R_{90}R_{91}$	INA	INB	$Q_DQ_CQ_BQ_A$	
1	0	×	×	0000	清零
0	1	×	×	1001	置9
0	0	↓	×	Q_A+1	计数
0	0	×	↓	$Q_DQ_CQ_B+1$	计数

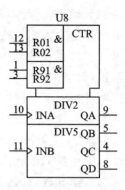

图 3.4.1　74LS290 符号

输出被置为$(1001)_2$，即十进制的9。当异步清零端和异步置9端都无效时，输出Q_A对 INA 下降沿进行递增计数，输出$Q_DQ_CQ_B$对 INB 下降沿进行递增计数，这两个计数可以同时进行，并不互相干扰。异步清零端和异步置9端不应同时有效。

第一个计数器内部只有一个触发器，所以输出Q_A对 INA 下降沿的递增计数是二进制计数（有 0 和 1 这两个状态）；第二个计数器内部有 3 个触发器，输出$Q_DQ_CQ_B$对 INB 下降沿的递增计数实现了五进制计数（从 000 到 100 共 5 个状态）；将二进制的输出(Q_A)连接到五进制计数器($Q_DQ_CQ_B$)的时钟输入 INB，二进制的时钟输入 INA 和 $Q_DQ_CQ_BQ_A$就构成了十进制计数。

实际操作 7.1

① 将 74LS290 按照图 3.4.2 连线，分别通过逻辑电平开关 J1 和 J2 测试二进制和五进制的计数功能。其中 J1 每开关两次，Q_A对应 LED 亮灭一次，从而实现了二

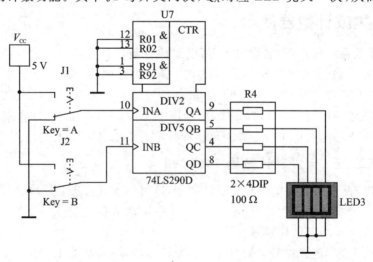

图 3.4.2　二进制和五进制功能测试

进制计数。同样,J2 每开关 5 次,$Q_D Q_C Q_B$ 按 000、001、010、011、100 的次序变化一个周期,从而实现了五进制计数。

② 将 74LS290D 按照图 3.4.3 连线,测试十进制的计数功能。图中函数发生器采用方波,其频率 50 Hz、占空比 50%、振幅 2.5 V、偏移 2.5 V。计数器输出 $Q_D Q_C Q_B Q_A$ 通过限流电阻在 LED2 上可以观察到二进制的计数结果。二进制计数结果通过显示译码器 74LS48 进行译码,从数码管可以观察到十进制的计数结果。

③ 将 74LS290 按照图 3.4.4 连线,测试置 0 功能和置 9 功能。分别拨到开关 J3 和 J4,观察其不同组合时的计数器工作情况,记录测试结果并进行分析。

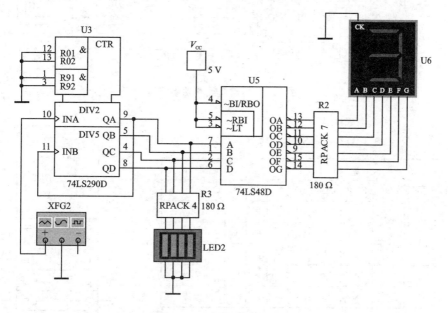

图 3.4.3 十进制功能测试

2. 同步十进制计数器 74LS160

同步十进制计数器 74LS160 是典型的同步计数器,与其类似的还有 74LS161,两者管脚排列和使用方法都相同,唯一的区别是 74LS161 是 4 位二进制计数器,其计数长度为 16。74LS160 的功能表如表 3.4.2 所列,逻辑符号如图 3.4.5 所示。

74LS160 具有异步清零端 $\overline{CLR}$,低电平有效。预置数端 $\overline{LOAD}$,也是低电平有效,预置数时需要时钟上升沿配合,是同步预置数。平时计数器在计数状态下是不需要输入信号配合的,计数器只计时钟脉冲的个数,与输入端 D、C、B、A 无关,但是在预置数状态下,计数器停止计数,输出等于输入,即 $Q_D \cdot Q_C \cdot Q_B \cdot Q_A = d_3 \cdot d_2 \cdot d_1 \cdot d_0$,在预置数完毕后,如果进入计数状态,则输出在预置数的状态 $d_3 d_2 d_1 d_0$ 基础上进行递增计数。预置数端(LOAD)有时缩写为 LD。

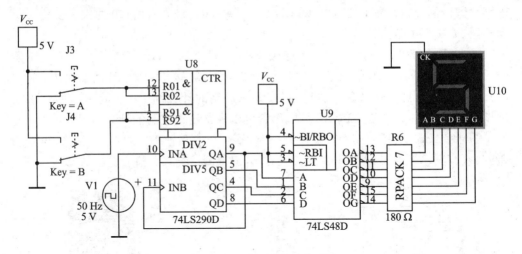

图 3.4.4 置 0 置 9 功能测试

表 3.4.2 74LS160 的功能

输入									输出			
$\overline{CLR}$	$\overline{LOAD}$	ENT	ENP	CLK	D	C	B	A	Q_D	Q_C	Q_B	Q_A
0	×	×	×	×	×	×	×	×	0000			
1	0	×	×	↑	d_3	d_2	d_1	d_0	d_3	d_2	d_1	d_0
1	1	1	1	↑	×	×	×	×	计数			
1	1	×	0	×	×	×	×	×	保持			
1	1	0	×	×	×	×	×	×	保持			

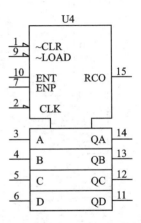

图 3.4.5 74LS160 逻辑符号

74LS160 还有两个保持功能的控制端 ENT 和 ENP,也是低电平有效,异步控制,但是优先级别低于清零端和预置数端。

74LS160 还具有进位输出端 RCO,该端平时输出 0,只有当输出 $Q_D Q_C Q_B Q_A$ = 1001 时 RCO=1,逻辑表达式为 RCO=$Q_D \cdot \overline{Q_C} \cdot \overline{Q_B} \cdot Q_A$。

实际操作 7.2

① 按照图 3.4.6 连线,通过逻辑电平开关 J1 形成时钟脉冲,观察数码管显示的计数功能,同时要注意观察进位脉冲 RCO 的变化(LED1)。

② 按照图 3.4.7 连线,通过逻辑电平开关测试计数器的保持功能。通过实际测试可知,不管任何时刻,只要两个开关中的任意一个拨到低电平,输出立刻停止计数,保持在原状态不再变化。

第 3 章 时序逻辑电路

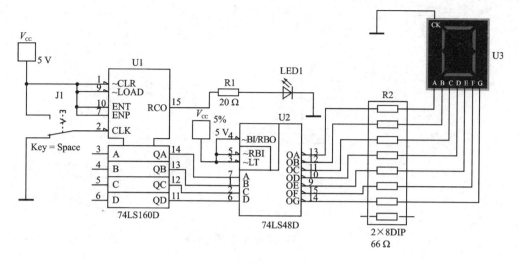

图 3.4.6　74LS160 计数功能测试

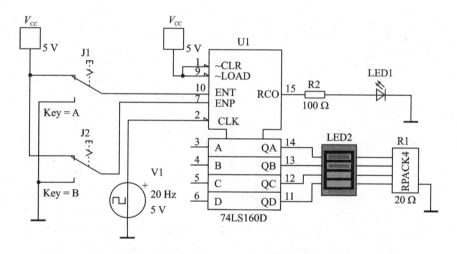

图 3.4.7　74LS160 保持功能测试

③ 按照图 3.4.8 连线,通过逻辑电平开关 J1 测试计数器的预置数功能。通过测试可知,预置数功能为同步预置数,在将 J1 拨到低电平后,输出并不能随时立刻发生变化,而是需要等到一个时钟脉冲的有效边沿后,输出才会被置位。图中置位的状态为 0101,请读者修改预置数的状态再次进行测试。

④ 请读者设计清零功能的测试电路,记录测试结果并进行分析。

3. 可逆计数器 74LS169

74LS169 是同步 4 位二进制计数器,既可以递增计数,也可以递减计数。表 3.4.3 是 74LS169 的功能表,图 3.4.9 为 74LS169 的逻辑符号。

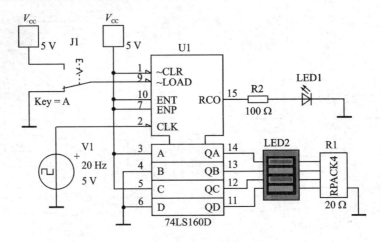

图 3.4.8　74LS160 预置数功能测试

表 3.4.3　74LS169 的功能

输入								输出
$\overline{D}/U$	$\overline{LOAD}$	ENT	ENP	CLK	D	C	B	A	$Q_D Q_C Q_B Q_A$
×	0	×	×	↑	d_3	d_2	d_1	d_0	$d_3 d_2 d_1 d_0$
0	1	×	×	↑	×	×	×	×	减计数
1	1	×	×	↑	×	×	×	×	增计数
×	1	×	1	×	×	×	×	×	保持
×	1	1	×	×	×	×	×	×	保持

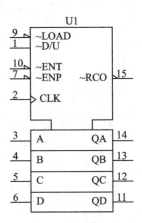

图 3.4.9　74LS169 逻辑符号

74LS169 的预置数功能与 74LS160 相同,也是同步预置数,低电平有效。保持功能控制端为高电平实现保持功能。增减计数控制端在低电平时实现递减计数,高电平时实现递增计数。输出端子〜RCO 在递增计数时输出进位信号,在递减计数时输出借位信号。递增计数时,输出的进位信号仅在输出 $Q_D Q_C Q_B Q_A = 1111$ 时为 0,即 $\overline{RCO} = Q_D \cdot Q_C \cdot Q_B \cdot Q_A$;递减计数时,输出的借位信号仅在输出 $Q_D Q_C Q_B Q_A = 0000$ 时为 0,即 $\overline{RCO} = \overline{Q_D} \cdot \overline{Q_C} \cdot \overline{Q_B} \cdot \overline{Q_A}$。

实际操作 7.3

① 按照图 3.4.10 连线,通过逻辑电平开关 J3 和 J4 进行计数功能测试。J3 为增/减计数控制端,低电平为递减计数,高电平为递增计数。通过开关 J4 形成时钟脉冲,在时钟脉冲上升沿进行计数。测试时需要注意进位脉冲输出端(〜RCO)的电平变化(LED1)。

第 3 章　时序逻辑电路

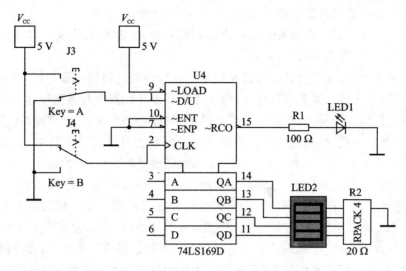

图 3.4.10　74LS169D 计数功能测试

② 按照图 3.4.11 连线，通过逻辑电平开关 J1、J2、J3 测试 74LS169D 的预置数功能。在预置数时，先将 J1 拨到低电平，然后 J3 给出上升沿才能完成预置数功能。观察在预置数之后，增、减计数均从 1100 开始计数。

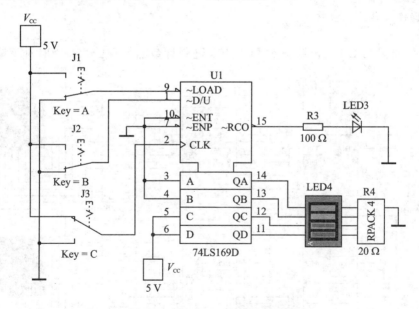

图 3.4.11　74LS169D 预置数功能测试

3.4.3　集成计数器的级联应用

当计数器的计数长度（模）不够时，可以采用级联的方式进行扩展，级联后的总计

数长度为各级计数器计数长度的乘积,即:N＝N1×N2×···

由于集成计数器大多具有进位输出端和保持功能控制端,集成计数器级联一般有两种连接方式:异步方式和同步方式。

异步方式时,将时钟脉冲信号接至最低位计数器的时钟脉冲输入端,把低位计数器的进位脉冲(递减计数为借位脉冲)输出作为高位计数器的时钟信号输入。这种方式需要注意低位计数器进位脉冲(或借位脉冲)的脉冲是正脉冲(原变量)还是负脉冲(反变量),在真正进位(或借位)时,其跳变的边沿是上升沿还是下降沿,与高位计数器的时钟脉冲有效边沿是否一致,如果相同,可以直接将低位计数器的进位(或借位)输出端连接到高位计数器的时钟输入端;如果相反,需要将低位计数器的进位(或借位)输出信号经过非门(反相器)再连接到高位计数器的时钟输入端。在3.4.2小节实际操作6.1,74LS290构成十进制计数器就是异步级联方式,如图3.4.3所示。

同步方式时,将各个集成计数器的时钟输入端都连接在一起,同时接通时钟脉冲信号,把低位计数器的进位脉冲(递减计数为借位脉冲)输出作为高位计数器的保持功能控制信号,令高位计数器在低位计数器产生进位时对时钟脉冲计数。这种方法也需要注意低位计数器输出的进位脉冲(或借位脉冲)是正脉冲还是负脉冲,与高位计数器控制输入端所需电平是否一致,如果不一致,需要通过非门取反。

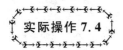

① 按照图3.4.12连线,测试异步100进制计数器。74LS290为时钟下降沿计

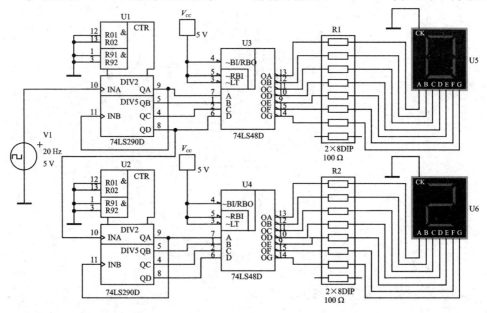

图3.4.12　两个74LS290异步级联构成100进制计数器

数,当 U1 的输出从 1001 变到 0000 时,Q_D 正好是下降沿,所以可以直接连接到 U2 的时钟输入端 INA。

② 按照图 3.4.13 连线,测试同步 100 进制计数器。74LS160 为时钟下降沿计数,当 U1 的输出 1001 时,RCO 产生高电平,U2 脱离保持功能开始计数功能,下一个时钟脉冲到来后,U1 和 U2 对时钟脉冲同时计一次数,然后因为 U1 变成 0000,导致 U1 的 RCO 输出低电平,所以 U2 进入保持功能,不再随时钟脉冲计数,直到下一次 U1 计数到 1001 再重复上述过程。

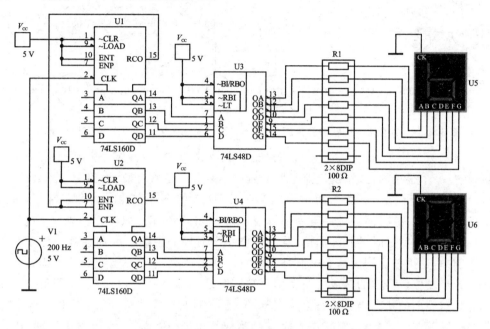

图 3.4.13　两个 74LS160 同步级联构成 100 进制计数器

3.4.4　反馈法构成任意进制计数器

现实生活中有很多场合需要不同进制的计数器,比如,每分钟有 60 秒,分钟对秒计数需要 60 进制;每天有 24 小时,需要 24 进制计数器;每星期有 7 天,需要 7 进制计数器;每年有 12 个月,需要 12 进制计数器等。集成计数器、集成计数器进行简单级联都不能满足需求,这时可以使用反馈法构成需要的计数长度。

采用级联法能增加计数器计数长度,反馈法能减小计数器计数长度,两者结合可以构成任意进制计数器。反馈法分为反馈归零法和反馈置位法两种,可以根据集成计数器的扩展功能端子情况和使用需要进行选用。下面采用典型十进制集成计数器 74LS160 介绍反馈法,首先介绍反馈归零法,反馈归零法也可称为反馈清零法、反馈复位法。

74LS160 的状态转换图如图 3.4.14 所示,图中没有画出无效状态,74LS160 能够自启动。通过 3.1.4 小节的实际操作可知,74LS160 计数时自动对输入时钟脉冲计数,状态按照图 3.4.14 中的箭头方向自动转换。如果每次循环到 0111 状态时,都通过清零端(CLR)将计数器清零,则计数器永远也执行不到 1000 和 1001 这两个状态,这两个状态就变成了无效状态,有效状态变成了 8 个,这样,十进制计数器就变成了八进制计数器,如图 3.4.15 所示。图 3.4.15 中实线箭头表示集成计数器自身固有状态转换方向,虚线箭头表示需要外界施加的状态转换方向。

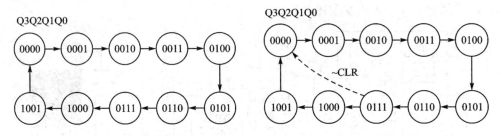

图 3.4.14　74LS160 的状态转换图　　　　图 3.4.15　反馈法改变计数长度

74LS160 是异步复位(清零),如果直接用状态 0111 去清零,当 0111 状态出现后,经过一个很短的延时(反馈路径所需延时),复位清零端有效,输出端立刻被清零,0111 状态不复存在(变成了 0000 状态),所以 0111 状态存在的时间会非常短,远远小于时钟脉冲周期,而且脉冲宽度不可控,不算作正常的工作状态。一般数字电路的最小时间单位就是时钟脉冲周期,脉冲宽度小于时钟周期的窄脉冲会被当作干扰信号抑制掉,这里只是利用这个窄脉冲完成自动状态转换,这个状态被称为暂态。

异步复位(清零)的集成电路在用反馈归零法构成计数器时,一定要把最后一个有效状态后面的状态当成暂态去反馈归零。因为反馈归零法每次都是从 0 开始计数,若要构成 N 进制计数器,则需要把状态 N 当成暂态去控制反馈清零。如图 3.4.16 所示,图中有效状态为实线圆圈,暂态为虚线圆圈,实线箭头为集成计数器原有状态转换路径,虚线为实际暂态转换路径,点画线为有效状态转换路径。

如果是同步复位的集成计数器,则没有暂态,如果要构成 N 进制计数器,则直接用状态(N-1)控制反馈清零即可,如图 3.4.15 所示。

反馈置位法也称为反馈预置数法。反馈置位法的原理与反馈归零法的原理类似,也是利用反馈去改变状态转换路径,减少有效状态数,使有效状态数满足要求,实现计数长度的改变。两者不同之处主要在于,反馈归零法每次计数都是从 0 状态开始,而反馈置位法每次计数的开始状态可以根据需求进行设置,使用更为灵活;另一个区别是,常见集成计数器中,复位(清零)功能以异步复位(清零)为多数,预置数中同步预置数的较多。

异步预置数的集成计数器有暂态(如图 3.4.16 所示),74LS160 为同步预置数,没有暂态。若要实现从 0001 到 1000 的八进制计数,则 74LS160 的数据输入端 DCBA=0001,用状态 1000 去控制预置数,如图 3.4.17 所示。图中实线箭头表示集成

第 3 章 时序逻辑电路

计数器自身固有状态转换方向,虚线箭头表示需要外界施加的状态转换方向。

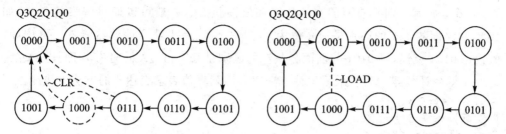

图 3.4.16　74LS160 的异步清零反馈　　　　图 3.4.17　74LS160 的同步预置数反馈

根据复位或者预置数是否异步确定有无暂态,之后需要解决如何用输出的特定状态去反馈清零或者预置数。因此,需要设计一个电路,该电路的输入信号为计数器的状态,输出信号为控制清零或预置数的信号。

假设采用异步清零的方法,74LS160 的清零信号需要低电平,则可以列出真值表,如表 3.4.4 所列。列真值表时,首先,不用管计数器固有无效状态(如十进制计数器的 1010～1111 各状态),因为集成计数器能够自启动,可以自动进到有效状态循环中来;其次,修正状态转换图之后,不用管无效状态(如八进制计数器中的状态 1001),因为采用反馈之后,该状态变成了无效状态,工作时不可能遇到这些无效状态,如果在启动时遇到这些状态,集成计数器会按照原有状态转换图(由集成电路内部电路决定)实现自启动。

根据真值表写出反馈表达式:$CLR = Q_D$。由于 74LS160 清零输入端为 $\overline{CLR}$,所以 $\overline{CLR} = \overline{Q_D}$。根据反馈表达式绘制出电路图,如图 3.4.18 所示。

表 3.4.4　反馈清零真值表

	输　入				输　出
CP	QD	QC	QB	QA	$\overline{CLR}$
0	0	0	0	0	1
1	0	0	0	1	1
2	0	0	1	0	1
3	0	0	1	1	1
4	0	1	0	0	1
5	0	1	0	1	1
6	0	1	1	0	1
7	0	1	1	1	1
8	1	0	0	0	0
9	1	0	0	1	×
其余	×	×	×	×	×

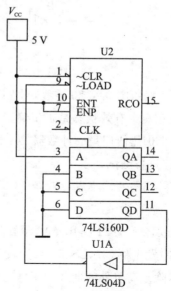

图 3.4.18　反馈归零法电路图

前述求解反馈表达式的过程可以归结为：寻找反馈状态与前面各有效状态的区别，也就是如何区别开前面的有效状态和反馈状态。一般可以通过观察的方法，如 1000 和前面各状态的区别是最高位为 1，则只要 $Q_D=1$ 就令计数器清零。再比如，假设用 0101 反馈，则 0101 与前面各状态的区别是 QC 和 QA 同时为 1，即只要 $Q_D \cdot Q_A=1$ 就令计数器清零。采用这种方法比采用列真值表求表达式的方法更快捷。

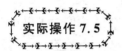

① 按照图 3.4.19 连线，对 74LS160 用反馈归零法构成的八进制计数器进行测试，注意观察有效状态是否正确。

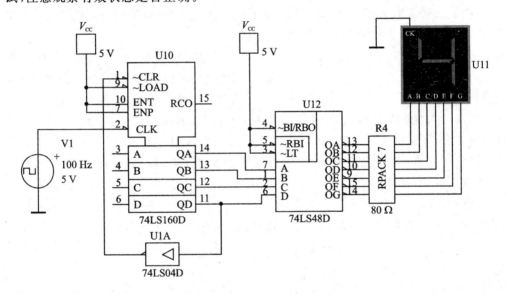

图 3.4.19　用反馈归零法实现八进制计数器

② 按照图 3.4.20 连线，对 74LS160 用反馈置位法构成的八进制计数器进行测试，注意观察有效状态是否正确。

③ 仍然使用集成计数器 74LS160，请采用反馈归零法设计六进制计数器，连接电路并进行测试。

④ 仍然使用集成计数器 74LS160，请采用反馈置位法设计五进制计数器，连接电路并进行测试。

⑤ 图 3.4.21 是用集成计数器 74LS160 和数据选择器 74LS151 构成的固定序列脉冲发生器。74LS160 采用反馈归零法构成八进制计数器，有效状态为 0000～0111，除最高位外的低 3 位正好是十进制的 0～7，轮流作为 74LS151 的地址代码输入信号，则 74LS151 轮流输出其数据输入端 D0～D7 的输入信号，本图应轮流循环输

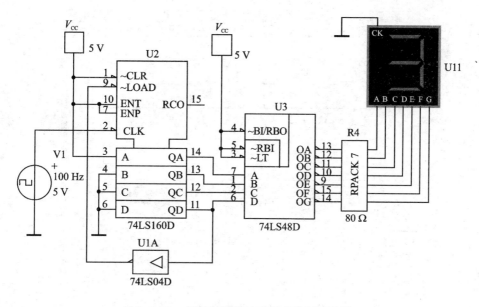

图 3.4.20 用反馈置位法实现八进制计数器

出 11100010。这种固定序列脉冲发生器可以用来作为灯光信号,也可用于工业顺序控制、通信测试等。用示波器观察波形,可以看到图 3.4.22 所示波形。按图连线,观察波形,分析测试结果。

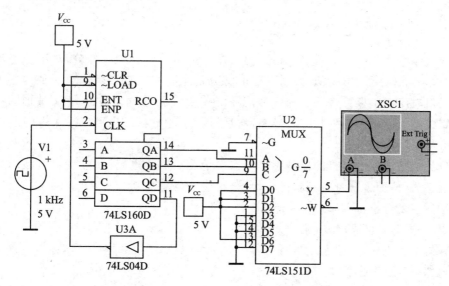

图 3.4.21 固定序列脉冲发生器

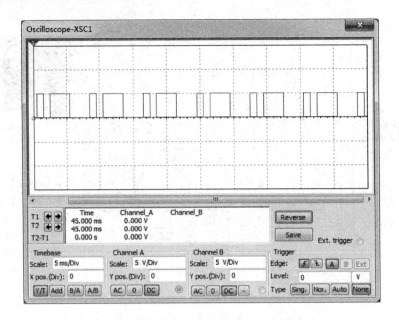

图 3.4.22　固定序列脉冲发生器仿真波形

3.5　实操任务 8：时序电路分析方法

3.5.1　时序电路分析方法

对时序电路分析和对组合电路分析一样都是逆向工程的一部分,对于学习数字电子技术有很大帮助。类似的,对时序电路分析也有实验法和理论法两种方法。实验法是对时序电路板输入端施加各种信号,在输出端测量输出波形,根据波形图的对应逻辑关系可以直接得到状态转换图,然后进行功能分析。也可以采用专门的逻辑电路分析仪辅助分析。

理论法是根据电路板的器件型号和连接情况绘制出电路图,然后由电路图写出逻辑表达式,从而进一步得到状态转换图,再进行功能分析。如果已经获得电路图,理论法的主要分析步骤是：

1) 分析电路组成,写出驱动方程

根据给定电路,写出驱动方程。异步时序电路还要写出时钟方程,如果电路中有组合电路就需要写出输出方程。

2) 根据驱动方程写出状态方程

将驱动方程代入触发器特征方程,求出状态方程。

3) 将状态方程转换为状态转换表

状态转换表有带时钟的和不带时钟的两种。若采用带时钟的状态转换表,需要将任意一组输入变量及电路初始状态的取值代入状态方程和输出方程,即可计算出电路的次态值和相应输出值,然后以这个次态值为现态,再继续求解其次态,直到求解出的次态与前面某个已有的状态值相同,就用带箭头的直线指向前面那个已有的状态值。然后,再从前面没有出现过的状态里任意选择一个状态,重复前面的过程,直到表中出现了所有可能的状态为止。这种方法不需要绘制状态转换图就能直观地观察到状态之间的转换关系。这种方法在求解次态时,每个次态都需要将0、1带入方程运算,求解过程较繁琐。

不带时钟的状态转换表和普通真值表一样,现将所有状态的取值可能列在表格的左侧,然后分别求出每一行的次态和相应输出值。这种方法需要绘制状态转换图才能观察出状态之间的转换关系。这种方法在求解次态时,可以利用原变量和反变量的概念,较为快速地得到次态。

两种状态转换表各有优点,推荐不使用时钟的状态转换表。

4) 将状态转换表转换为状态转换图

当采用没有时钟的状态转换表时,需要绘制状态转换图,以便观察状态之间的转换关系。即便采用带时钟的状态转换表,也推荐绘制状态转换图,以便更直观地分析功能。

5) 根据状态转换图说明功能

根据状态转换图中有几个状态循环确定能否自启动,根据有效循环的状态数量说明是否为递增计数器或递减计数器,以及状态机(计数器)的模(计数长度、进制数)等功能。

3.5.2 时序电路分析实例

【例】分析图 3.5.1 所示电路逻辑功能,说明能否自启动。

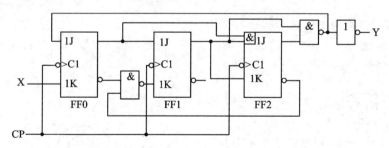

图 3.5.1 实例电路图

解:①分析电路,写驱动方程和输出方程。图 3.5.1 中的电路是一个同步时序逻辑电路,有 3 个 JK 触发器,时钟下降沿动作,有一个输出端,没有输入信号。

驱动方程为:

$$J_0 = \overline{Q_2 \cdot Q_1} \qquad J_1 = Q_0 \qquad J_2 = Q_1 Q_0$$

$$K_0 = X \quad K_1 = \overline{\overline{Q_2} \cdot \overline{Q_0}} \quad K_2 = Q_1$$

输出方程为:

$$Y = \overline{\overline{Q_2}\,\overline{Q_1}} = Q_2 Q_1$$

(2) 求状态方程。

将驱动方程代入 JK 触发器的特征方程,可得状态方程。

JK 触发器特征方程: $Q^{n+1} = J^n \overline{Q^n} + \overline{K^n} Q^n$

状态方程为:

$$Q_2^{n+1} = \overline{Q_2^n} Q_1 Q_0 + Q_2^n \overline{Q_1} \quad Q_1^{n+1} = \overline{Q_1^n} Q_0 + \overline{Q_2^n} Q_1^n \overline{Q_0} \quad Q_0^{n+1} = \overline{Q_2 Q_1} \cdot \overline{Q_0^n} + \overline{X} Q_0^n$$

③ 将状态方程转换为状态转换表。

为简单起见,分别考虑输入变量 X=0 和 X=1 两种情况,X=0 时,状态转换表如表 3.5.1 所列,X=1 时,状态转换表如表 3.5.2 所列。

表 3.5.1 当输入变量 X=0 时的状态转换

现态			次态			输出
Q_2^n	Q_1^n	Q_0^n	Q_2^{n+1}	Q_1^{n+1}	Q_0^{n+1}	Y
0	0	0	0	0	1	0
0	0	1	0	1	1	0
0	1	0	0	1	1	0
0	1	1	1	0	1	0
1	0	0	1	0	1	0
1	0	1	1	1	1	0
1	1	0	0	0	0	1
1	1	1	1	0	0	1

表 3.5.2 当输入变量 X=1 时的状态转换

现态			次态			输出
Q_2^n	Q_1^n	Q_0^n	Q_2^{n+1}	Q_1^{n+1}	Q_0^{n+1}	Y
0	0	0	0	0	1	0
0	0	1	0	1	0	0
0	1	0	0	1	1	0
0	1	1	1	0	0	0
1	0	0	1	0	1	0
1	0	1	1	1	0	0
1	1	0	0	0	1	1
1	1	1	1	0	0	1

④ 由状态转换表转换为状态转换图。

输入变量 X=0 时的状态转换图如图 3.5.2 所示,X=1 时的状态转换图如图 3.5.3 所示。

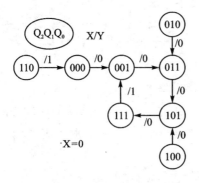

图 3.5.2 X=0 时的状态转换图

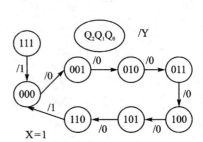

图 3.5.3 X=1 时的状态转换图

⑤ 分析图 3.5.2 和图 3.5.3 可知,该电路在输入 X=0 和 X=1 的情况下,电路均具有自启动能力。X=0 时,该电路为同步四进制计数器电路;X=1 时,该电路为同步七进制计数器电路。Y 端为进位输出端。

⑥ 由以上分析,可以画出电路时序图。

假设电路的初始状态为 $Q_2Q_1Q_0=000$,输入信号 X 的波形发生变化,画出各触发器状态和输出 Y 的波形如图 3.5.4 所示。

【例】分析图 3.5.5 所示电路逻辑功能,说明能否自启动。

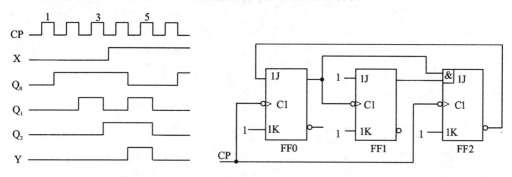

图 3.5.4　实例时序图　　　　　图 3.5.5　实例电路图

解:① 分析电路,写驱动方程和输出方程。

由图 3.5.5 可知,触发器 FF1 的 CP 时钟脉冲信号并不是取自外加 CP 信号,而是将前级 FF0 的输出信号 Q 作为它的时钟脉冲信号。所以,这是一个异步时序逻辑电路。图中有 3 个 JK 触发器,时钟下降沿动作,有一个输出端,没有输入信号。

分析异步时序逻辑电路,列方程时要将触发器的时钟方程考虑在内。注意各触发器的 CP 端是否有 CP 时钟信号所需要的跳变沿,只有当跳变沿到达时,相应的触发器才能变化,否则触发器将保持原状态不变。

时钟方程为:

$CP_0=CP_2=CP$;　　　FF0 和 FF2 由外加 CP 下降沿触发。

$CP_1=Q_0$;　　　　　FF1 由 Q_0 下降沿触发。

驱动方程为:

$J_0=\overline{Q_2^n}$　　$J_1=1$　　$J_2=Q_1^n Q_0^n$

$K_0=1$　　　$K_1=1$　　$K_2=1$

② 求状态方程。

将驱动方程代入 JK 触发器的特征方程,可得状态方程。

JK 触发器特征方程:$Q^{n+1}=J^n \overline{Q^n}+\overline{K^n}Q^n$

状态方程为:

$\begin{cases} Q_0^{n+1}=J_0\overline{Q_0^n}+\overline{K_0}Q_0^n=\overline{Q_2^n\,Q_0^n} & \text{CP 下降沿有效} \\ Q_1^{n+1}=J_1\overline{Q_1^n}+\overline{K_1}Q_1^n=\overline{Q_1^n} & Q_0 \text{下降沿有效} \\ Q_2^{n+1}=J_2\overline{Q_2^n}+\overline{K_2}Q_2^n=\overline{Q_2^n}Q_1^n Q_0^n & \text{CP 下降沿有效} \end{cases}$

③ 将状态方程转换为状态转换表。填表时要注意时钟条件,如表 3.5.3 所列。

表 3.5.3 实例状态转换表

现态			次态			对应 CP 状态		
Q_2^n	Q_1^n	Q_0^n	Q_2^{n+1}	Q_1^{n+1}	Q_0^{n+1}	CP2	CP1	CP0
0	0	0	0	0	1	↓	↑	↓
0	0	1	0	1	0	↓	↓	↓
0	1	0	0	1	1	↓	↑	↓
0	1	1	1	0	0	↓	↓	↓
1	0	0	0	0	0	↓	0	↓
1	0	1	0	1	0	↓	↓	↓
1	1	0	0	1	0	↓	0	↓
1	1	1	0	0	0	↓	↓	↓

④ 由状态转换表转换为状态转换图。状态转换图如图 3.5.6 所示。

⑤ 分析图 3.5.6 可知,该电路具有自启动能力,是异步五进制计数器。

⑥ 由以上分析,可以画出电路时序图。

假设电路的初始状态为 $Q_2Q_1Q_0=000$,画出各触发器状态和输出 Y 的波形如图 3.5.7 所示。

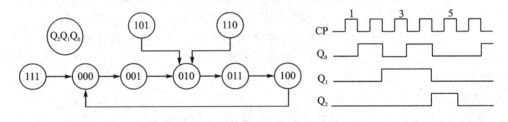

图 3.5.6 实例状态转换图　　　　　图 3.5.7 实例时序图

3.5.3 寄存器

寄存器(register)是用来存放数据的一些小型存储区域,用来暂时存放参与运算的数据和运算结果,广泛应用于各类数字系统和计算机中。其实寄存器就是一种常用的时序逻辑电路,这种时序逻辑电路只包含存储电路。寄存器的存储电路是由锁存器或触发器构成的,因为一个锁存器或触发器能存储一位二进制数,所以由 N 个锁存器或触发器可以构成 N 位寄存器。工程中的寄存器一般按计算机中字节的位数设计,所以一般有 8 位寄存器、16 位寄存器等。

对寄存器中的触发器只要求它们具有置 1、置 0 的功能即可,因而无论是用 SR 锁存器,还是用 D 触发器或者 JK 触发器,都可以组成寄存器。由于 D 触发器既简单又具备置 1、置 0 功能,所以寄存器一般由 D 触发器组成。寄存器有公共输入/输出使能控制端和时钟信号输入端,一般把使能控制端作为寄存器电路的选择信号,把时钟信号作为数据输入控制信号。

寄存器除了用于数据的临时存储,还常用于以下场合:

① 对数据进行并/串、串/并转换。

② 用作显示数据锁存器:许多设备需要显示计数器的记数值,以 8421BCD 码记数,以 7 段显示器显示,如果记数速度较高,人眼则无法辨认迅速变化的显示字符。在计数器和译码器之间加入一个锁存器,控制数据的显示时间是常用的方法。

③ 用作缓冲器:存储数据但是不输出数据,在需要时才输出数据。

④ 组成计数器:移位寄存器可以组成移位型计数器,如环形或扭环形计数器。

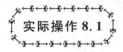
实际操作 8.1

① 图 3.5.8 是用 4 个 D 触发器构成的基本寄存器,可以寄存 4 位二进制代码。图中 $\overline{CR}$ 为置 0 输入端,$D_3 \sim D_0$ 为并行数码输入端,$Q_3 \sim Q_0$ 为并行数码输出端。请分析电路工作原理。

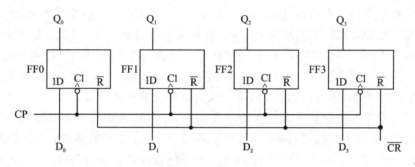

图 3.5.8 基本寄存器

② 用 4 个 D 触发器 74LS175 实现图 3.5.8 所示寄存器,并进行测试。74LS175 的逻辑符号和功能表如图 3.2.19 和表 3.2.4 所列。

③ 图 3.5.9 是 4 位 D 寄存器 74LS173 的逻辑符号,真值表如表 3.5.4 所列。可知,74LS173 具有异步清零端,高电平有效,具有最高优先级;数据使能端 G1 和 G2 同时为低电平时,寄存器可以接收数据,否则寄存器处于记忆功能,输出不随输入变化;时钟信号 CLK 的上升沿有效,可使寄存器接收数据;寄存器还有 M 和 N 两个三态使能端,当这两个端子同时为低电平时,寄存器的输出是正常的高、低电平,否则,寄存器输出为高阻态 Z。M 和 N 的功能是用三态门隔离寄存器和输出端,便于使用总线(如数据总线、地址总线等),因此,74LS173 可以直接和总线相连。请自行设计测试电路,测试 74LS173 的各项功能。

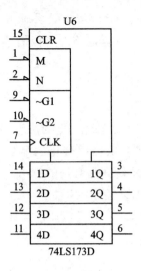

表 3.5.4　74LS173 功能表

输入					输出
CLR	CLK	数据使能		数据	Q
		$\overline{G1}$	$\overline{G2}$	D	
1	×	×	×	×	0
0	0	×	×	×	Q_0
0	↑	1	×	×	Q_0
0	↑	×	1	×	Q_0
0	↑	0	0	0	0
0	↑	0	0	1	1

图 3.5.9　4 位 D 寄存器 74LS173

3.5.4　移位寄存器

移位寄存器是具有移位功能的寄存器。寄存器只有寄存数据或代码的功能,有时为了处理数据,需要将寄存器中的各位数据在移位控制信号作用下,依次向高位或向低位移动 1 位。移位寄存器按数码移动方向分类有左移、右移、可控制双向(可逆)移位寄存器;按数据输入端、输出方式分类有串行和并行之分。除了 D 边沿触发器构成移位寄存器外,还可以用诸如 JK 等触发器构成移位寄存器。

串行是指在一条信号线上依次传递数据的各个位,类似多个人排队过一个独木桥,用这种方法传递数据耗时较长,但是节省导线,适合远距离传输,一般电话线、网线都是采用串行传输的方式。并行是指用多条信号线同时传递数据的各个位,就好像多个人过河,每人都有自己的独木桥,这种方法耗时短,但是需要多条导线,只适合短距离传输,电脑内部的数据总线、地址总线都是并行传输的方式。

数据寄存功能只是移位寄存器的基本功能,移位寄存器经常用于串行/并行转换工作,除此之外,由于二进制数据左移一位相当于乘以 2,右移一位相当于除以 2,所以,移位寄存器还经常用于数据的乘除法运算。

实际操作 8.2

① 图 3.5.10 是 8 位移位寄存器 74LS164 的逻辑符号,表 3.5.5 是 74LS164 的功能表。74LS164 能够从 Q_A 向 Q_H 方向移位,补充在 Q_A 的数据由 A 和 B 决定,A、B 同时为 1 时,补充 1,否则补充 0。请自行设计测试电路,测试 74LS164 的各项功能。

② 图 3.5.11 是 4 位双向移位寄存器 74LS194 的逻辑符号,表 3.5.6 是其功能表。74LS194 能够实现数据的寄存和双向移位功能,$S_1S_0=00$ 时为保持功能,输出

第3章 时序逻辑电路

保持不变；$S_1S_0=01$ 时右移，从 Q_A 向 Q_D 方向移位，补充在 Q_A 的数据由 SR 决定；$S_1S_0=10$ 时左移，从 Q_D 向 Q_A 方向移位，补充在 Q_D 的数据由 SL 决定；$S_1S_0=11$ 时为并行输入功能，$Q_DQ_CQ_BQ_A=$ DCBA。清零功能为异步低电平清零。请按照图 3.5.12 连线，测试 74LS194 的各项功能。

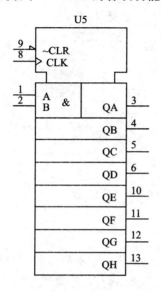

图 3.5.10 74LS164 逻辑符号

表 3.5.5 74LS164 的功能

输入				输出	
$\overline{CLR}$	CLK	A	B	$Q_A Q_B Q_C \ldots$	Q_H
0	×	×	×	0 0 0 …	0
1	0	×	×	Q_{A0} Q_{B0} Q_{C0} …	Q_{H0}
1	↑	1	1	1 Q_{An} Q_{Bn} …	Q_{Hn}
1	↑	0	×	0 Q_{An} Q_{Bn} …	Q_{Hn}
1	↑	×	0	0 Q_{An} Q_{Bn} …	Q_{Hn}

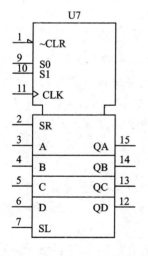

图 3.5.11 74LS194 逻辑符号

表 3.5.6 74LS194 的功能

输入									输出			
$\overline{CLR}$	模式		CLK	串行		并行				Q_A	Q_B	Q_C	Q_D
	S1	S0		SL	SR	A	B	C	D				
0	×	×	×	×	×	×	×	×	×	0	0	0	0
1	×	×	0	×	×	×	×	×	×	Q_{A0}	Q_{B0}	Q_{C0}	Q_{D0}
1	1	1	↑	×	×	a	b	c	d	a	b	c	d
1	0	1	↑	×	1	×	×	×	×	1	Q_{An}	Q_{Bn}	Q_{Cn}
1	0	1	↑	×	0	×	×	×	×	0	Q_{An}	Q_{Bn}	Q_{Cn}
1	1	0	↑	1	×	×	×	×	×	Q_{Bn}	Q_{Cn}	Q_{Dn}	1
1	1	0	↑	0	×	×	×	×	×	Q_{Bn}	Q_{Cn}	Q_{Dn}	0
1	0	0	×	×	×	×	×	×	×	Q_{A0}	Q_{B0}	Q_{C0}	Q_{D0}

·135·

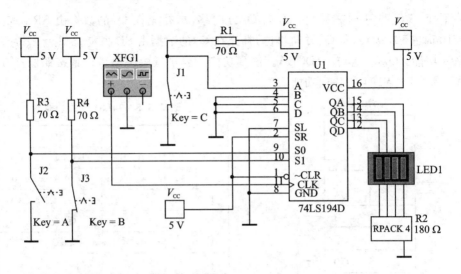

图 3.5.12　74LS194 测试电路

3.5.5　异步延时测试

异步时序电路中各个触发器的时钟脉冲有所不同,会导致输出的延时有长有短,严重时会产生干扰脉冲,影响逻辑关系的正确性。在低速场合,一般可以忽略这个问题;在高速数字电路中,可以采用封锁脉冲或者选通脉冲来解决这个问题,如果还不行,就只能采用同步时序电路。

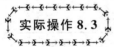

① 74LS290 是典型异步计数器,其内部共有 4 个触发器,构成十进制时,只有第一个触发器是接外部时钟脉冲信号的,其余 3 个触发器的时钟脉冲都取自前一个触发器的输出,所以,最后一个触发器的输出 QD 电平变化比外部时钟脉冲的有效边沿要晚 4 个触发器的延时。按照图 3.5.13 连线可以进行脉冲延时的测试。

② 仿真时,图 3.5.13 中的脉冲源 V1 设置为 1 MHz 时,可以在示波器波形上看到延时,但不太明显;当设置为 10 MHz 时,延时明显可见,波形如图 3.5.14 所示;当设置为 20 MHz 时,延时非常严重,很容易引发干扰脉冲,如图 3.5.15 所示。

③ 74LS393 是异步 4 位二进制计数器,74HC154 是 4 线 - 16 线译码器。图 3.5.16 构成了序列脉冲发生器,试分析其工作原理。

④ 图 3.5.16 中,XLA1 为逻辑分析仪,可以用来同时观察 16 个脉冲波形。如果想仔细观察波形,可以选择内部时钟源,时钟速率要比被观测脉冲频率高几倍,触发边沿可以选择上升沿和下降沿都触发,在 V1 频率为 1 MHz 时,逻辑分析仪设置如图 3.5.17 和图 3.5.18 所示。

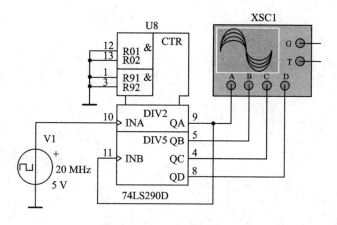

图 3.5.13　74LS290 延时测试

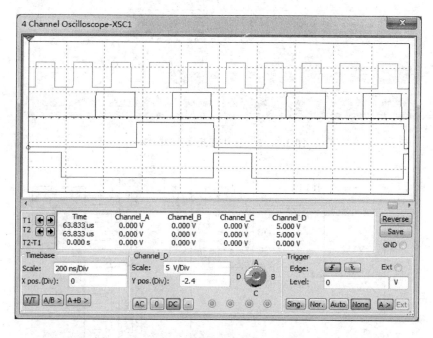

图 3.5.14　脉冲源频率为 10 MHz

⑤ 按照前述电路和设置进行仿真，调节逻辑分析仪的 Clock/Div，可以看到图 3.5.19 所示的波形，图中可以看到多余的干扰脉冲。

⑥ 在 74HC154 使能端上加选通脉冲，如图 3.5.20 所示，可观测到如图 3.5.21 所示的仿真结果，图中干扰脉冲被消除，但是两个输出端的脉冲之间有时间间隔。

⑦ 图 3.5.22 为同步 4 位二进制计数器 74LS161 构成的序列脉冲发生器，当脉冲源 V1 的频率为 20 MHz 时，仿真波形如图 3.5.23 所示，可以看到，仍然没有出现干扰脉冲。因此，高速数字电路宜选用同步时序电路。

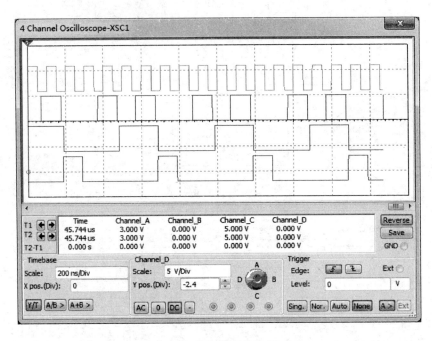

图 3.5.15 脉冲源频率为 20 MHz

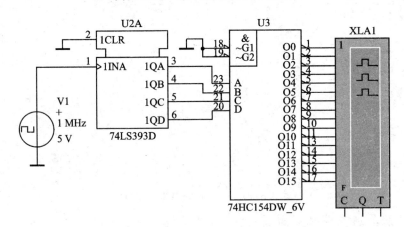

图 3.5.16 序列脉冲发生器

第3章 时序逻辑电路

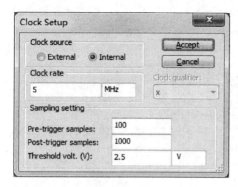

图 3.5.17 逻辑分析仪时钟设置

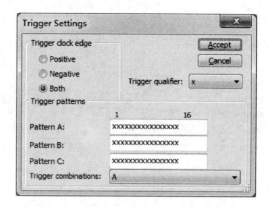

图 3.5.18 逻辑分析仪触发边沿设置

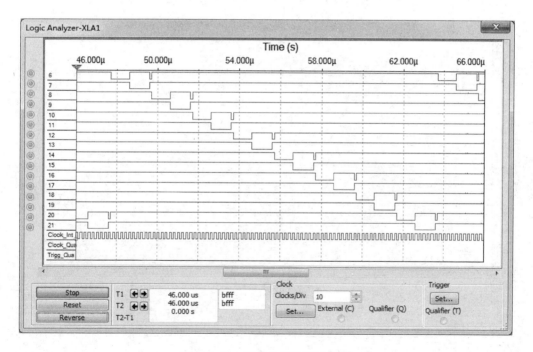

图 3.5.19 逻辑分析仪测量结果

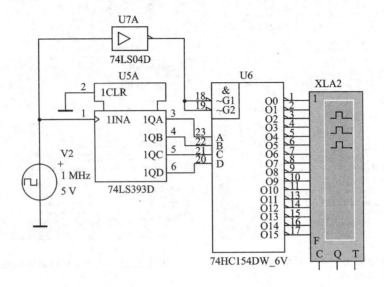

图 3.5.20　加选通脉冲电路图

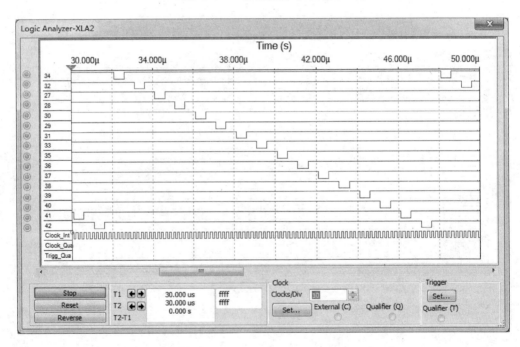

图 3.5.21　加选通脉冲之后的仿真波形

第 3 章 时序逻辑电路

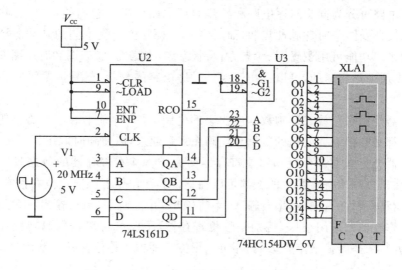

图 3.5.22 74LS161 构成的序列脉冲发生器

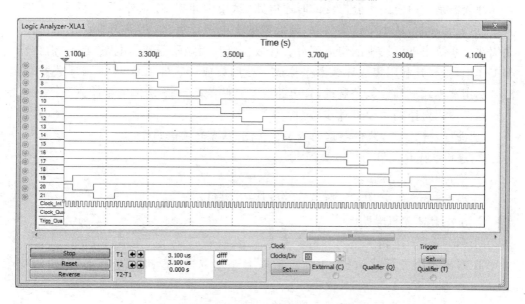

图 3.5.23 同步序列脉冲发生器 20 MHz 仿真波形

本章小结

知识小结

时序电路的特点是：在任何时刻的输出不仅和输入有关，而且还决定于电路原来的状态。为了记忆电路的状态，时序电路必须包含存储电路。存储电路通常以触发器为基本单元电路构成。

时序电路可分为同步时序电路和异步时序电路两类。它们的主要区别是,前者的所有触发器受同一时钟脉冲控制,而后者的各触发器则受不同的脉冲源控制。时序电路的逻辑功能可用逻辑图、状态方程、状态表、卡诺图、状态图和时序图 6 种方法来描述,本质上是相通的,可以互相转换。时序电路的分析,就是由逻辑图到状态图的转换。

寄存器是用来存放二进制数据或代码的电路,是一种基本时序电路。任何现代数字系统都必须把需要处理的数据和代码先寄存起来,以便随时取用。

寄存器分为基本寄存器和移位寄存器两大类。基本寄存器的数据只能并行输入、并行输出。移位寄存器中的数据可以在移位脉冲作用下依次逐位右移或左移,数据可以并行输入、并行输出,串行输入、串行输出,并行输入、串行输出,串行输入、并行输出。寄存器的应用很广,特别是移位寄存器,不仅可将串行数码转换成并行数码,或将并行数码转换成串行数码,还可以很方便地构成移位寄存器型计数器和顺序脉冲发生器等电路。

计数器是一种应用十分广泛的时序电路,除用于计数、分频外,还广泛用于数字测量、运算和控制,从小型数字仪表,到大型数字电子计算机,几乎无所不在,是任何现代数字系统中不可缺少的组成部分。计数器可利用触发器和门电路构成。但在实际工作中,主要是利用集成计数器来构成。在用集成计数器构成 N 进制计数器时,需要利用清零端或预置数控制端,让电路跳过某些状态来获得 N 进制计数器。

时序逻辑电路的主要设计步骤为:

① 进行逻辑抽象,获得电路的状态转换图、状态转换表;
② 进行状态化简和分配;
③ 检查电路自启动能力;
④ 根据要求,选定触发器类型,求出相应方程组;
⑤ 求出具体逻辑电路图。

同步时序逻辑电路的主要分析步骤为:

① 写出各类方程式(组),主要包括以下 3 种方程:驱动方程;状态方程;输出方程。
② 列状态转换真值表,画状态转换图;
③ 检查电路自启动能力;
④ 画出电路时序图;
⑤ 电路逻辑功能的分析确定。

技能小结

检测触发器好坏时,需要根据功能表设定输入变量后,给出 CLK 信号,输出才会变化,需要注意 CLK 的有效边沿;

检测锁存器的好坏需要注意是否有门控信号,如果有门控信号需要注意门控信

号的有效电平;

必须注意锁存器与触发器在使用上的差异;

掌握异步清零端和异步置位端的使用方法,注意其有效电平;

使用寄存器时,注意左移和右移的方向,了解串行和并行的区别;

计数器有递增、递减和可逆 3 种,要会利用清零控制端和置位控制端进行反馈清零、反馈置位应用,会利用进位(借位)输出端进行级联应用;

安装较复杂的时序逻辑电路要注意在电路图上及时标注记号;

项目完成时要及时记录整理相关数据和资料,尽快完成技术报告,以免忘记或遗漏。

思考与练习

① 逻辑思维训练:

有人说:"不到小三峡,不算游三峡,不到小小三峡,白来小三峡。"根据这句话,最有可能推出的结论是:

A. 游三峡,只要到小三峡就可以了。   B. 游三峡,只要到小小三峡就可以了。

C. 游三峡,最令人陶醉的是小小三峡。 D. 游三峡,应先游小小三峡。

E. 不游大小三峡,也可领略三峡之美。

② 集成 SR 锁存器 74LS279 英文数据手册中真值表和注释如图题 3.1 所示,请将其翻译为中文。

Input		Output
$\overline{S}(1)$	$\overline{R}$	Q
L	L	H*
L	H	H
H	L	L
H	H	Q_0

H=High Level
L=Low Level
Q_0=The Level of Q before the indicated input conditions were established.
*This output level is pseudo stable; that is, it may not persist when the $\overline{S}$ and $\overline{R}$ inputs return to their inactive (high) level.
Note 1: For latches with double $\overline{S}$ inputs:
    H=both $\overline{S}$ inputs high
    L=one or both $\overline{S}$ inputs low

图题 3.1

③ 试设计一个串行数据 1111 序列检测器。连续输入 3 个或 3 个以上个 1 时,输出 F 为 1,否则 F 为 0。例如:输入 1011001110111110,输出 0000000001000110。提示:根据题意该电路只有一个输入端 X,检测结果或者为 1 或者为 0。故也只有一个输出端 F。设计 5 个状态,令:S0:没输入 1 以前的状态;S1:输入一个 1 后的状态;S2:连续输入两个 1 以后的状态;S3:连续输入 3 个 1 或 3 个以上个 1 的状态。画出

状态转换图,然后进行设计。

④ 设计一个按自然态序变化的 7 进制同步加法计数器,计数规则为逢 7 进一,产生一个进位输出。

⑤ 试用同步 4 位二进制计数器 74LS161 构成 13 进制计数器。

⑥ 试用两片同步十进制计数器 74LS160 构成 66 进制计数器。

⑦ 试分析图题 3.2 所示逻辑电路功能。

⑧ 试分析图题 3.3 的逻辑功能。

⑨ 试分析图题 3.4 所示电路功能,假设触发器初始状态为 0,请绘制出输出 Q 的波形图。注:图中触发器为 TTL 类型,输入端悬空相当于输入高电平,对于 FF1 有 J=K=1。

⑩ 请设计一个状态机,有效状态按照 1111、0111、1011、1101、1110、0000、1000、0100、0010、0001 依次转换,其余状态均为无效状态,要求能够自启动。设计完毕后进行仿真验证。

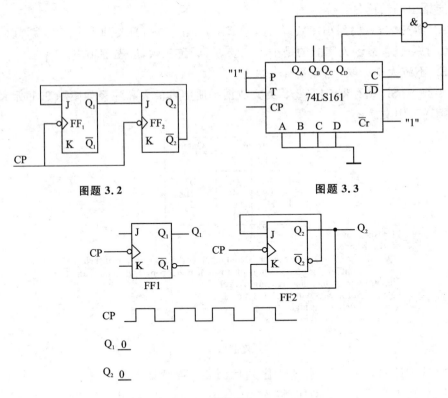

图题 3.2　　　　图题 3.3

图题 3.4

第 4 章

综合应用电路

> **学习目标**

专业知识：➢ 掌握施密特触发器的功能和应用；
➢ 掌握多谐振荡器的功能和应用；
➢ 掌握单稳态触发器的功能和应用；
➢ 掌握 555 定时器的功能和使用方法；
➢ 了解 A/D 转换器的原理和应用；
➢ 掌握数字综合应用电路的设计方法；
➢ 了解数字、模拟混合电路的设计、分析方法。

专业技能：➢ 能读懂项目任务书并且能制定工作计划；
➢ 能分析并选择合理的数字电路设计方案；
➢ 会使用示波器检测施密特触发器、多谐振荡器、单稳态触发器电路；
➢ 能够按照电路原理图在面包板上搭接数字电路；
➢ 能够按照电路原理图焊接数字电路；
➢ 能够对制作完成的数字综合应用电路进行测试和调试；
➢ 会计算 555 定时器构成的多谐振荡器的周期和频率；
➢ 会计算 555 定时器构成的单稳态触发器的暂稳态脉冲宽度；
➢ 会计算 555 定时器构成的施密特触发器的阈值电平、回差电压。

素质提高：➢ 培养学生严肃、认真的科学态度和良好的学习方法；
➢ 使学生养成独立分析问题和解决问题的能力并具有协作和团队精神；
➢ 能综合运用所学知识和技能独立解决课程设计中遇到的实际问题，具有一定的归纳、总结能力；
➢ 具有一定的创新意识，具有一定的自学、表达、获取信息等各方面的能力；
➢ 培养规范的职业岗位工作能力；
➢ 培养学生的质量、成本、安全意识。

4.1 综合项目1：生产线计件电路

4.1.1 实操任务9：施密特触发器

1. 施密特触发器

通常，把非正弦波信号统称为脉冲信号。脉冲信号按波形可分成矩形波、梯形波、阶梯波、锯齿波等，如图4.1.1所示。

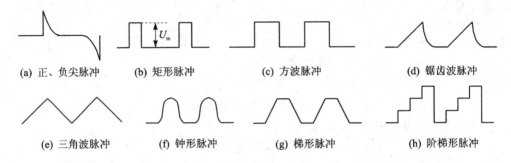

图 4.1.1 常见的脉冲信号波形

数字电路中的信号大多数是矩形脉冲信号。获得矩形脉冲信号的方法主要有两种：一种是利用各种形式的多谐振荡器电路，直接产生所需要的周期性矩形脉冲信号；另一种是利用脉冲信号的变换电路，将现有的脉冲信号变换成所需要的矩形脉冲信号，在这种方法中，电路本身不产生脉冲信号，而仅仅起脉冲波形的变换作用。

施密特触发器(Schmitt trigger)是一种具有回差特性的脉冲波形变换电路，有两个稳定输出状态，0状态和1状态。当输入触发信号电平达到阈值电平（门限电平）时，输出电平会发生突变，突变是由电路内部正反馈导致，所以输出状态的转变速度非常快，脉冲波形的上升时间和下降时间非常短，这样施密特触发器便可以将缓慢变化的输入信号变换成矩形波输出。

施密特触发器具有回差特性（滞回特性），输入信号电压增大时，引起输出电平突变的电压值称为上限阈值电平（也称为上门限），用 U_{T+} 表示；输入信号电压减小时，引起输出电平突变的转换电平称为下限阈值电平（也称为下门限），用 U_{T-} 表示。施密特触发器的上限阈值电平不等于下限阈值电平，两者的差值称为回差电压，用 ΔU_T 表示，即 $\Delta U_T = U_{T+} - U_{T-}$。回差电压的存在增大了数字电路的抗干扰能力。

施密特触发器的电压传输特性如图4.1.2所示，逻辑符号如图4.1.3所示。具备回差特性的数字集成电路比较多，常见的有74LS13、74LS132、74LS14等，都可以当作施密特触发器来用。施密特触发器主要用于波形变换、脉冲整形、幅度鉴别等，

第4章 综合应用电路

也可以用来构成单稳态触发器和多谐振荡器。

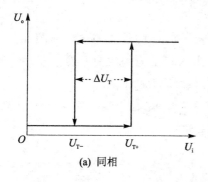
(a) 同相

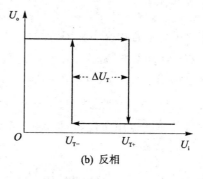
(b) 反相

图 4.1.2 施密特触发器的电压传输特性

波形变换是将正弦波、三角波等其他波形变换为矩形波,如图 4.1.4 所示。脉冲整形是指去除脉冲波形的毛刺、改善上升时间和下降时间等参数,如图 4.1.5 所示。幅度鉴别是指将超过一定幅度的脉冲检出,如图 4.1.6 所示。

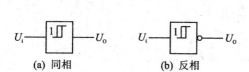

图 4.1.3 施密特触发器的逻辑符号

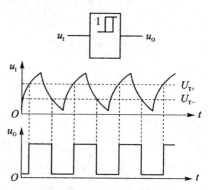

图 4.1.4 波形变换

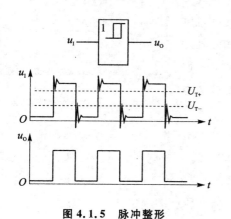

图 4.1.5 脉冲整形

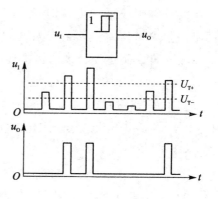

图 4.1.6 幅度鉴别

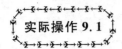

① 74LS14 为六反相施密特触发器、内部结构示意图，及测试电路图如图 4.1.7 所示。将 74LS14 按照图 4.1.7(b)连线，图中 XFG1 为函数信号发生器，接 74LS14 中被测试的门输入端；XSC1 为示波器，接被测试的门输出端。

② 如果仿真，按照图 4.1.8 设置函数信号发生器，如果搭接实际测试电路，注意函数信号器不能输出负电压，以免损坏集成电路。

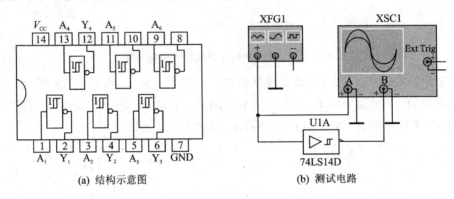

(a) 结构示意图　　　　　　　　(b) 测试电路

图 4.1.7　74LS14 测试电路

③ 用示波器观察测试结果。如果函数信号发生器输出三角波，在示波器上可以明显观察到 U_{T+} 和 U_{T-} 的不同，仿真波形如图 4.1.9 所示。图 4.1.9(a)为以时间为横坐标、幅度为纵坐标的普通时域波形（按下该图中左下角的"Y/T"按钮），图中三角波上升到较高的电压时输出跃变为低电平，三角波下降到较低的电压时输出跃变为高电平，两个门限电平的差值就是回差电压；图 4.1.9(b)为以输入 A 通道电压幅度为横坐标、输入 B 通道电压幅度为纵坐标的电压传输特性（按下该图中左下角的"B/A"按钮），图 4.1.9(b)中可以测得反相回差电压，为 0.8 V，数据手册中的额定回差电压(滞后电压)为 0.8 V，两者一致。

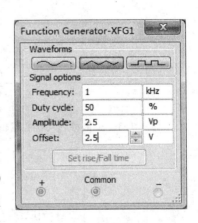

图 4.1.8　函数信号发生器设置

④ 74LS132 为施密特触发器输入的与非门的逻辑符号及内部结构示意图如图 4.1.10 所示。请设计测试电路，对 74LS132 的逻辑功能、上限阈值电平、下限阈值电平和回差电压进行测试，记录数据并与数据手册中的额定值进行比较。

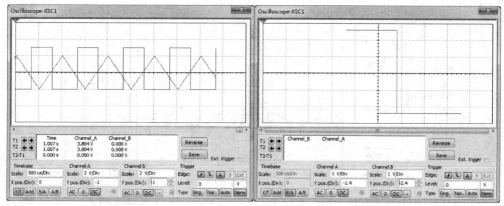

(a) 时域波形 (b) 电压传输特性

图 4.1.9 测试结果

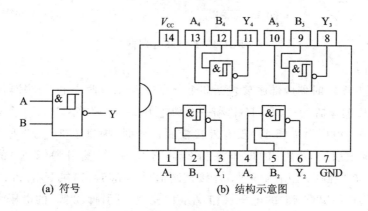

(a) 符号 (b) 结构示意图

图 4.1.10 集成施密特触发器 74LS132

2. 555 定时器

555 定时器又称为集成时基电路或集成定时器,是一种数字、模拟混合型的中规模集成电路,能产生时间延迟和多种脉冲信号,应用十分广泛。555 定时器的名称来自于内部电压标准使用的 3 个 5 kΩ 电阻,其电路类型有双极型和 CMOS 型两大类,二者的结构与工作原理类似。几乎所有的双极型产品型号最后的 3 位数码都是 555 或 556,所有的 CMOS 产品型号最后 4 位数码都是 7555 或 7556,二者的逻辑功能和引脚排列完全相同,易于互换,不过不同厂家的产品电气参数可能略有区别,使用时需注意。555 和 7555 是单定时器。556 和 7556 是双定时器。双极型的电源电压 V_{CC} = +5～+15 V,输出的最大电流可达 200 mA,CMOS 型的电源电压为 +3～+18 V。

555 定时器结构示意图及电路符号如图 4.1.11 所示。图中 V_{CC} 为正电源引脚(8 脚),GND 为接地引脚(1 脚),$\overline{TRI}$ 为触发引脚(2 脚),OUT 为输出引脚(3 脚),$\overline{RST}$ 为复位引脚(4 脚),CON 为控制电压引脚(5 脚),THR 为阈值引脚(6 脚),DIS 为放

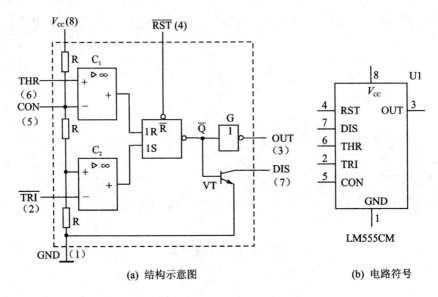

(a) 结构示意图　　　　　　　　(b) 电路符号

图 4.1.11　555 定时器

电引脚(7 脚)。

　　双极型 555 定时器内部主要包括 3 个分压电阻(R)、两个电平比较器(C_1 和 C_2)、一个基本 SR 锁存器、一个非门(G)和一个放电开关管(VT)。其中 3 个分压电阻非常重要,在控制电压引脚(5 脚)没有外接控制信号时,提供了 $2V_{CC}/3$ 和 $V_{CC}/3$ 两个参考电压,阈值引脚(6 脚)的电压将和 $2V_{CC}/3$ 比较,触发引脚(2 脚)的电压将和 $V_{CC}/3$ 比较;在控制电压引脚(5 脚)外接控制信号 U_{CON} 时,提供 U_{CON} 和 $U_{CON}/2$ 两个参考电压,阈值引脚(6 脚)的电压将和 U_{CON} 比较,触发引脚(2 脚)的电压将和 $U_{CON}/2$ 比较。

　　比较器(C_1 和 C_2)的输出为高电平或低电平,作为 SR 锁存器的输入信号控制 SR 锁存器置 0、置 1 或保持。SR 锁存器的反变量输出一方面经反相器缓冲输出高电平或低电平的结果(OUT 脚),另外,经放电三极管 VT 从其集电极得到集电极开路(OC)输出(DIS 脚)。

　　集电极开路输出不是输出完整的高/低电平信号,DIS 脚(7 脚)只能接收灌电流,而没有拉电流。当放电管 VT 导通时输出低电平,能接收灌电流;当 VT 截止时,不能输出拉电流,需有外接上拉电阻负载才能得到高电平。使用 DIS(7 脚)输出的例子如图 4.1.12 所示,图中 R2 为上拉电阻,U2 为 LM555 的下一级门电路,U3 为 LM555 的信号源。如果不使用 DIS 脚(7 脚)输出,则该管脚悬空即可。

　　表 4.1.1 为 LM555 的功能表,其中最后一行表示违背内部基本 SR 锁存器约束条件的情况,不同型号的 555 定时器内部基本 SR 锁存器的结构可能不同,违背约束条件时的输出结果也可能有所不同,须查阅数据手册或实际测试。

第 4 章 综合应用电路

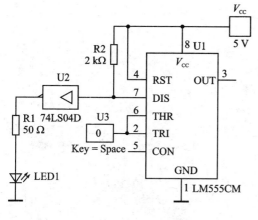

表 4.1.1　LM555 定时器的功能

输入			输出	
$\overline{RST}$(4)	THR(6)	$\overline{TRI}$(2)	DIS(7)	OUT(3)
0	×	×	VT 导通	0
1	$<\frac{2}{3}V_{CC}$	$<\frac{1}{3}V_{CC}$	VT 截止	1
1	$<\frac{2}{3}V_{CC}$	$>\frac{1}{3}V_{CC}$	VT 保持	保持
1	$>\frac{2}{3}V_{CC}$	$<\frac{1}{3}V_{CC}$	VT 导通	0
1	$>\frac{2}{3}V_{CC}$	$>\frac{1}{3}V_{CC}$	VT 导通*	0*

图 4.1.12　使用 DIS(7 脚)作为输出端

注：*属于违背锁存器约束条件情况。

控制电压引脚(5 脚)不外接信号时，通常经去耦电容接地，从而去除尖脉冲干扰，提高抗干扰能力。去耦电容常选 0.01 μF 的无极性电容，也可以根据干扰情况改变电容大小。若没有干扰，该端子也可以直接悬空。

555 定时器主要是通过外接电阻和电容构成充、放电电路，并由两个比较器来检测电容器上的电压，以确定输出电平的高低和放电开关管的通断。这就很方便地构成从微秒到数十分钟的延时电路、多谐振荡器、单稳态触发器、施密特触发器等脉冲波形产生和整形电路。

3. 555 定时器构成的施密特触发器

将 555 定时器触发引脚(2 脚)和阈值引脚(6 脚)连在一起作为信号输入端即可构成的施密特触发器。在控制电压引脚(5 脚)没有外接控制信号时，上限阈值电平为 $2V_{CC}/3$，下限阈值电平为 $V_{CC}/3$，回差电压为 $V_{CC}/3$；在控制电压引脚(5 脚)外接控制信号 U_{CON} 时，上限阈值电平为 U_{CON}，下限阈值电平为 $U_{CON}/2$，回差电压为 $U_{CON}/2$。

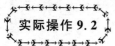

① 将 LM555 按照图 4.1.13 连线，图中 XFG1 为函数信号发生器，用于产生三角波作为 LM555 的输入信号，XSC1 为示波器，用于观察比较 LM555 的输入、输出信号波形。

② 如果仿真，按照图 4.1.14 设置函数信号发生器。如果实际测试，函数信号发生器不能施加负信号给 LM555，需要注意信号幅度不要超过电源电压。

③ 用示波器分别测试时域波形和电压传输特性，可得图 4.1.15 所示波形，将理论阈值电平和回差电压与实际测量结果进行比较。

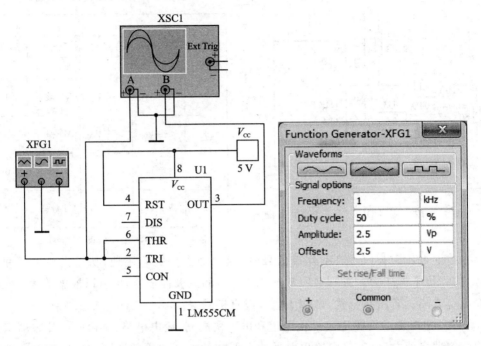

图 4.1.13　LM555 构成的施密特触发器测试电路　　图 4.1.14　函数信号发生器设置

④ 按照图 4.1.16 连线，改变控制电压 V1，再次进行阈值电平和回差电压的测量，可得图 4.1.17 所示结果，请将测量结果与理论计算值进行比较。

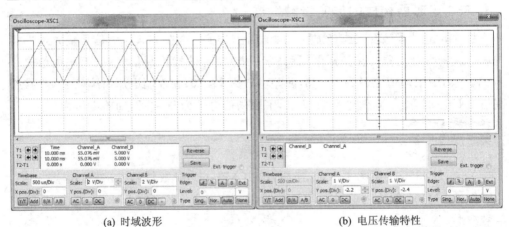

(a) 时域波形　　　　　　　　　　　　　(b) 电压传输特性

图 4.1.15　测试结果

第 4 章 综合应用电路

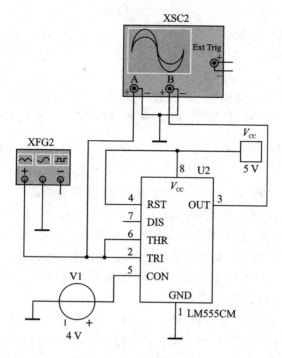

图 4.1.16 改变控制电压

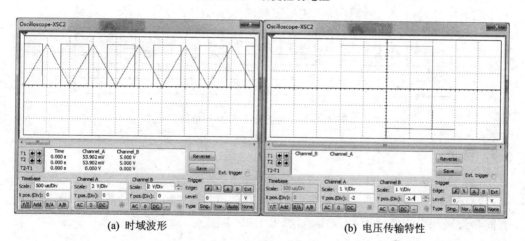

(a) 时域波形　　　　　　　　　　　(b) 电压传输特性

图 4.1.17 测试结果

4.1.2 生产线计件电路设计

1. 项目要求

现代化的流水线生产需要精确控制以降低成本,很多企业已经实现备料零库存。也就是说,配件生产厂按照指定时间将预定零件送至车间,直接送上生产线进行生产,不需要备料库房;流水线生产出的产品直接打包、装车、运输、销售,也不需要产品库房。这样节省了资金积压,节省了库房占地和库房管理成本,提高了企业效益。要实现流水线精确控制,生产车间就要对产品产量进行实时监控,以预测来料预定、产品运输等情况。生产线上生产的产品数量很多,而且生产速度很快,用人工计量产品数量所需成本高,而且容易出错,采用数字电子技术进行自动计量是首选方案。

假设每班工人生产产品最多不超过 99 件,请设计一个能对生产线上每班工人的产品进行数量统计的电路。

2. 项目分析

根据项目要求可知,数量的统计是主要问题,根据前面章节学习的知识可知:计数器可以对时钟脉冲计数,因此,可以采用计数器来完成项目设计。

计数器的主要参数是模,就是计数长度。根据经验估计产品数量,使计数器的模略大于产品的产量。模过大会不必要的增加电路成本,模过小则会导致无法准确统计。为便于观察、记录,采用十进制计数器,将两个集成十进制计数器级联实现 0～99 计数,输出通过七段数码管显示。

在工业环境中,干扰异常严重,输入级采用施密特触发器是提高抗干扰能力的重要措施。通常传感器的信号是非常微弱的模拟信号,需要进行信号放大,信号放大电路属于模拟电路设计。

综上所述,可得生产线计件系统框图如图 4.1.18 所示。

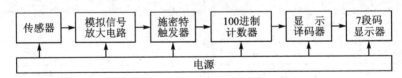

图 4.1.18 生产线计件系统框图

3. 电路设计

(1) 设计实现 0～99 的 100 进制计数电路

74LS160 是集成十进制计数器,两级级联可以构成 100 进制计数电路,级联方式有同步级联和异步级联两种方式,如图 4.1.19 及图 4.1.20 所示。

(2) 设计数码显示电路

假设采用图 4.1.20 所示的异步级联方式电路,将两片 74LS160 的输出通过显示译码器接 7 段数码管,即可分别实现十位数和个位数的显示,电路如图 4.1.21 所示。图中 U9 为十位数显示,U5 为个位数显示。限流电阻的大小会影响数码管的亮度,实际制作电路时可以省略,这时数码管达到最大亮度。若限流电阻阻值过大,可能导致数码管完全不发光。仿真时必须加限流电阻,不能省略。数码管须选用共阴极数码管,仿真时采用 CK 系列数码管。

第 4 章 综合应用电路

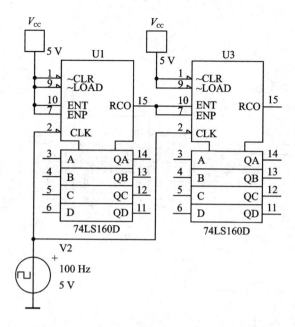

图 4.1.19 同步级联构成 100 进制计数电路

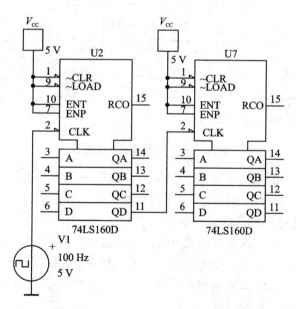

图 4.1.20 异步级联构成 100 进制计数电路

(3) 设计施密特触发器电路

如果传感器输出脉冲干扰严重,需要较大的回差电压,则可以采用 555 定时器构成的施密特触发器,否则可以采用 74LS14 这样具有施密特触发器功能的集成门电路。本项目采用 74LS14 施密特触发器,电路非常简单,只需要一个门电路即可,如

·155·

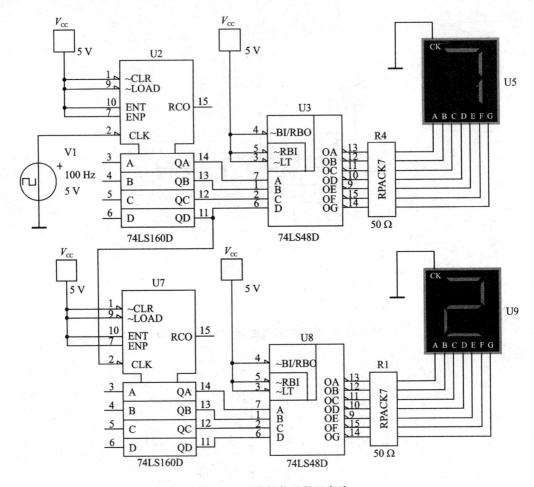

图 4.1.21 增加数码显示电路

图 4.1.22 所示。图中 U4 为数字信号源,仿真时用来代替传感器产生的信号,仿真或实际测试时也可以使用函数信号发生器代替 U4。

(4) 设计传感器和信号放大电路

传感器有多种类型,通常采用光电式传感器进行产品个数检测。比如,流水线一侧安装发光器件(红外或激光发光器件),在另一侧安装光敏器件,当一件产品从流水线上经过时会遮挡光线,在光敏器件的输出端产生脉冲信号,这样的脉冲波形很不规则,所以需要用施密特触发器进行整形。

通常传感器的信号是非常微弱的信号,有时只有毫伏量级,无法直接与数字电路匹配,需要进行信号放大,信号放大电路属于模拟电路设计。简单放大可以使用单个三极管,复杂情况需要使用集成运放和滤波电路,有时还需要考虑抗干扰措施。本项目信号放大部分采用单个三极管进行简单放大,干扰毛刺由施密特触发器消除。

模拟信号的放大需使三极管处于线性放大状态,本项目中传感器输出脉冲信号,

第 4 章 综合应用电路

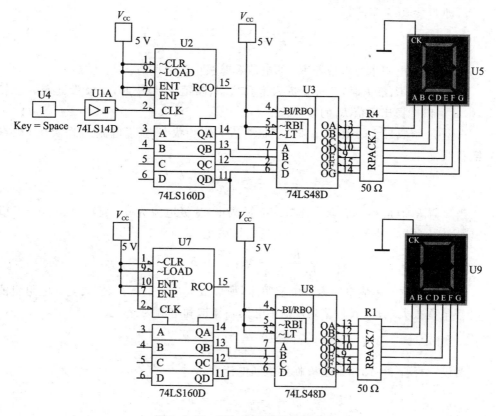

图 4.1.22 增加施密特触发器电路

后续数字电路也需要脉冲信号,所以,三极管不断在截止状态和饱和状态间转换,直流偏置电阻的计算比较简单。令基极限流电阻与传感器串联,从中分取信号电压接至三极管基极,输出信号从集电极取出接施密特触发器,构成三极管共发射极放大电路,如图 4.1.23 所示。

为了与数字电路一致,电源电压选择 +5 V,三极管可以选择小功率三极管。计算直流偏置电阻时,需要先计算临界饱和参数。先计算 R_2 的阻值 R_2,小功率三极管在临界饱和时,集电极和发射极之间的电压为 0.3 V 左右,即 $U_{ces} \approx 0.3$ V,因此集电极临界饱和电流为: $I_{cs} \approx \dfrac{V_{CC} - 0.3 \text{ V}}{R_2}$

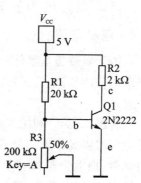

图 4.1.23 放大电路

基极临界饱和电流为: $I_{bs} \approx \dfrac{I_{cs}}{\beta}$,其中,$\beta$ 为三极管电流放大系数。

因为小功率三极管基极与发射极导通电压约等于

0.7 V，即 $U_{be} \approx 0.7$ V，则

$$I_{R1} = \frac{V_{CC} - 0.7 \text{ V}}{R_1} \qquad I_{R3} = \frac{0.7 \text{ V}}{R_3}$$

同时，流经电阻 R1、电位器 R3 的电流和基极电流之间有 $I_{R1} = I_b + I_{R3}$。

假设：阻值 R_3 最大时，三极管进入饱和状态；阻值 R_3 最小时，三极管进入截止状态，据此可以选择出阻值 R_1 的取值范围。

当阻值 R_3 取最大阻值 $R_{3,\max}$ 时，三极管进入饱和状态，基极电流大于等于基极临界饱和电流，而：

$$\frac{V_{CC} - 0.7 \text{ V}}{R_1} \geq I_{bs} + \frac{0.7 \text{ V}}{R_{3,\max}}$$

当阻值 R_3 取最小阻值 $R_{3,\min}$ 时，三极管截止，基极电流为 0，用分压公式，令三极管基极分得的电压小于 0.5 V 来保证三极管截止，即：

$$\frac{R_{3,\min}}{R_1 + R_{3,\min}} V_{CC} < 0.5 \text{ V}$$

【例】由于数字集成电路索取电流很小，所以放大电路负载很轻，集电极电阻阻值 R_2 选择范围很大，假设 $R_2 = 2$ kΩ，则集电极临界饱和电流为：

$$I_{cs} \approx \frac{V_{CC} - 0.3 \text{ V}}{R_2} = \frac{4.7 \text{ V}}{2 \text{ kΩ}} = 2.35 \text{ mA}$$

假设三极管 $\beta = 150$，则基极临界饱和电流为：

$$I_{bs} \approx \frac{I_{cs}}{\beta} = \frac{2.35 \text{ mA}}{150} = 15.7 \text{ μA}$$

假设阻值 R_3 最大为 200 kΩ，最小为 1 kΩ，则

$$\frac{4.7 \text{ V}}{R_1} \geq 15.7 \text{ μA} + \frac{0.7 \text{ V}}{200 \text{ kΩ}} \qquad R_1 \leq 244.8 \text{ kΩ}$$

$$\frac{1 \text{ kΩ}}{R_1 + 1 \text{ kΩ}} \times 5 \text{ V} < 0.5 \text{ V} \qquad R_1 > 9 \text{ kΩ}$$

可得，阻值 R_1 取值范围为：9 kΩ < R_1 ≤ 244.8 kΩ。

4. 电路仿真

由于多数仿真软件对传感器支持较弱，所以仿真时经常使用函数发生器或电位器来代替传感器，仿真时需要注意电阻、电流、电压等参数的范围尽量与实际传感器一致。

将图 4.1.22 和图 4.1.23 结合可得生产线计件仿真电路，如图 4.1.24 所示，实际应用时需要根据三极管型号和传感器阻值对直流偏置电阻 R1 和 R2 进行调整。仿真时，把电位器 R3 阻值增加到最大，然后再减小到最小，模仿一个产品对光线的遮挡过程，不断重复，可以从数码管观察到递增计数，可以完成从 0～99 的产品计数功能。若仿真成功，则证明电路结构没有问题，可以进行实际安装调试。

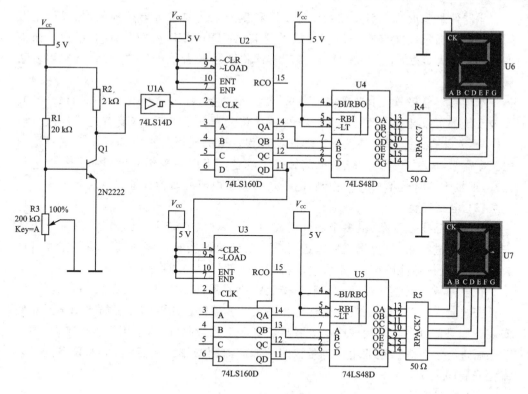

图 4.1.24　生产线计件仿真电路

5. 安装测试

(1) 准备器件

根据电路图列出元器件清单,在元器件清单中标清元件的序号、名称、型号或主要参数、在电路图中的器件编号、数量、封装形式、备注等,如表4.1.2所列。一般同型号器件列在同一行,同编号区别,同一类器件在表中连续排列以便查找。

表 4.1.2　元器件清单

序号	名称	型号	编号	数量	封装形式	备注
1	集成计数器	74LS160	U2、U3	2	DIP	
2	显示译码器	74LS48	U4、U5	2	DIP	
3	反相施密特触发器	74LS14	U1	1	DIP	
4	三极管	2N2222	Q1	1	TO-92A	
5	电阻	2k	R2	1	AXIAL	1/4W
6	电阻	20k	R1	1	AXIAL	1/4W
7	排阻	50	R4、R5	2	DIP	1/8W
8	电位器	200k	R3	1	3296	1/4W
9	7段码显示器	共阴极	U6、U7	2	DIP	绿色

元器件封装形式一般是按照设计要求和生产工艺要求进行选择的,如果要用万能板焊接或面包板插接就选用直插式的封装,如 DIP、SIP、AXITAL 等系列。如果生产批量很大,对价格非常敏感、对体积有严格要求或者抗干扰要求高,就选用表贴器件。

本项目对三极管 Q1 没有特殊要求,常见小功率 NPN 三极管 9013、9014、8050、A1815 等都可以替换使用。按照元器件清单将元器件备齐后,需要对元器件进行检测,检测元器件的过程也是熟悉元器件的过程。检测元器件一方面是工厂来料检测的工序需求,另一方面也为调试电路做好了准备。工厂在来料入库时对元器件进行抽检,批量生产时就不再一一检测,电子产品质量由成品质检保证。

(2) 电路安装

如果产品比较复杂,由多个部件构成,每个部件又有若干电路模块,则每个模块安装完后要进行测试,合格之后才进行下一个模块的安装。各个模块安装完成后构成部件,再进行部件测试,全都合格后再将各个部件组装成产品。

在电路板上安装元器件时一般先安装细小元器件或者紧贴线路板的元器件,然后再安装较大、较高的元器件,这样防止高大的元器件占用空间之后妨碍细小元器件安装。如果部分电路采用波峰焊或者再流焊等工艺,部分电路采用手工焊工艺,则需要最后进行手工焊。企业生产也是按照类似的原则安排工艺流程,工人只需按工艺流程安装即可。

(3) 电路测试

电路安装完毕后可以进行测试,如果测试不合格就需要调试,调试不合格需要返修,返修之后再进行测试,重复以上流程直至合格出厂。测试时需要按照功能要求全面进行测试,记录测试数据,撰写测试报告。

如果电路自带电源电路,则需首先测试电源电路,防止电源故障损坏其余电路。除电源部分外,一般可以先进行整体测试,如果正常就完成测试,如果有问题,先按照电路调试说明进行调试,若不能调试成功,再按照电路功能模块从输入到输出进行排查,逐步缩小故障范围,直至找出故障点进行修复。

6. 撰写项目报告

企业对技术文件要求很全面,除需有项目预研报告、项目申请书、项目实施阶段报告、项目总结等文件外,还有电路图、元器件清单、安装工艺、调试工艺等文件。

项目报告是关于项目的总体技术文件,是项目的总结。项目报告一般需要包括前述所有设计环节,包括项目要求、项目分析、方案选择、系统框图、电路设计、总体电路图、元器件清单、安装的主要工艺流程、调试注意事项、测试结果和总结等。

7. 小 结

本项目引入了部分模拟电子技术知识,介绍了单个三极管放大脉冲信号的设计方法,综合了施密特触发器、时序电路中的计数器、组合电路中的译码显示电路等多

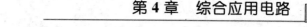

方面知识,实现了具有一定实际应用价值的电路。

完成一个项目首先要从分析项目要求入手,抓住主要问题进行方案设计,绘制系统框图。设计电路时先设计主要电路单元,然后再设计外围电路。另外,生产工艺非常重要,一般在方案设计开始就要考虑生产工艺问题,在产品设计阶段甚至要考虑维修时的工艺问题,在生产产品时更要严格遵守生产工艺进行生产。

4.1.3 拓展任务

1. 拓展思路与科技创新

创新是指创造出以前没有过的事物,也指新意或创造性。创新的本质是突破,即突破旧的思维定势,旧的常规戒律。创新活动的核心是"新",或者是产品的结构、性能和外部特征的变革,或者是造型设计、内容的表现形式和手段的创造,或者是内容的丰富和完善。

创新涵盖众多领域,包括政治、军事、经济、社会、文化、科技等各个领域的创新。因此,创新可以分为科技创新、文化创新、艺术创新、商业创新等。科技创新是指科学技术领域的创新,涵盖两个方面:自然科学知识的新发现、技术工艺的创新。在现代社会,大学、科学研究所等研究机构是基础科学技术创新的基本主体,而企业是应用工程技术、工艺技术创新的基本主体。科技创新主要有3种形式:原始创新、吸收引进消化创新、集成创新。

英国心理学家华莱士1926年提出的最有代表性的创造过程"四阶段论"。他认为,一般的创造过程包括准备阶段、酝酿阶段、明朗阶段和验证阶段。

① 准备阶段。在这个阶段里,创新主体已明确所要解决的问题,然后围绕这个问题,收集资料信息,并试图使之概要化和系统化,形成自己的知识,了解问题的性质,澄清疑难的关键等;同时开始尝试和寻找初步的解决方法,但往往这些方法行不通,问题的解决出现了僵持状态。

② 酝酿阶段。这一阶段最大的特点是潜意识地参与。对创新主体来说,需要解决的问题被搁置起来,主体并没有做什么有意识的工作。由于问题是暂时表面搁置而实则继续思考,因而这一阶段也常常叫做探索解决问题的潜伏期、孕育阶段。

③ 明朗阶段。进入这一阶段,问题的解决一下子变得豁然开朗。创新主体突然间被特定情景下的某一特定启发唤醒,创新性的新意识猛然发现,以前的困顿顿时一一化解,问题顺利解决。这一阶段常伴随着情绪强烈而明显的变化,这一情绪变化是在面临问题解决的一霎那出现的,是突然的、完整的、强烈的,给创新主体以极大的快感。这一阶段常称为灵感期、顿悟期。

④ 验证阶段。这是个体对整个创造过程的反思,检验解决方法是否正确的验证期。

培养创新能力要有创造意识和科学思维,要敢于标新立异,要善于大胆设想,还要确立科学思维方式,如相似联想、发散思维、逆向思维、侧向思维、动态思维等。

利用科学思维方式拓展思路可以巩固所学知识,有助于科技创新。例如,本项目如果应用于停车场,则可以累计进入停车场的车辆数量;如果计数器采用可逆计数器,则可以实时动态显示停车场内的空余车位;如果在一个精确时间内对输入脉冲进行计数,则可以构成频率计;如果在一个精确时间内对机械轴旋转次数进行计量,则可以构成转速计;如果对轮胎旋转次数进行计量,则可以构成里程表,甚至可以构成汽车轮胎胎压检测仪表。

在项目设计方面,如果产品具有白色或反光外包装,则可以采用反射式光传感器;如果是黑色外包装,则可以使用遮挡式光传感器;如果产品透明,可以使用超声波传感器;如果产品是铁磁材料,可以使用电磁传感器;如果具有精确的重量,则可以使用重量传感器。如果想改变显示方式,可以采用 LED 二进制显示、发光进度条显示、LED 点阵显示、液晶显示等。

2. 红外测量电路

测量物体、遥控或者无线光通信通常采用红外光,这是因为可见光很容易受日光或灯光干扰,而且人们通常并不希望看到这些设备发光。红外光波长大于 950 nm,位于可见光谱之下,红外 LED(发光二极管)十分容易制作,制作成本很低。

红外遥控器或者无线光通信发出的信号是一连串的二进制脉冲码。为了使其在无线传输过程中免受其他红外信号的干扰,信号通常都是先将其调制在特定的载波频率上,然后再经红外发射二极管将信号发射出去。红外线接收装置则要滤除其他杂波,只接收该特定频率的信号并将其还原成二进制脉冲码,也就是解调。

测量物体有无一般不需要采用脉冲编码方式,直接令红外 LED 发光即可,如果有较强的干扰,也可以采用 30~60 kHz 的脉冲信号令红外 LED 闪烁,接收端再进行滤波以去除干扰。在使用红外 LED 时平均功耗不应该超过最大值,也需要注意红外 LED 的峰值电流不能超标,所有这些参数都可以参阅 LED 的数据手册。通常红外 LED 发光需要十几毫安的电流,脉冲工作方式时,由于通电时间短,红外 LED 的电流可以超过 100 mA 甚至达到 1 A。实际设计电路时应结合红外 LED 的参数、电池寿命(便携设备)和测量(传输)距离等综合选取。

一个简单晶体三极管放大电路就可以用来驱动红外 LED。选择三极管时应该考虑的是合适的电流放大系数(β)和频率响应参数。限流电阻可以简单地通过欧姆定律计算,其中红外 LED 的压降最低约 1.1 V。

在接收侧可以采用光敏二极管或光敏三极管,现在也有将红外 LED 和光敏三极管封装在一起的对管,对管使用更加方便,一般用于反射式测量。

红外测量的仿真电路如图 4.1.25 所示,图中 T1 为红外发光二极管,T2 为光敏三极管,输出接反相施密特触发器。如果光敏三极管输出幅度不够大,可以在后面接一级三极管放大电路或集成运算放大器放大电路,采用三极管放大的仿真电路如

图 4.1.26 所示。

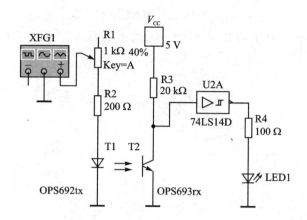

图 4.1.25 红外测量仿真电路

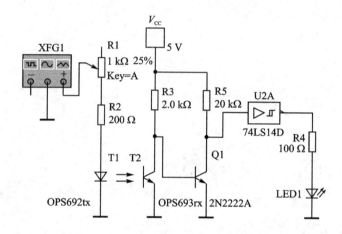

图 4.1.26 有放大电路的红外测量电路

图 4.1.26 中 T2 和 Q1 为直接耦合方式,如果信号频率高,可以采用阻容耦合方式。Q1 为共射放大电路,输出与输入反相。

请将红外测量电路与图 4.1.24 所示的生产线计件电路相结合,构成具有完整测量计件功能的实际电路。

3. 比较器电路

将正弦波等非矩形波转换为矩形波还可以使用比较器电路,单门限的普通比较器不如双门限的滞回比较器抗干扰性能好,常见集成比较器有 LM393、LM339 等。很多集成比较器使用时都需要在输出端加上拉电阻,需注意查阅数据手册的相关说明。

LM393 是双电压比较器集成电路,工作电源电压范围宽,单电源、双电源均可工作,单电源:2~36 V,双电源:±1~±18 V,与数字电路同用时须使用单电源,电源电压要匹配。使用时,需要在输出端外接上拉电阻,仿真电路及波形如图 4.1.27 所示。图中 R2 为上拉电阻,一端接电源,一端接 LM393 输出端,比较器输出的高电平电压为上拉电阻所接电源电压减去上拉电阻上的压降。滞回比较器仿真电路如图 4.1.28 所示。

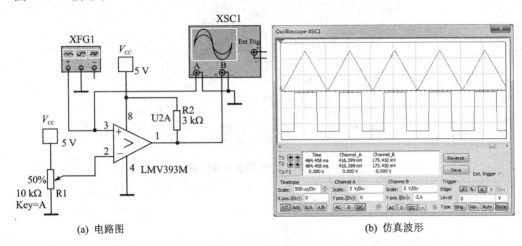

图 4.1.27　单门限比较器仿真电路

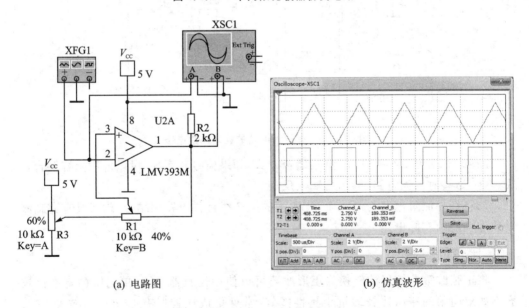

图 4.1.28　滞回比较器仿真电路

请用比较器电路代替图 4.1.24 中的反相施密特触发器,对电路进行仿真。

4.2 综合项目2:秒表电路

4.2.1 实操任务10:多谐振荡器

1. 多谐振荡器

多谐振荡器(multivibrator)是一种产生矩形脉冲波的自激振荡器。由于矩形波含有丰富的高次谐波,所以矩形波振荡器又称为多谐振荡器。多谐振荡器没有稳态,不需外加触发信号,接通电源后便可以自动周而复始地产生矩形波输出。与其他类型振荡器类似,构成多谐振荡器需要有正反馈,具体形式有多种,如图4.2.1所示。

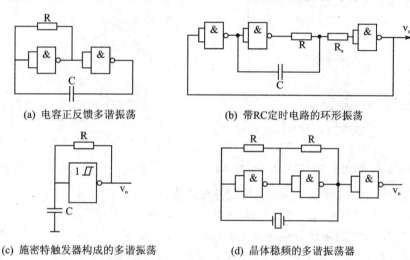

图 4.2.1 多谐振荡器

在多谐振荡器中,振荡频率主要取决于门电路的输入电压上升到门限电平(阈值电平)所需要的时间,而电路容易受电源电压波动、外部干扰、温度变化的影响,所以频率的稳定性不可能很高。

因为石英晶体不但频率特性稳定,而且品质因数很高,有极好的选频特性,所以,普遍采用在多谐振荡器中接入石英晶体进行稳频,晶体稳频的多谐振荡器输出频率等于石英晶体的固有频率。由于石英晶体比较廉价,目前,常见各种电子设备中都能见到石英晶体振荡器。除购买单独石英晶体搭建多谐振荡器外,也可选购商品化的有源晶振,有源晶振内部集成了石英晶体和振荡电路,只需给有源晶振供电,其输出端就能输出非常稳定的矩形脉冲。

2. 用555定时器构成的多谐振荡器

用555定时器构成多谐振荡器电路如图4.2.2所示。电路没有稳态,只有两个暂稳态,也不需要外加触发信号,利用电源 V_{CC} 通过 R1 和 R2 向电容 C 充电,使电容两端电压 u_C 逐渐升高,升到 $2V_{CC}/3$ 时,U_o 跳变到低电平,放电端 DIS 导通,这时,电容 C 通过电阻 R2 和 DIS 端放电,使 u_C 下降,降到 $V_{CC}/3$ 时,U_o 跳变到高电平,DIS 端截止,电源 V_{CC} 又通过 R1 和 R2 向电容 C 充电。如此循环,振荡不停,电容 C 在 $V_{CC}/3$ 和 $2V_{CC}/3$ 之间充电和放电,输出连续的矩形脉冲,其波形如图 4.2.3 所示。

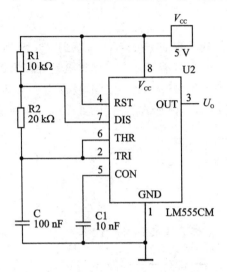

图 4.2.2　用 555 定时器构成多谐振荡器

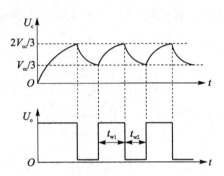

图 4.2.3　多谐振荡器波形图

输出信号 U_o 的脉宽 t_{w1} 和 t_{w2} 的计算公式为:
$$t_{w1} = 0.7(R_1 + R_2)C \quad t_{w2} = 0.7R_2C$$
其中,电阻 R1、R2 的阻值分别为 R_1、R_2。

周期 T 的计算公式为:
$$T = t_{w1} + t_{w2} = 0.7(R_1 + 2R_2)C$$

用 555 定时器构成的多谐振荡器,振荡频率较低,优点是电路简单,但也有振荡频率稳定性不高、容易受到温度等外界因素的干扰等缺点,一般用于人机接口电路等场合。

图 4.2.4 为用 555 定时器构成的多谐振荡器应用电路,该电路可以产生间歇的响声。图中共有 A、B 两个 555 定时器,A 定时器构成低频的多谐振荡器,控制 B 定时器构成的高频多谐振荡器,当 A 定时器输出高电平时,B 定时器输出高频脉冲波形,扬声器发声;当 A 定时器输出低电平时,B 定时器被复位(输出低电平),扬声器不发声。图中发声器件为扬声器,必须用交流电流才能驱动扬声器发声,直流电流很容易烧毁扬声器,B 定时器的输出为单电源的脉冲,具有很大的直流分量,须经电容隔离直流分量才能驱动扬声器。如果采用蜂鸣器作为发声器件,只要电压匹配,就可以直接连接在定时器后面,不需隔直电容。人耳对 1 kHz 频率比较敏感,一般将 B 定时器的振荡频率调节到 1 kHz。

第4章 综合应用电路

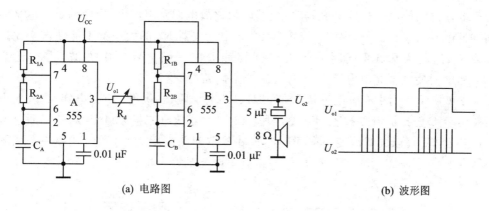

(a) 电路图　　　　　　　　　　　　　(b) 波形图

图 4.2.4　用 555 定时器构成的模拟声响发生器

① 如果需要改变图 4.2.2 中多谐振荡器的占空比,则需要改变电容充、放电回路中的电阻阻值,可以利用电位器实现,如图 4.2.5 所示。请按照图 4.2.5 连线,调节电位器 R2,用示波器观察输出矩形脉冲的高电平时间、低电平时间、占空比的变化。

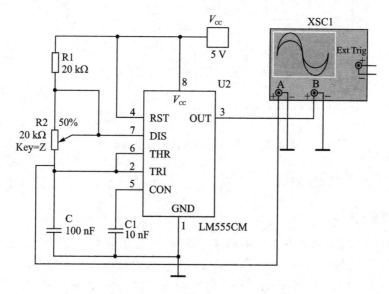

图 4.2.5　可以调节占空比的多谐振荡器

② 将图 4.2.5 中 R1 和 R2 更换位置,即将 R2 改为 20 kΩ 电阻,而将 R1 改为 20 kΩ 电位器。改变电位器阻值大小,用示波器可以观察到与图 4.2.5 的不同:周期和占空比发生了改变,而输出低电平脉冲宽度始终不变。

③ 图 4.2.2 中电容 C 的充电回路为电阻 R1 和 R2 串联,放电回路只有电阻 R2

和555内部的放电三极管串联,充电回路阻值比放电回路阻值大,导致输出高电平时间比低电平时间长。不管如何改变图4.2.5中电位器R2的大小都不能使占空比达到50%,这是因为R2同时属于充电回路和放电回路。要输出方波(占空比为50%),就要使电容充电电流和放电电流走不同路径,这可以通过二极管来实现,如图4.2.6所示。图中充电电流从V_{CC}经R1、R2上半段、二极管D1到电容C,放电电流从电容C经二极管D2、R3、R2下半段流入定时器放电三极管(DIS端子),通过调节电位器R2可以同时改变充电回路电阻和放电回路电阻大小,增大其中一个的同时减小另一个,所以,可以将充、放电回路电阻调节至大小相等。

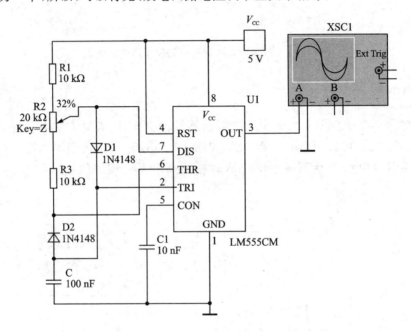

图4.2.6 可以输出方波的多谐振荡器

4.2.2 秒表电路设计

1. 项目要求

对时间的计量是人类日常生活的基本需求,更是工业生产和科学探索中重要的基本技术。1967年10月召开的第十三届国际计时大会正式定义的1 s,是指铯原子跃迁振荡9 192 631 770个周期所经历的时间。目前,原子钟是最精确的计时工具,时间精度可达10^{-14} s,广泛应用于火箭发射、卫星通信、科学实验等高精尖领域。其次,是国家授时中心发布的标准时间,标准时间也采用原子钟计时,随互联网、无线广播信号和电视信号发布,授时精度可达微秒级,也是很精确的时间信号。再次,是采用石英晶体的振荡器电路,石英晶体振荡器主要分为:普通晶体振荡器、电压控制式晶体振荡器、温度补偿式晶体振荡和恒温控制式晶体振荡。其中,普通晶体振荡器可

产生 $10^{-5} \sim 10^{-4}$ 量级的频率精度,恒温控制式晶体振荡器将晶体和振荡电路置于恒温箱中,以消除环境温度变化对频率的影响,频率精度是 $10^{-10} \sim 10^{-8}$ 量级,频率稳定度最高。价格低廉的普通石英晶体振荡器足以满足大多数生产、生活所需的计时需求,比如计算机、电子钟表、手机、电视机。最后,在很多不需要精确计量时间的场合,为了节约成本,并不使用石英晶体,而是采用 RC 振荡器、LC 振荡器等,比如收音机、夜景闪烁灯、洗衣机、电烤箱等。

假设某处需要一个不需严格计时的秒表电路,请采用 555 定时器构成的多谐振荡器作为时钟源,设计一个能够实现 60 s 计时的秒表。

2. 项目分析

多谐振荡器不需要输入信号,通电即能输出矩形脉冲,如果频率很高,就需要分频器降低频率,数字分频器就是计数器。在很多要求较高的场合,时钟内部采用 32 768 Hz 的石英晶体振荡器作为时钟源,然后进行 32 768(即 2^{15})分频得到 1 Hz 的信号。在本项目中,对时间精度要求不高,用 555 定时器构成输出周期为 1 s 的多谐振荡器,就可以省略分频器。

通过对多谐振荡器输出脉冲个数的计数,可以得到时间长短的计量。假设多谐振荡器输出脉冲周期为 1 s,则计数结果是多少,时间就有多少秒。本项目需要实现 60 s 计时,也就是需要能实现 0~59 计数的计数器,所以,本项目需要设计 60 进制计数器。

秒表计时结果应具有方便易读的显示方式,本项目可以采用 7 段码数码管显示,所以需要设计译码显示电路。

综上所述,可得秒表电路系统框图,如图 4.2.7 所示。

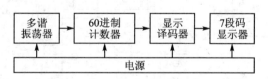

图 4.2.7 秒表电路系统框图

3. 电路设计

(1) 多谐振荡器设计

电路采用图 4.2.2 所示电路形式,但是需要通过计算选取电阻、电容等定时元件。所需输出脉冲周期为 1 s,时钟根据 555 定时器构成多谐振荡器的时间周期公式:

$$T = 0.7(R_1 + 2R_2)C \qquad 1 = 0.7(R_1 + 2R_2)C$$

假设 $C=10\ \mu F$,则 $R_1 + 2R_2 \approx 143\ k\Omega$。若令 $R_1 = 43\ k\Omega$,则 $R_2 = 50\ k\Omega$。按照设计参数画出电路图,如图 4.2.8 所示。

选取电阻时需要注意:按照国家标准,电阻分为误差 5% 的碳膜电阻系列(E-24

系列)和误差1‰的金属膜电阻系列(E-96系列),除此之外的电阻很难买到,需要使用多个电阻串并联或者使用电位器调节。因此,在设计电路阶段,就需要考虑选取的阻值是否符合这两个系列。电容也有类似系列标准,选取时也要选取标准电容值。因为电阻有误差,所以,很多电子设备都有调试电位器用来调节设备,使其工作在最佳状态。因为本项目对时间精度要求不高,所以就不再装设调节电位器,这样可以降低成本,减少日后设备维护的工作量。

(2) 计数器电路设计

本项目要求实现60进制计数器,为便于数码管显示,采用集成十进制计数器74LS160级联方式,如图4.2.9所示。图中两片74LS160采用同步级联、异步复位的方式构成60进制计数器。

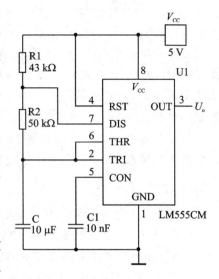

图 4.2.8 周期为 1 s 的多谐振荡器

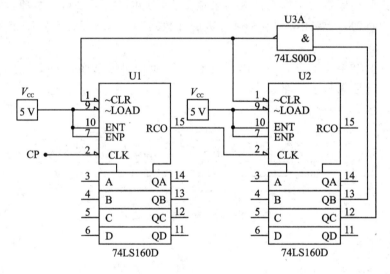

图 4.2.9 同步60进制计数器

(3) 译码显示电路设计

由于采用数码管显示,所以需要将计数器74LS160的输出进行显示译码,然后,通过限流电阻驱动7段数码管。本项目采用74LS48进行显示译码,使用共阴极数码管显示,将译码显示电路与计数器电路相连,如图4.2.10所示。为减少仿真等待时间,图中时钟脉冲采用了较高的频率。

第 4 章 综合应用电路

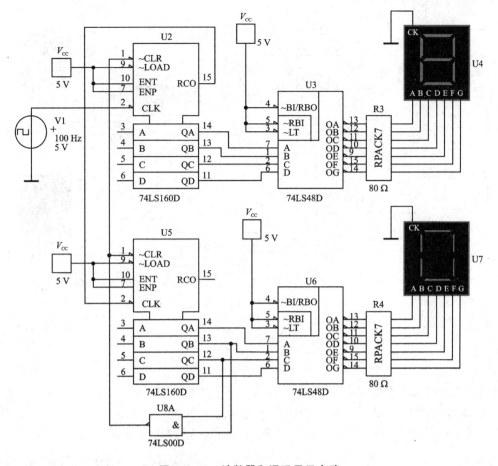

图 4.2.10 计数器和译码显示电路

(4) 总体电路图

将图 4.2.8 所示多谐振荡器代替图 4.2.10 中的时钟脉冲 V1,即可得到总体电路图,如图 4.2.11 所示。

4. 电路仿真

按照图 4.2.11 进行仿真,数码管选用 CK 系列,仿真开始后数码管自动进行递增计数。由于仿真软件的原因,计数速度会比较慢,这时为了提高仿真速度,可以将多谐振荡器的定时电容缩小 10 倍或者更多,如果观察计数结果能实现 0~59 计数,就说明计数功能正常。用示波器观察多谐振荡器的输出脉冲频率,将其除以定时电容缩小的倍数,就可以得出实际多谐振荡器应该输出的频率。

5. 安装测试

(1) 准备器件

仿照表 4.1.2 自行列出图 4.2.11 所示秒表电路元器件清单。因为定时电容 C

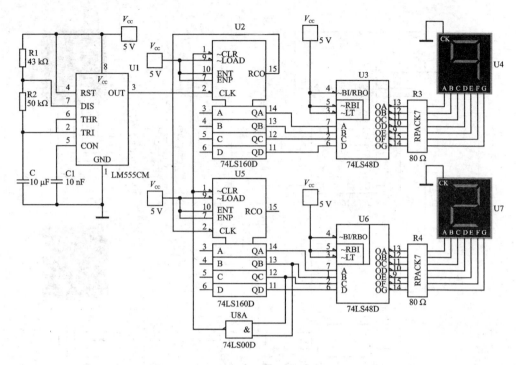

图 4.2.11 秒表电路图

容量较大，应采用电解电容，其耐压值应大于等于电源电压 2 倍。仿真软件中有元器件清单可供参考，Multisim 将其分为真实元件清单和虚拟元件清单，如图 4.2.12 所示。按照元器件清单将元器件备齐后，利用万用表等仪器逐个对元器件进行检测。

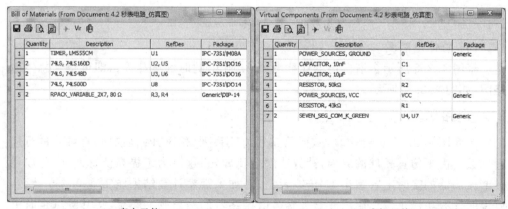

(a) 真实元件   (b) 虚拟元件

图 4.2.12 Multisim 软件中的元器件统计清单

（2）电路安装

先安装多谐振荡器，定时电容 C 的阴极应接地，阳极接 555 定时器的 2 脚和 6

脚,不能反接。装好后,用示波器测试其输出频率、电压是否正常,若与设计不符,请检查并排除故障。安装调试好多谐振荡器后,可以安装计数器和译码显示电路,这部分与前面项目一致,不赘述。

(3) 电路测试

电路安装完毕,先用万用表进行一次不通电检测,主要检查集成电路型号是否正确、是否装反,电源对地是否短路,一切正常后才可以进行通电测试。

如果数码管不亮,需检查数码管是否为共阴极数码管、是否装反、译码显示器(74LS48)是否输出高电平、各管脚连接是否可靠、限流电阻是否过大。如果数码管发光较暗,需要检查译码显示器的输出高电平是否达到 5 V,如果过低,则更换译码显示器;否则,须减小限流电阻,或者不接限流电阻。

如果刚通电时不能正常显示字符,则可能是上电时计数器初始状态为无效状态,等待几个时钟脉冲之后就能正常显示,而且以后也不会再出现无效状态。

如果不能正常计数,则用示波器检测多谐振荡器输出脉冲的波形,需要注意其高电平幅度。若多谐振荡器输出正常,而且输出管脚与计数器连接可靠,则需要检测计数器电路。

6. 撰写项目报告

根据项目实际情况撰写项目报告,总结项目经验。

7. 小 结

本项目介绍了多谐振荡器的设计方法,综合了多谐振荡器、时序电路中的计数器、组合电路中的译码显示电路等多方面知识,具有一定实际应用价值,在本项目基础上可以拓展出闪烁彩灯、时钟电路、定时器、顺序控制器、交通信号灯电路等很多实用电路。

4.2.3 拓展任务

1. 数字时钟电路

日常生活中经常遇到数字钟表,数字钟表一般具有以下功能:
- 显示小时、分钟、秒;
- 可以选择 24 h 制或 12 h 制;
- 具有校时功能。

能显示小时、分钟、秒的时钟框图如图 4.2.13 所示。其中,秒和分钟采用 60 进制,而小时采用 24 进制(或者 12 进制)。同步 24 进制计数器电路如图 4.2.14 所示,同步 12 进制计数器电路如图 4.2.15 所示。

假设用变量 C 来进行 24 进制(或者 12 进制)计数选择控制,则利用变量 C 对图 4.2.14 和图 4.2.15 中的反馈复位信号进行选择即可。假设 12 进制反馈复位信号

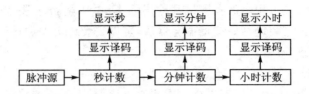

图 4.2.13 时钟系统框图

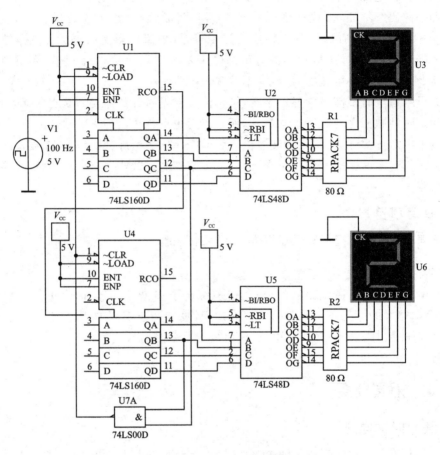

图 4.2.14 同步 24 进制计数器

为 A,24 进制反馈复位信号为 B,可列真值表如表 4.2.1 所列。

表 4.2.1 选择进制真值表

输入			输出	输入			输出
C	B	A	$\overline{R}$	C	B	A	$\overline{R}$
0	×	0	0	1	0	×	0
0	×	1	1	1	1	×	1

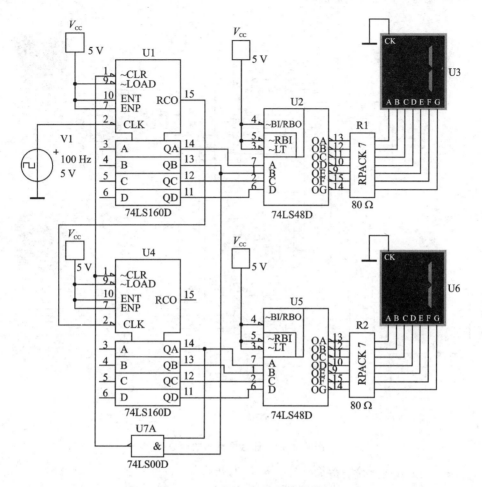

图 4.2.15 同步 12 进制计数器

写出表达式为：$\overline{R}=\overline{C}\cdot A+C\cdot B$ 此表达式需要两个与门和一个或门，因为计数器电路中没有与门和或门，所以需要增加两个集成块。将上述表达式变换形式：

$$\overline{R}=\overline{C}\cdot A+C\cdot B=\overline{\overline{\overline{C}\cdot A}+\overline{C\cdot B}}=\overline{\overline{\overline{C}\cdot A}\cdot \overline{C\cdot B}}$$

则需要 3 个与非门，由于原来计数器反馈控制回路中已经有两个与非门，74LS00 中有 4 个与非门。也就是说，已经有了两个富余的与非门，所以只需要增加一个 74LS00 集成块就可以了，比表达式变换前节省了一个集成块，降低了成本。

能选择 24 进制或 12 进制计数的电路如图 4.2.16 所示，图中 J1 拨到高电平为 24 进制，拨到低电平为 12 进制。

前述选择计数进制是将反馈复位信号作为输入信号进行控制设计，另外，也可以从计数器输出直接进行控制设计，据此列真值表如表 4.2.2 所列，表中 $Q_{4B}Q_{1C}$ 表示 24 进制，$Q_{4A}Q_{1B}$ 表示 12 进制。

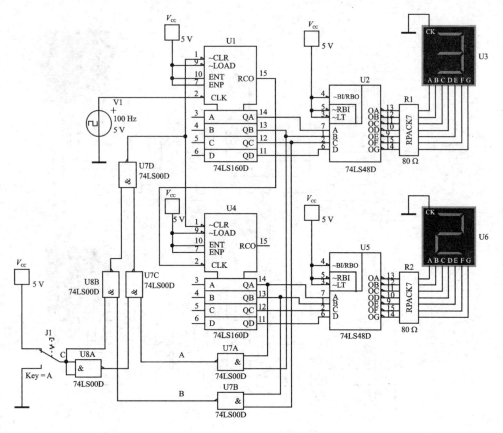

图 4.2.16 能选择进制的计数器

表 4.2.2 进制控制真值表

输 入		输 出
C	$Q_{4B}Q_{1C}$	$Q_{4A}Q_{1B}$	$\overline{R}$
0	×	11	0
0	×	其余	1
1	11	×	0
1	其余	×	1

写出 $\overline{R}$ 为 0 的表达式：

$$\overline{\overline{R}} = \overline{C} \cdot Q_{4A}Q_{1B} + C \cdot Q_{4B}Q_{1C}$$

两边取非：

$$\overline{R} = \overline{\overline{C} \cdot Q_{4A}Q_{1B} + C \cdot Q_{4B}Q_{1C}}$$

据此可以得到电路图，如图 4.2.17 所示，图中 J1 拨到高电平为 24 进制，拨到低电平为 12 进制。此图所用集成块数量与图 4.2.16 相同，但是，当进行比较复杂的控制时，这种方法的设计结果可能会比前述方法更简洁。

其实，前述选择进制的设计均为数据选择器设计，都是以 C 为地址的 2 选一数据选择器，因此，也可以采用集成数据选择器进行设计。与之类似，校时功能也是通过数据选择器实现的，利用控制信号对正常计时信号和校时信号进行选择控制。具有对小时和分钟进行校时、可以选择小时进制（24/12）的时钟系统框图如图 4.2.18 所示。

第4章 综合应用电路

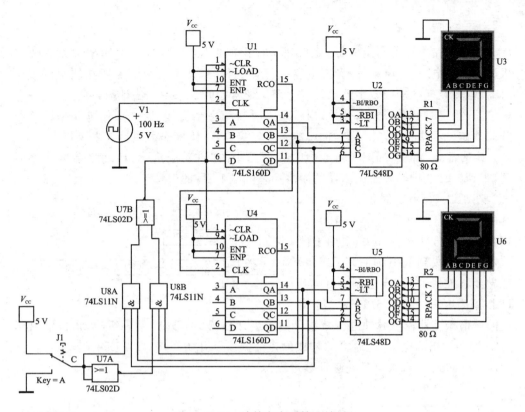

图 4.2.17 统筹考虑反馈和控制

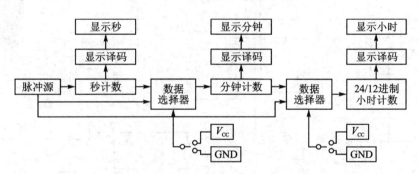

图 4.2.18 能校时的数字时钟系统

实际操作 10.2

设计校时电路,完成图 4.2.18 中的数字时钟系统电路图,列出元器件清单。在验证各个功能模块基础上,对整个电路的元器件和布线进行合理布局,检测元器件、安装并调试电路。

2. 定时器

定时电路也可称为定时器,是应用最广泛的电路之一,日常生活中常见的洗衣机、微波炉、电烤箱、电扇、空调等电器中都有定时器,其中一些电器还在使用机械定时器,但多数都已采用数字电子计时电路。通常定时器采用减法计数,事先预置一个数值,开始定时后执行递减计数,当减到零时启动一个操作,这个操作可能是继电器开关动作,也可能是灯光闪烁,也可能是声音警告,具体操作由项目要求决定。

定时器系统框图如图4.2.19所示,框图中的"启动振荡"为启动多谐振荡器振荡,带动LED闪烁,多谐振荡器的振荡频率就是LED的闪烁频率。

图4.2.20为定时器系统示例,其中U1为可逆计数器74LS190,工作在减法计数状态。开关J1用于预置数,当J1拨到低电平时,74LS190被异步预置到1001(十进制的9),当J1拨到高电平时,74LS190对U2构

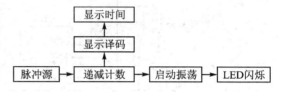

图4.2.19 定时器系统框图

成的多谐振荡器输出脉冲进行减法计数。当计数器74LS190减到零时,借位输出端(12脚)会输出高电平,这时,U5构成的多谐振荡器开始振荡,使LED1闪烁。之后,74LS190回到9,再次重复递减计数过程。

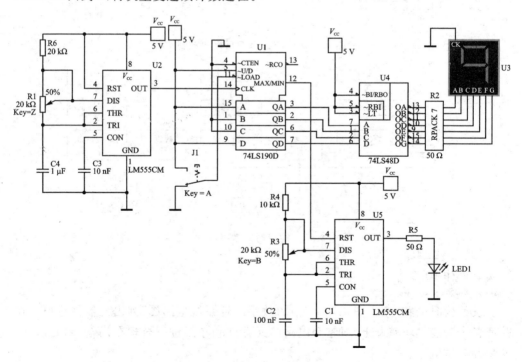

图4.2.20 定时器电路

第4章 综合应用电路

电路开始工作前要保证 J1 处于低电平,才能保证从 9 倒计时到 0,否则,可能一通电时计数器的初始值就是 0,导致 LED1 马上就闪烁。在倒计时过程中,随时可以将开关 J1 拨到低电平停止计时。

改进图 4.2.20 所示定时器,要求能通过开关预置定时长短,实现 0~99 s 可选定时功能。电路通电后,能从预置的数值开始递减计数,当计数器递减到零时,计数器自动停在零状态(停止计数),LED 一直闪烁。画出电路并仿真,列出元器件清单。在验证各个功能模块基础上,对整个电路的元器件和布线进行合理布局,检测元器件、安装并调试电路。

3. 顺序控制电路

顺序控制是工业控制中常见的控制功能,很多产品加工都是按照工艺流程进行固定顺序的加工,比如流水线,第一步做什么,第二步做什么,第三步做什么,都是按照事先规定的时间顺序依次执行。图 3.5.23 所示的序列脉冲发生器就可以用于顺序控制,顺序控制电路框图如图 4.2.21 所示。

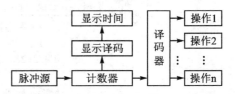

图 4.2.21 顺序控制电路框图

图 4.2.22 为按照图 4.2.21 设计的一种顺序控制电路。图中 J1 为启动开关,上电前拨到低电平的位置;上电后,拨到高电平启动控制,随时可以拨到低电平复位。

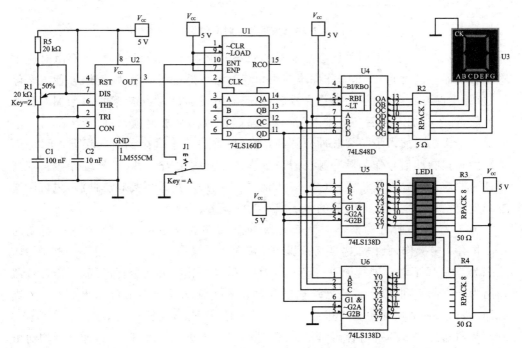

图 4.2.22 顺序控制电路

实际生产、生活中,不同加工环节所需时间可能不同,就像洗衣机浸泡、洗涤、中间甩干、漂洗、最终甩干等几个环节所需时间各不相同,要实现这样的控制就不能使用图 4.2.22 所示电路。

要实现不同操作时间的顺序控制,主要是考虑如何控制时间的长短,如果采用单稳态触发器(详见 4.3 节)控制时间长度,可以得到如图 4.2.23 所示系统框图;如果使用单位时间脉冲源的单位时间倍数来控制时间长度,可以得到如图 4.2.24 所示系统框图。

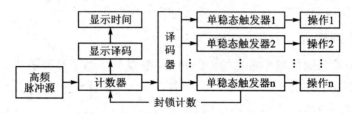

图 4.2.23　采用单稳态触发器

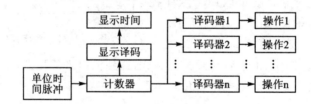

图 4.2.24　采用单位时间的倍数

在图 4.2.23 中,不同单稳态触发器的暂态时间都不同,每一步操作都由对应单稳态触发器控制时间长短,操作完毕前由单稳态触发器的暂态封锁计数器,使之暂停计数,处于保持状态,当一个操作完成后,单稳态触发器进入稳态,释放计数器对脉冲源计数,计数器加 1 之后马上进入下一步操作,计数器又被封锁,如此依次执行。因为两步操作之间插入了一个脉冲源脉冲,这个脉冲带来了多余的时间误差,所以,必须采用高频脉冲信号作为脉冲源。假设每步操作都需要若干秒(以秒级计数),则高频脉冲源周期最好为毫秒级,以减小时间误差。如果不想采用高频脉冲源,也可以通过减少单稳态触发器定时时间的方法减小时间误差。

图 4.2.24 中所有的操作时间都是脉冲源周期的整数倍,假设,脉冲源周期为 1 s,共有 3 步操作,操作 1 需要 2 s、操作 2 需要 4 s、操作 3 需要 3 s,因为计数器初始状态为 0,所以不对 0 进行译码,译码器 1 对计数器输出 1 和 2 进行译码,即当计数器输出为十进制 1 和 2 时,译码器均输出有效电平;译码器 2 对计数器输出 3、4、5、6 进行译码,即当计数器输出为十进制 3、4、5 和 6 时,译码器均输出有效电平;译码器 3 对计数器输出 7、8、9 进行译码,即当计数器输出为十进制 7、8 和 9 时,译码器均输出有效电平。这里的每个译码器都需要单独进行设计。

根据图 4.2.24 所示顺序控制电路框图进行电路设计,要求共有 4 步操作,操作 1 需要 2 s,操作 2 需要 4 s,操作 3 需要 1 s,操作 4 需要 2 s。画出电路并仿真,列出元器件清单。在验证各个功能模块基础上,对整个电路的元器件和布线进行合理布局,检测元器件、安装并调试电路。

4.3 综合项目 3:延时自动熄灯电路

4.3.1 实操任务 11:单稳态触发器

1. 单稳态触发器

单稳态触发器(one shot flip-flop)是一种用于整形、延时、定时的脉冲电路,具有触发输入端;每当输入的触发信号边沿有效时,单稳态触发器就会输出一个宽度一定、幅度一定的矩形脉冲。

单稳态触发器有两个工作状态,其中一个为稳态,而另一个为暂态。未加触发信号前的状态为稳态,加触发信号后的状态为暂态。单稳态触发器在外加触发脉冲的作用下,可以从稳态翻转到暂态。暂态维持一段时间后,自动返回到稳态,无需外加控制信号。

暂态持续的时间就是单稳态触发器脉冲宽度的大小,只取决于电路本身的参数,而与触发脉冲无关。单稳态触发器的暂态是靠 RC 电路的充放电过程来维持的;根据 RC 电路的不同接法,可分为微分型和积分型。

如果在暂态能够再次用触发信号触发单稳态触发器,使暂态持续时间得到延长,就称为能够重触发(Retriggerable),否则就是不能重触发(Non-Retriggerable)。

常用集成单稳态触发器有 CT74121、74LS221、74LS122、74LS123、CC14528、CC4098、CC4538 等,其中,CT74121 和 74LS221 都是带施密特触发器的单稳态触发器,不可重触发,其余都是可重触发的单稳态触发器。

图 4.3.1 为单稳态触发器用于整形的波形,单稳态触发器输出脉冲的幅度和宽度是确定的,利用这一性质,可将宽度和幅度不规则的脉冲串整形为宽度和幅度一定的脉冲串。

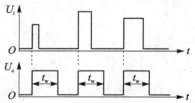

图 4.3.1 单稳态触发器用于整形

由于单稳态触发器能产生一定宽度 t_w 的矩形输出脉冲,利用这个脉冲去控制其他电路,使其在 t_w 时间内动作(或不动作),起到了定时作用。例如,在图 4.3.2 中,触发信号使单稳态触发器产生脉冲宽度为 t_w 的矩形脉冲,将单稳态触发器输出 U'_o 和另

一个输入端信号 U_a 相与,只有当 U_o' 为高电平的 t_w 时间内,信号 U_a 才能通过与门,输出 U_o 才有脉冲。

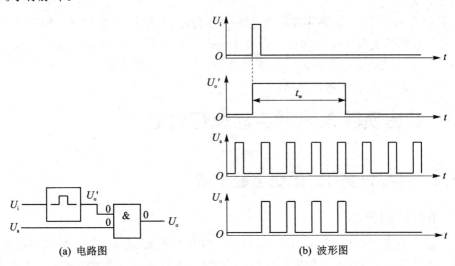

(a) 电路图　　　　　(b) 波形图

图 4.3.2　单稳态触发器用于定时

图 4.3.3 为单稳态触发器用于延时的波形,假设后续电路需要使用下降沿触发,则图中单稳态触发器的输出 U_o 下降沿比输入信号 U_i 下降沿滞后 t_w,实现了延时的功能。

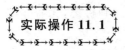

实际操作 11.1

① 不能重触发的集成单稳态触发器 74121 的符号如图 4.3.4 所列,功能表如表 4.3.1 所列。74121 的暂态持续时间在 30 ns～28 s 之间,假设定时电阻为 R_x,定时电容为 C_x,则暂态时间 t_w 为 $t_w \approx 0.7 R_x C_x$。

表 4.3.1　74121 功能表

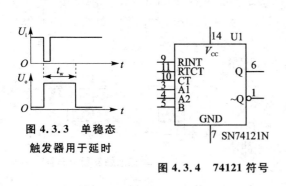

图 4.3.3　单稳态触发器用于延时

图 4.3.4　74121 符号

输入			输出	
A1	A2	B	Q	$\overline{Q}$
0	×	1	0	1
×	0	1	0	1
×	×	0	0	1
1	1	×	0	1
1	↓	1	⎍	⎎
↓	1	1	⎍	⎎
↓	↓	1	⎍	⎎
0	×	↑	⎍	⎎
×	0	↑	⎍	⎎

② 74121 内部集成了一个 2 kΩ 定时电阻,在 RINT(9 脚)和 RTCT(11 脚)之间。如果采用外部定时电阻,需接在电源和 RTCT 之间,阻值在 1.4~40 kΩ 之间。定时电容要接在 RTCT 和 CT(10 脚)之间,容量要小于 1 000 μF。定时元件连接方法如图 4.3.5 所示,图中 R1 为定时电阻,C1 为定时电容。

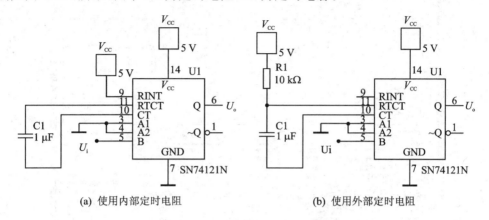

(a) 使用内部定时电阻　　　　　(b) 使用外部定时电阻

图 4.3.5　74121 定时元件连接方法

③ 按照图 4.3.6 连接电路,图中 U2 为数字信号源,用于提供触发信号。调节图 4.3.6 中 R1 的大小,观察示波器,其波形如图 4.3.7 所示,请分析测试结果。

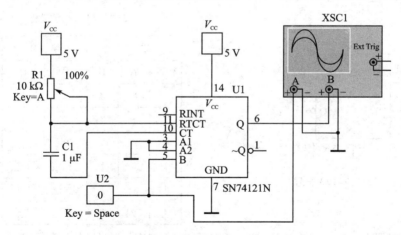

图 4.3.6　74121 仿真电路图

④ 将触发信号换到 A1 或 A2 再次对 74121 进行测试,记录测试结果并进行分析。

⑤ 能重触发的集成单稳态触发器 74123 的符号如图 4.3.8 所示,功能表如表 4.3.2 所列。74123 没有内部定时电阻,74LS123 外部定时电阻在 5~260 kΩ 之间,对定时电容大小没有限制。定时电阻需接在电源和 RTCT 之间,定时电容要接在 RTCT 和 CT 之间。74LS123 最短暂态时间为 116 ns,74HC123 最短暂态时间为 400 ns。

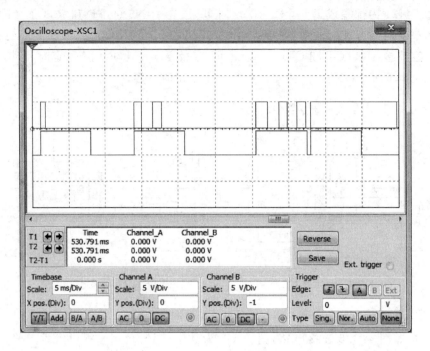

图 4.3.7　74121 仿真波形

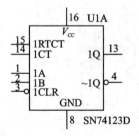

图 4.3.8　74123 符号

表 4.3.2　74123 功能表

输入			输出	
$\overline{CLR}$	A	B	Q	$\overline{Q}$
0	×	×	0	1
×	1	×	0	1
×	×	0	0	1
1	0	↑	⊓	⊔
1	↓	1	⊓	⊔
↑	0	1	⊓	⊔

⑥ 按照图 4.3.9 连接电路,调节 R1 的大小,观察示波器,其波形如图 4.3.10 所示,请分析测试结果。

2. 555 定时器构成的单稳态触发器

用 555 定时器可以构成单稳态触发器,电路如图 4.3.11 所示。图中 R、C 是定时元件,输入触发信号 U_i 接 555 定时器 TRI 端(2 脚),下降沿有效,输出暂态为高电平。

第4章 综合应用电路

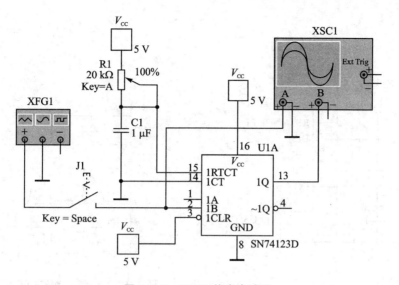

图 4.3.9 74123 仿真电路图

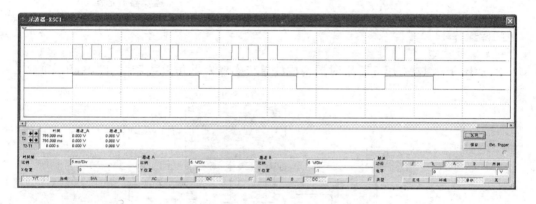

图 4.3.10 74123 仿真波形

当输入触发信号 U_i 处于高电平时,U_o 为低电平,555 内部放电三极管导通,DIS 端(7 脚)为低电平,电容 C 两端电压 U_c 为低电平,电路为稳态。当输入触发信号 U_i 的下降沿到来时,2 管脚电位瞬间低于 $V_{CC}/3$,使输出 U_o 变为高电平,555 内部放电三极管截止,电源 V_{CC} 通过电阻 R 向电容器 C 充电,使 U_c 按指数规律上升,电路为暂态。当 U_c 上升到 $2V_{CC}/3$ 时,使输出 U_o 变为低电平,555 内部放电三极管导通,电容 C 经 DIS 端迅速放电,暂态结束,自动恢复到稳态,为下一个触发脉冲的到来做好准备,波形如图 4.3.12 所示。

暂态的持续时间是输出脉宽 t_W,$t_W=1.1RC$。此电路要求触发信号的负脉冲宽度一定要小于 t_W 计算值,否则,暂态时间会随触发信号延长而不能确定。

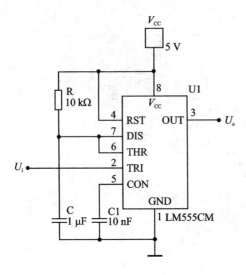

图 4.3.11 用 555 定时器构成单稳态触发器

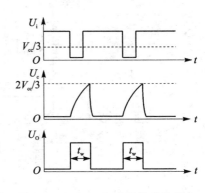

图 4.3.12 555 定时器构成单反态触发器波形图

【实际操作 11.2】

① 图 4.3.13 为用 555 定时器构成的单稳态触发器仿真电路图，图中，R2 和 R3

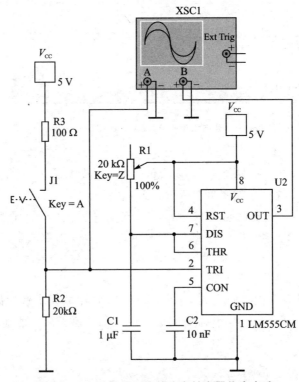

图 4.3.13 采用 555 的单稳态触发器仿真电路

在开关 J1 闭合时构成串联分压电路,即 J1 在闭合时,555 定时器 2 脚为高电平,J1 在断开时,555 定时器 2 脚为低电平。图中的 R1 和 C1 为定时元件,用于决定暂态时间长短。

② 图 4.3.13 所示单稳态触发器为下降沿触发,平时开关 J1 放在闭合状态,即 TRI 端(2 脚)为高电平,触发时迅速断开开关 J1,TRI 端从高电平变为低电平,产生下降沿触发单稳态触发器,输出(3 脚)变为暂态,然后要及时恢复开关 J1 的闭合,否则暂态时间会变长。仿真波形如图 4.3.14 所示。自行仿真,并分析仿真波形。

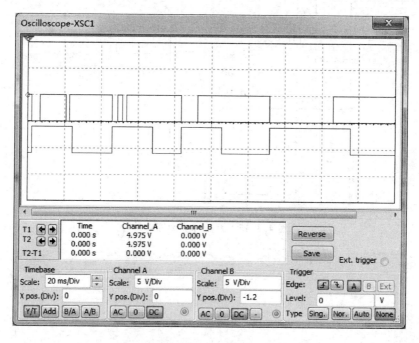

图 4.3.14 采用 555 的单稳态触发器仿真波形

③ 单稳态触发器不仅能将窄脉冲变成宽脉冲,在微分电路帮助下,还能将宽脉冲变为窄脉冲。电路如图 4.3.15 所示,图中 C1 和 R2 构成微分电路,将输入脉冲的边沿取出,然后触发暂态时间很短的单稳态触发器。仿真波形如图 4.3.16 所示。

④ 在图 4.3.16 中可以看到负的尖脉冲,这是由宽脉冲的下降沿经微分产生的;为减小负脉冲对电路的影响,可以利用二极管的单向导电性只输出正向尖脉冲。仿真电路如图 4.3.17 所示,图中,D1 用于输出正脉冲,D2 给负脉冲提供通路,R3 和 C4 用于吸收残余负脉冲、稳定正脉冲,仿真波形如图 4.3.18 所示。请按照图 4.3.17 进行仿真,修改各个元件参数,观察各个元件参数变化对输出波形的影响,分析仿真结果。

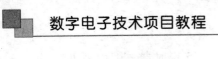

图 4.3.15 宽脉冲变为窄脉冲

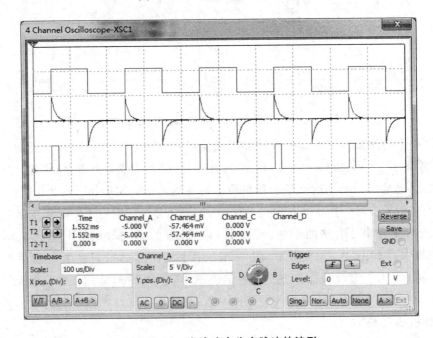

图 4.3.16 宽脉冲变为窄脉冲的波形

第 4 章　综合应用电路

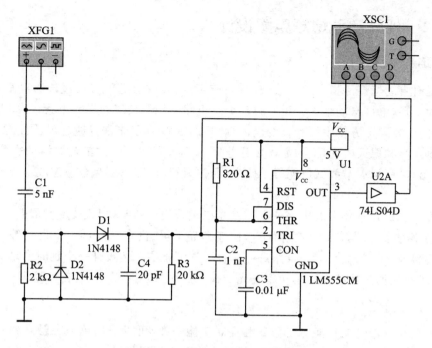

图 4.3.17　消除负脉冲的仿真电路

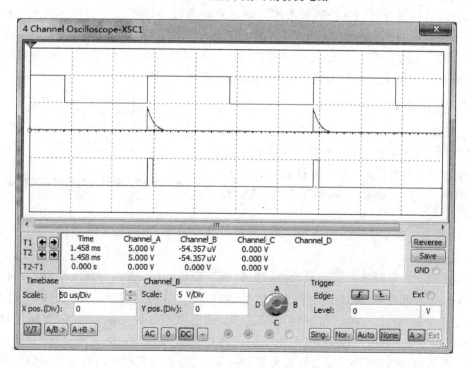

图 4.3.18　消除负脉冲的仿真波形

4.3.2 延时自动熄灯电路设计

1. 项目要求

延时自动熄灯是指人通过按键、触摸或声控等开关点亮电灯,过段时间后,不需要人为干预,电灯自动熄灭。延时自动熄灯电路多用于楼道、楼梯、小巷、公共卫生间照明,同时兼顾了方便生活和节约能源两方面,所以应用非常普遍。需要注意的是,电灯每点亮和熄灭一次都会减少使用寿命,节能灯更加明显,在人员活动密集的场所,频繁点亮、熄灭节能灯可能得不偿失,所以,设计电路需要综合考虑成本与收益的关系。

发光二极管中新发展出一种高亮发光二极管用于照明,相关技术发展非常迅速,具有使用寿命长、发光效率高等优点,在液晶显示屏、汽车、手电筒、小夜灯等方面应用已经普及,现在大功率 LED 路灯照明也在逐渐推广。请设计一个延时自动熄灯电路,要求每次通过按钮点亮小功率发光二极管照明灯,灯亮 10 s 后自动熄灭。

2. 项目分析

延时自动熄灯的功能与单稳态触发器功能一致,可以采用单稳态触发器实现项目要求。这里要求采用按钮实现延时自动熄灯,为了反复触发电路,可以采用自动弹起的按钮(内部有复位弹簧),每次按下都能自动弹起。要求采用小功率发光二极管照明,一般小功率高亮 LED 所需驱动电流较小,可以使用 555 定时器直接驱动单个的小功率 LED 照明。需要注意的是,在对多个 LED 亮度一致性、稳定性要求较高时,需要采用恒流源驱动 LED。延时自动熄灯系统框图如图 4.3.19 所示。

3. 电路设计

采用图 4.3.11 所示 555 定时器构成的单稳态触发器作为控制,根据定时要求选择定时元件。项目要求定时 10 s,假设定时电容 C 选用 100 μF,则根据公式 $t_W = 1.1RC$ 可得 $R = 90.9$ kΩ。

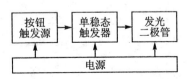

图 4.3.19 延时自动熄灯系统框图

1% 精度的金属膜电阻系列,正好有 90.9 kΩ 电阻,否则需要做出近似或者采用电位器。

由于 555 定时器构成的单稳态触发器是下降沿触发,暂态为高电平,所以,按下按钮时产生低电平,形成下降沿触发信号,输出用高电平直接驱动发光二极管发光,如图 4.3.20 所示。当 J1 按下时,电路中 R2 用于限制电源对地的电流,对阻值没有严格要求。R3 为限流电阻,因为电压源驱动 LED 需要限流电阻,555 定时器输出相当于电压源,所以理论上需要限流电阻,实际上因为 555 定时器内部电阻可以起到限流作用,所以,不接限流电阻也不会损坏 555 或者 LED,但是会使 555 输出的高电平拉低到 LED 的导通压降。

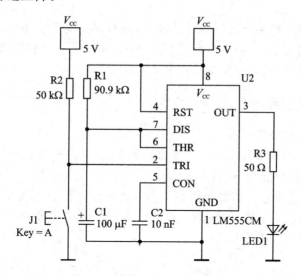

图 4.3.20　延时自动熄灯电路

4．电路仿真

按照图 4.3.20 进行仿真，按下 J1 能够发现 LED1 立刻发光，之后 J1 自动弹起，仿真时间到 10 s 后 LED1 立刻熄灭。可以用示波器观察、对比 555 定时器 2 脚、7 脚、3 脚等处的波形，为节约时间，可以将 C1 减小到 1 μF。

5．安装测试

列出图 4.3.20 所示的延时自动熄灯电路元器件清单。因为定时电容 C 容量较大，应采用电解电容，其耐压值应大于等于电源电压 2 倍。按照元器件清单将元器件备齐后，利用万用表等仪器逐个对元器件进行检测。

安装时一定要注意电解电容不能接反。电路安装完毕后先用万用表进行一次不通电检测，主要检查集成电路型号是否正确、是否装反，电源对地是否短路，一切正常后才可以进行通电测试。

如果 LED 不亮，需用万用表检查当按钮按下时 555 的 2 脚是否为低电平、按钮弹起时是否为高电平、按钮按下并弹起后 555 的 3 脚是否有 10 s 的高电平，如果都正常说明限流电阻 R3 阻值太大、LED 接反了或者 LED 已经损坏了。

如果 2 脚触发信号正常，但 3 脚没有输出高电平，则说明定时元件 R1、C1 接错或损坏，也可能 555 定时器损坏。

6．撰写项目报告

根据项目实际情况撰写项目报告，总结项目经验。

7. 小结

本项目介绍了单稳态触发器的设计方法,具有一定实际应用价值。在本项目基础上可以拓展出可重触发路灯、声控照明灯、触摸照明灯、红外感应洗手控制器、便池自动冲水控制器、汽车防盗报警器等很多实用电路。

4.3.3 拓展任务

(1) 可重触发的路灯

在楼梯、楼道、小街等很多场合需要可重触发的照明灯,照明灯的功率较大,电压和电流都需要和数字控制电路隔离,这时可以考虑使用光电耦合器(optocoupler,简称光耦)实现弱电与强电的隔离。照明灯的强电通断可以选用大功率 CMOS 管、绝缘栅双极晶体管(IGBT)、晶闸管、继电器、固态继电器等很多器件。可重触发的路灯系统框图如图 4.3.21 所示。

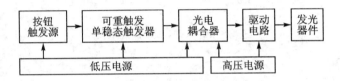

图 4.3.21 可重触发路灯系统框图

通过查阅光电耦合器的技术资料进行型号选择,根据高亮 LED 数据手册上的参数设计驱动电路,使用集成可重触发单稳态触发器 74123 构成可重触发的路灯电路,要求能够驱动 2 W 的高亮 LED 照明灯。

(2) 声控灯电路

声控灯常用于楼道、楼梯的照明。常用声控元件有微型话筒、压电陶瓷片等,声控元件的输出信号非常微弱,需要使用信号放大电路进行放大。因为击掌等声音信号含有频率很高的谐波,所以不需要施密特触发器整形就可以触发单稳态触发器,其系统框图如图 4.3.22 所示。选择声敏元件,设计放大电路和单稳态触发器电路,完成图 4.3.22 所示声控灯电路。

图 4.3.22 声控灯系统框图

(3) 频率计

频率计是测量周期性信号频率的仪器,应用非常广泛。因为周期性信号的频率是固定的,所以可用手动触发的方式进行测量,也就是每按一次按钮就进行一次测量,这样电路结构比较简单。

频率计通常既可以测量矩形脉冲信号,也可以测量正弦波、三角波等非矩形信号。因此,被测信号输入后,需要使用施密特触发器将其变换为矩形脉冲,以便测量。按照频率的定义,每秒有多少个脉冲就是多少赫兹,所以,通过单稳态触发器产生一个标准秒信号,然后将其同被测脉冲进行与运算,可获得1秒内的脉冲波形(参见图4.3.2),然后通过计数器计量这些脉冲的个数,通过7段码显示器显示测量结果。这是采用频率定义的测量方法,系统框图如图4.3.23所示。为便于多次测量,计数器应具有复位功能。

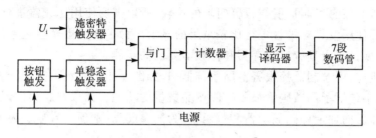

图 4.3.23 频率计系统框图

设计、制作如图4.3.23所示的频率计,要求能测量10～99 Hz的多种波形信号频率,分析影响测量误差的因素和减小误差的方法。

4.4 综合项目4:监控报警电路

4.4.1 监控报警电路设计

1. 项目要求

监控报警电路是指具有自动测量功能,同时能将测量结果与预先设定值进行比较,当测量结果超过一定范围时,能够给出灯光或声音报警信号的电路。监控报警电路不仅大量应用在工业自动控制设备中,而且还在火警监测、保育箱温度监测、锅炉温度控制、农田自动喷灌控制等生产、生活领域中得到了广泛应用。例如,在孵蛋器中,鸡的孵化温度要求恒定在38℃±0.5℃之间,温度较低时要加温,温度较高时要停止加温,温度过低或者过高都要报警,提醒操作人员介入检查。

假设工厂流水线往包装盒装入产品,为了便于营销,产品有大小不同的几种包装盒,分别装入1～9件产品。生产时,每个批次只采用一种包装盒,但每天都要换一种包装盒。设计一个监控报警电路,要求能够根据流水线通过的产品数量提示操作人员包装盒是否装满,若不满用绿灯表示正在装入产品,若已经装满用黄灯提示操作人员进行下一步操作,若是数量超出要求则用红灯报警。

2. 项目分析

本项目要求测量流水线上经过的产品数量,因此可以借鉴生产线计件电路的设计,在综合项目1的基础上进行改进。综合项目1需要对1～99件产品进行计数,而本项目仅需要对1～9件产品进行计数,所以计数器的模和显示译码电路都较为简单。

本项目需要根据不同批次的包装盒大小设置不同的报警门限,所以需要按键进行预置门限,而多个按键需要使用编码器才能简化设计,此外,还需要寄存器存储输入的门限数值,以便反复与计数器的测量数值进行比较。

本项目的核心是测量值与报警门限的比较,所以需要使用比较器进行数值比较,最后还需要使用发光二极管进行比较结果的显示。为了便于更换包装盒进行不同批次生产,本项目还应具有对寄存器和计数器复位的功能。

综上所述,可绘制监控报警电路系统框图,如图4.4.1所示。为便于观察实际产品数量,图中包括了用数码管显示实际产品数量的功能。如果想观察门限设定值,可以在寄存器后面加上译码显示器和数码管,为简单起见,本项目省略了显示门限值的功能。

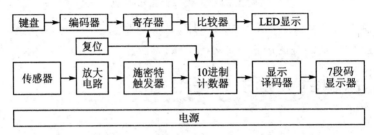

图 4.4.1　监控报警电路系统框图

3. 电路设计

(1) 产品计件电路设计

与图4.1.22相比,计数长度减小到9,则只需要一片74LS160,相应的译码显示电路也减少一半,如图4.4.2所示。

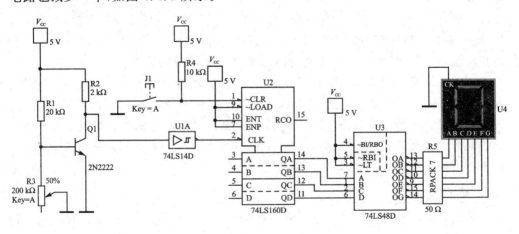

图 4.4.2　产品计件电路

（2）按键编码电路设计

参考项目 2 按键代码显示电路（2.4 节）关于集成优先编码器的相关内容，因为报警门限可能为 1~9，所以需要 9 个按键，因此，可以选用 74LS147 作为按键编码电路，如图 4.4.3 所示。74LS147 具有优先编码功能，对输入的低电平进行编码，输出反码，按照图中按键所示位置，输出为 5 的二进制反码，DCBA=1010。

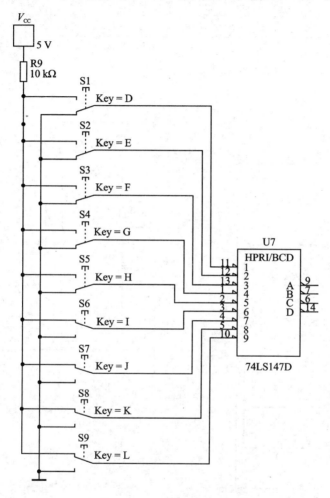

图 4.4.3 按键编码电路

（3）寄存器电路设计

本项目需要对用按键设置的门限代码进行存储，因为只有 4 位二进制代码，所以只需要 4 位寄存器即可，可以选用 74LS175 作为存储器件，其功能如表 4.4.1 所列。

根据项目要求和表 4.4.1，在图 4.4.3 基础上增加寄存器，如图 4.4.4 所示。图中 J1 为寄存器复位按钮，因为 74LS175 为低电平复位，所以按 J1 会将输出 Q 清零，$\overline{Q}$ 置 1。J2 为寄存器时钟按钮，因为 74LS175 为时钟上升沿有效，所以，按下按钮 J2

时输出不会发生改变，在松开 J2 时输出才会改变。

表 4.4.1　74LS175 功能表

输入			输出		输入			输出	
Clear	Clock	D	Q	$\overline{Q}$	Clear	Clock	D	Q	$\overline{Q}$
0	×	×	0	1	1	↑	0	0	1
1	↑	1	1	0	1	0	×	Q_0	$\overline{Q_0}$

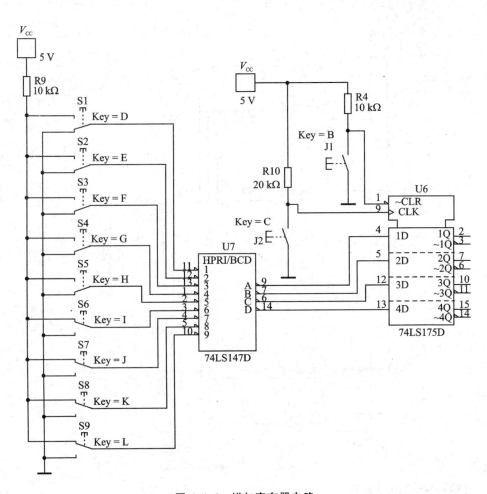

图 4.4.4　增加寄存器电路

(4) 比较器电路设计

在图 4.4.1 和图 4.4.4 基础上，需要对 74LS175 中寄存的预置门限和 74LS160 中的实际产品数量进行比较，由于它们都是 4 位二进制数，是两个多位数据比较大小，采用集成比较器能简化设计，故根据两个数据的位数选用集成比较器 74LS85，其真值表如表 4.4.2 所列。从真值表中可以看出，74LS85 比较两个数大小的方法是先比较最高位,当两者相等时再比较次高位,以此方法逐位比较,比较结果由高位决定,高位比出结果时,低位就不需要再比较大小。如果各位都相等,则根据级联输入端的值给出比较结果。当要比较的数据位数超出集成比较器允许位数时,可以采用级联的方法进行扩展。

表 4.4.2　集成比较器 74LS85 真值表

比较输入				级联输入			输出		
A_3,B_3	A_2,B_2	A_1,B_1	A_0,B_0	$A>B$	$A<B$	$A=B$	$A>B$	$A<B$	$A=B$
$A_3>B_3$							1	0	0
$A_3<B_3$							0	1	0
$A_3=B_3$	$A_2>B_2$						1	0	0
$A_3=B_3$	$A_2<B_2$						0	1	0
$A_3=B_3$	$A_2=B_2$	$A_1>B_1$					1	0	0
$A_3=B_3$	$A_2=B_2$	$A_1<B_1$					0	1	0
$A_3=B_3$	$A_2=B_2$	$A_1=B_1$	$A_0>B_0$				1	0	0
$A_3=B_3$	$A_2=B_2$	$A_1=B_1$	$A_0<B_0$				0	1	0
$A_3=B_3$	$A_2=B_2$	$A_1=B_1$	$A_0=B_0$	1	0	0	1	0	0
$A_3=B_3$	$A_2=B_2$	$A_1=B_1$	$A_0=B_0$	0	1	0	0	1	0
$A_3=B_3$	$A_2=B_2$	$A_1=B_1$	$A_0=B_0$	0	0	1	0	0	1
$A_3=B_3$	$A_2=B_2$	$A_1=B_1$	$A_0=B_0$	1	1	0	0	0	0
$A_3=B_3$	$A_2=B_2$	$A_1=B_1$	$A_0=B_0$	0	0	0	1	1	0

将计数器的输出作为数据 A 输入,将寄存器的输出作为数据 B 输入。由于编码器 74LS147 为反码输出,故寄存器 74LS175 的反码输出就是按键的原码,将 74LS175 的 $\overline{Q}$ 端连接到 74LS85 的 B 输入。由于比较器没有多片级联,所以级联输入选择 A=B。74LS85 的输出通过发光二极管显示比较结果。综上可得本项目的总电路图,如图 4.4.5 所示。

4. 电路仿真

仿真时通过改变电位器 R3 大小模拟产品经过传送带,数码管显示产品计数结果。按键 S1~S9 用于预置报警门限,低电平有效,具有优先级别,其中 S9 优先级别最高,S1 优先级别最低。每次改变按键后,都需要用按钮 J2 更新寄存器数据。按钮 J1 用于复位,复位后计数器输出(74LS85 的 A 输入)变为 0,而寄存器的反码输出(74LS85 的 B 输入)各位全为 1。

当计数器结果小于寄存器结果时,绿灯 LED_1 亮,当两者相等时,黄灯 LDE_2 亮,当计数器结果大于寄存器数据时,红灯 LED_3 亮。

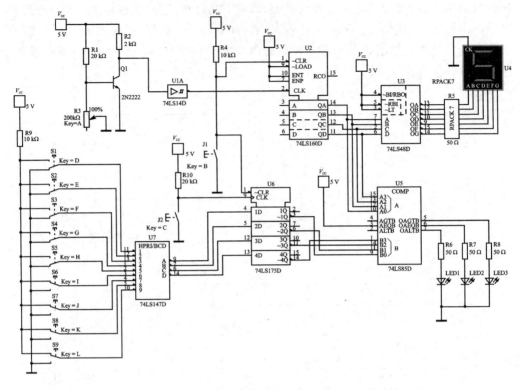

图 4.4.5 监控报警电路

5. 安装测试

列出图 4.4.5 所示的监控报警电路元器件清单。按照元器件清单将元器件备齐后,利用万用表等仪器逐个对元器件进行检测。本项目对三极管 Q1 没有特殊要求,常见小功率 NPN 三极管 9013、9014、8050、A1815 等都可以替换使用。

电路安装完毕后先用万用表进行一次不通电检测,主要检查集成电路型号是否正确、是否装反,电源对地是否短路,一切正常后才可以进行通电测试。本项目电路比较复杂,可以先安装调试产品计件部分,测试正常后再安装其余部分。

本项目可以利用光敏电阻代替电位器 R3,有光时,光敏电阻阻值约 1 kΩ,无光时约为 6 kΩ。调试时,用物品遮挡光敏电阻,数码管应显示递增计数,若不行则需适当减小 R1。

6. 撰写项目报告

根据项目实际情况撰写项目报告,总结项目经验。

7. 小结

本项目在综合项目 1 的基础上增加了编码器、寄存器、比较器等知识,实现了具有一定实际应用价值的电路。对电路进行改进后,可以应用在很多不同场合,如火警监控器、孵蛋器、锅炉温控器等。

4.4.2 拓展任务

1. 监控报警电路改进之一

在数字电子技术的很多应用场合往往需要把模拟量转换为数字量,称为模/数转换器(A/D 转换器,简称 ADC);或把数字量转换成模拟量,称为数/模转换器(D/A 转换器,简称 DAC)。完成这种转换的电路有很多种,特别是单片大规模集成 A/D、D/A 转换器问世,为实现上述转换提供了极大的方便。

常见典型的 A/D 集成电路有 AD0804 和 AD0809 等。AD0804 和 AD0809 都是 CMOS 工艺的 8 位逐次逼近型模/数转换器,AD0804 只有一个通道,AD0809 有 8 个通道,可由外部输入的地址选择其中一个通道进行 A/D 转换,每次 A/D 转换大约需要 100 μs 的时间。

图 4.4.5 在采用 ADC 进行功能拓展后可以实现对模拟量的监控报警,极大地增加了应用范围,可以对温度、压力、加速度、流量、湿度、光照等模拟量进行监控和超限报警。图 4.4.6 为仿真示例,图中用 R3 代替温度、光照等模拟量传感器,U8 中的 V_{ref+} 表示 A/D 转换的参考电压高电平,V_{ref-} 表示 A/D 转换的参考电压低电平,输入信号 V_{in} 的电压值应在 $V_{ref-} \sim V_{ref+}$ 之间。J1 用于产生采样脉冲,每按一次 J1 会对 V_{in} 信号进行一次 A/D 转换。

图中 ADC 输出有 8 位数据,为简单起见,本图中只选择了高 4 位进行存储和比较,这样就会有一定的误差;如果要求精度较高,就需要将 8 位数据全部存储,要采用 8 位存储器(U2),用于比较大小的数值比较器(U7)也应采用 8 位比较器,这样才能达到提高精度的目的。

图中寄存器 U2(74LS175)用于存储 A/D 转换结果,ADC 的 $\overline{EOC}$ 输出端在启动 A/D 输出高电平,转换完成后输出低电平,而 74LS175 有效时钟边沿为上升沿,因此,应将 ADC 的 $\overline{EOC}$ 输出经非门接 74LS175 时钟输入端。其实,如果在 ADC 启动新的一次 A/D 转换时将前一次结果存入寄存器,则可以将 ADC 的 $\overline{EOC}$ 端直接连接到 U2 的 CLK 端。

为减少电路板面积,图中采用了微型拨动开关(J4),开关拨到有圆点标记的一边为导通,另一侧为断开。在图 4.4.6 中,编码器会对拨到上面的开关按优先级进行编码。

在仿真时,通过 J2 对两个寄存器进行复位,J4 用于设置报警门限,J3 用于存储报警门限,J1 用于启动 A/D 转换,通过调节电位器 R3 实现模拟传感器的变化,其余与图 4.4.5 相同。

根据 ADC 数据手册选择合适的集成 ADC 芯片完成电路设计,采用热敏电阻或光敏电阻作为传感器,实际制作电路并进行测试。

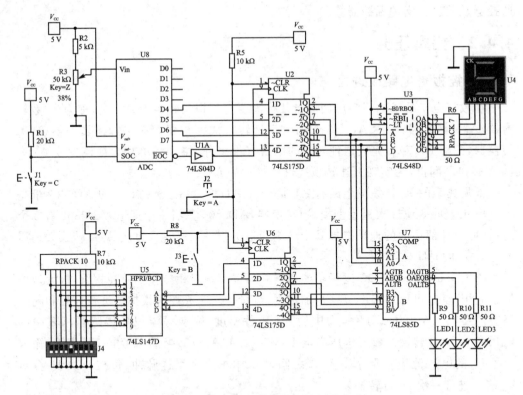

图 4.4.6 增加 ADC 的监控报警电路

2. 监控报警电路改进之二

图 4.4.6 需要手动启动 A/D 转换,使用很不方便,不能起到自动报警作用。可以对电路做进一步改进,比如,用多谐振荡器实现以一定频率自动启动 A/D 转换,另外,还可以增加声音报警功能,这样就可以令操作人员兼顾其他工作,提高劳动效率。

改进电路如图 4.4.7 所示,图中两个 555 定时器都构成多谐振荡器,但两者振荡频率不同。发声器件采用有源蜂鸣器,电压为 5 V,发声效果为断续的滴滴声。如果采用扬声器作为发声器件,需要在扬声器和 555 定时器之间接 1~20 μF 的隔直电容,多谐振荡器(U10)的频率也应该调节到 1 000 Hz 左右。

根据 ADC 数据手册选择合适的集成 ADC 芯片完成电路设计,采用热敏电阻或光敏电阻作为传感器,实际制作电路并进行测试。

3. 更加完善的监控报警电路

一般孵蛋器都有加热系统、加湿系统和风冷系统,主要技术指标为:

- ➢ 控温范围:34.2~39.5 ℃;
- ➢ 控湿范围:40%~70% RH;
- ➢ 控温精度:±0.1 ℃;

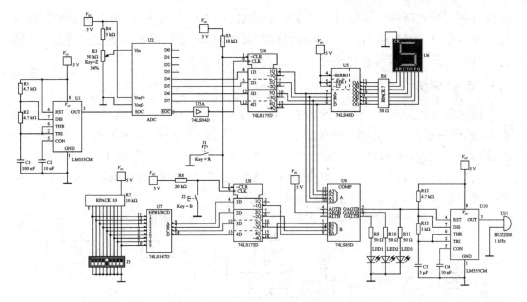

图 4.4.7　进一步改进的监控报警电路

➢ 温度显示分辨率：0.1℃；
➢ 湿度显示精度：1%RH。

在图 4.4.7 的基础上进一步完善设计，实现孵蛋器控制。方案提示：

① 采用两套监控报警电路，分别监控温度和湿度。

② 采用 8 位寄存器对 ADC 输出的 8 位 A/D 转换结果进行存储，单独设计译码显示电路，以便使用数码管显示 $0\sim(2^8-1)$ 的二进制数据，将集成比较器 74LS85 级联为 8 位比较器。

③ 温度监控报警电路需要有多个寄存器和比较器，分别用于中间值、低温门限和高温门限的存储、比较。温度较低时接通加热器加温，温度较高时接通排风扇进行风冷，超出门限时报警。

④ 因为除湿较复杂，所以湿度控制系统可以简化处理，仅当相对湿度小于 40% 时启动加湿系统，否则不启动加湿系统。

⑤ 控制加热器、加湿器和风扇时，需要使用弱电控制强电，查阅相关资料进行设计。

4.5　综合项目 5：拔河游戏机 *

4.5.1　拔河游戏机设计

1. 项目要求

拔河比赛是人民群众喜闻乐见的体育运动项目，采用电子技术模拟拔河比赛可以构成一项游戏活动。请设计一个拔河游戏机,用于两个人比赛,用发光二极管表示绳结的移动,用按键的按动频率表示力量的大小,要求能够自动评判胜负结果,多局比赛时能记录和显示局数和比分。

2. 项目分析

拔河游戏机用 9 个(或 15 个)电平指示灯排列成一行,开机后只有中间一个点亮,以此作为拔河的中心线,游戏双方各持一个按键,迅速地、不断地按动产生脉冲,谁按得快,亮点就向谁的方向移动,每按一次,亮点移动一次。移到任一方终端时,指示灯点亮,这一方就得胜,此时双方按键均无作用,输出保持,只有经复位后才使亮点恢复到中心线。最后,用数码管显示双方的获胜盘数。

符合项目要求的设计方案有多种,图 4.5.1 为一种方案的系统框图。

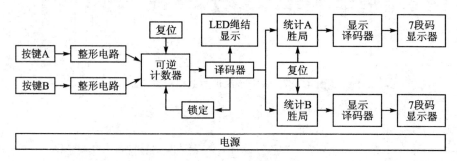

图 4.5.1 拔河游戏机系统框图

3. 电路设计

(1) 整形电路设计

因为按键快速按动,为防止脉冲毛刺,在按键后面用 SR 锁存器消除毛刺干扰。为将每次按动都转换为窄脉冲,可使信号经过两条不同路径,一条路径采用多个门电路延时,另一条路径采用导线直接相连,两条路径的时间差会产生一个窄脉冲,这是组合电路竞争冒险的原理,这里用来产生窄脉冲,如图 4.5.2 所示。

(2) 计数和译码显示电路设计

因为 74LS193 是可逆计数器,控制加减的 CP 脉冲分别接至 5 脚(UP)和 4 脚(DOWN)。当计数器要求进行递增计数时,减法时钟输入端 4 脚必须接高电平;进行减法计数时,加法时钟输入端 5 脚也必须接高电平。若直接由按键 A、B 产生的脉冲加到 5 脚或 4 脚,就有很多时候在进行计数输入时另一计数输入端为低电平,使计数器不能计数,双方按键均失去作用,拔河比赛不能正常进行。图 4.5.2 中的整形电路使 A、B 按键出来的脉冲经整形后变为一个占空比很大的脉冲,这就减少了进行某一计数时另一计数输入为低电平的可能性,从而使每按一次键都能进行有效的计数。电路如图 4.5.3 所示。

第 4 章 综合应用电路

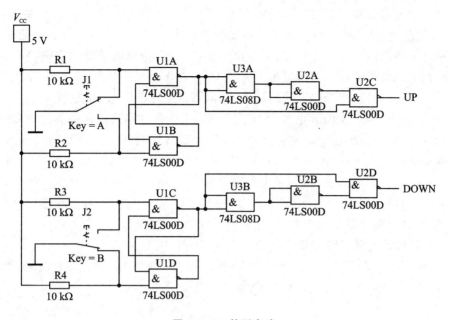

图 4.5.2 整形电路

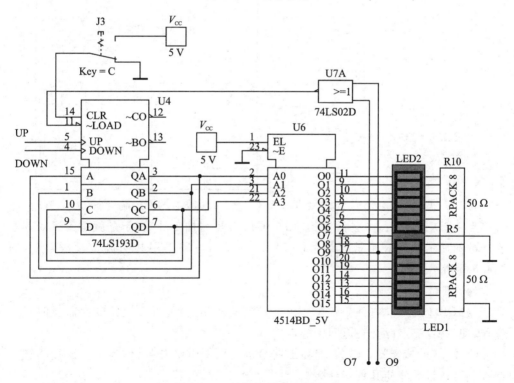

图 4.5.3 计数和译码显示电路

译码功能由 4 线-16 线译码器 CC4514 构成。CC4514 具有内部锁存器,1 脚(EL)为数据锁存控制端,当该端子输入低电平时,译码器处于保持功能,记忆前一个高电平时的输出值。23 脚(~LE)为输出禁止控制端,当该端子输入高电平时,所有输出端都为低电平。译码器的输出 Y0~Y15 中选 9 个(或 15 个)接 LED,LED 阴极接地,阳极接译码器,当译码器输出高电平时 LED 点亮表示绳结的位置。

或非门 74LS02 作用是锁定每局胜负。当 LED 亮点移到任何一方的终端时,判该方为胜,此时双方的按键均宣告无效。当递增计数到 $Q_DQ_CQ_BQ_A=0111$ 或者递减计数到 $Q_DQ_CQ_BQ_A=1001$ 时,译码器 4 脚(O7)或者 17 脚(O9)为高电平,经或非门变为低电平,再送到 74LS193 计数器的预置数端,于是计数器停止计数,处于预置状态,由于计数器数据输入端 D、C、B、A 和输出 QD、QC、QB、QA 对应相连接,输入与输出相同,从而使计数器处于锁存状态,不对任何按键进行计数。

(3) 胜局计数显示电路设计

胜局统计需分两路分别统计两人胜局数量,计数器采用双十进制计数器 CC4518,其符号如图 4.5.4 所示,功能如表 4.5.1 所列。

表 4.5.1 CC4518 功能表

输入			输出功能
时钟 CP	清零 MR	使能 EN	
×	1	×	全部置 0
↑	0	1	加计数
0	0	↓	
↓	0	×	保持
↑	0	0	
1	0	↓	

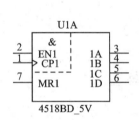

图 4.5.4 CC4518 符号

将双方 LED 终点信号分别接到 2 个 CC4518 计数器的 CP 端,当一方取胜时,该方终点 LED 亮;同时,上升沿使相应的 CC4518 进行加 1 计数,于是就得到了双方取胜次数的显示。显示译码电路采用 74LS48,显示电路采用共阴极 7 段数码管,如图 4.5.5 所示。

(4) 复位

74LS193 的 14 脚(清零端 CLR)接一个电平开关,进行多次比赛而需要的复位操作,使 LED 亮点(绳结)返回中心点。

CC4518 的清零端 MR(7 脚和 15 脚)也接一个电平开关,作为胜负局数的复位来控制胜负计数器使其重新计数。

(5) 总电路图

将前述各环节按照系统框图连接起来即构成总体电路图,如图 4.5.6 所示。

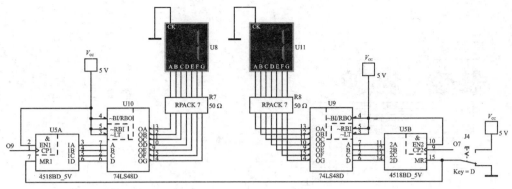

图 4.5.5　胜局统计显示电路

4. 电路仿真

本项目难点在于信号整形电路,这部分的仿真如图 4.5.7 所示。波形图中从上到下的 4 个波形分别为示波器 A、B、C、D 这 4 个通道的信号波形,最终的负脉冲非常窄,宽度为纳秒级。

可逆计数器 74LS193 原始状态输出 4 位二进制数 0000,经译码器输出使中间的一只电平指示灯点亮。当按动 A、B 两个按键时,分别产生两个脉冲信号,经整形后分别加到可逆计数器上,可逆计数器输出的代码经译码器译码后驱动发光二极管点亮并产生位移。当 LED 亮点移到任何一方终点后,由于控制电路的作用,使这一状态被锁定,使按键不起增减计数作用。如按动复位键,亮点又回到中点位置,比赛又可重新开始。当任一方取胜时,该方终点 LED 亮,同时对应的胜局计数器计数并通过 7 段数码管显示。通过复位按键可以清除胜局计数器,显示两个零。

5. 安装测试

列出图 4.5.6 所示拔河游戏机元器件清单。按照元器件清单将元器件备齐后,利用万用表等仪器逐个对元器件进行检测,对不熟悉的集成电路要按照功能表测试其功能。

安装时要注意用于显示绳结的 LED1 和 LED2 连接次序,与译码器 O0(11 脚)相连的 LED 管脚应放置在中间,然后 O1～O7 和 O15～O9 分两侧依次排列。电路安装完毕后先用万用表进行一次不通电检测,主要检查集成电路型号是否正确、是否装反,电源对地是否短路,一切正常后才可以进行通电测试。

比赛准备时,先用 J3 将可逆计数器 74LS1193 复位,用 J4 对胜局计数器清零。开始比赛时,应注意将复位按键 J3 和 J4 置于低电平。此时译码器输入为 0000,O0 输出为 1,中间的 LED 首先点亮,当按动 J1(A) 和 J2(B) 两个按键时,点亮的 LED 分别向两侧移动。当点亮的 LED 移动到终点时,对应的数码管加 1,此时双方按键失效,需再次用 J3 复位才能进行新的一局比赛。

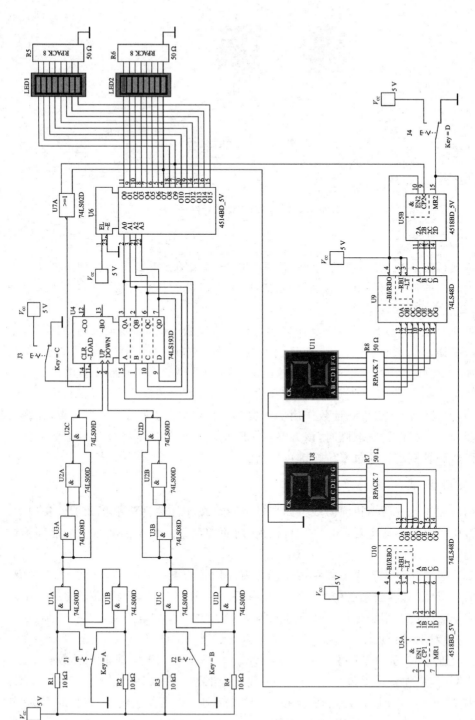

图4.5.6 拨河游戏机总电路图

第 4 章 综合应用电路

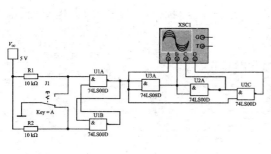
(a) 仿真电路图

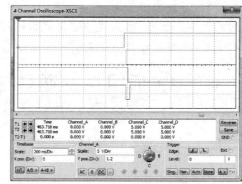
(b) 仿真波形图

图 4.5.7　整形电路仿真

若测试不正常,需按系统框图分模块查找故障,逐个排查整形电路、计数和译码显示电路、胜局计数显示电路。另外,接线前就应考虑集成块排列布局,使其逻辑清楚,接线较短,这样便于排查故障。

6. 撰写项目报告

根据项目实际情况撰写项目报告,总结拔河游戏机整个调试过程,分析调试中发现的问题及故障排除方法,总结项目经验。

7. 小结

本项目介绍了拔河游戏机电路的设计方法,综合了 SR 锁存器、计数器、译码器、组合电路竞争冒险、译码显示器等多方面知识,具有一定的趣味性。趣味电子电路是电子技术应用的一个方向,在玩具产业中具有重要地位,在设计趣味电子电路过程中也能综合提高电子技术水平。

4.5.2　拓展任务

1) 增加电路功能

有时事先约定五局三胜制或三局两胜制,为防止中途反悔,需要事先通过按键设置比赛局数,比赛局数达到规定时,锁定可逆计数器,并用声音报警。请设计电路,绘制电路图,准备元器件,安装并调试电路。

2) 设计彩灯电路

节日里为装扮圣诞树、房间,可采用发光二极管彩灯电路。如果设计合理,可以使发光二极管变幻出各种图案,十分鲜艳、漂亮。请用多种颜色的 LED 设计具有动感图案效果的彩灯电路,绘制电路图,准备元器件,安装并调试电路。

3) 设计电子烟花爆竹电路

中国有在重大节日和喜庆日子燃放烟花爆竹的习俗,因为烟花爆竹具有一定的危险性,并且污染环境,一次性使用,价格昂贵。请设计电子烟花爆竹,使其具有美丽的动态燃放效果,用火光或热源触发电路,闪亮一段时间后自动熄灭,绘制电路图,准备元器件,安装并调试电路。

4.6 综合项目 6:交通灯控制电路 *

4.6.1 交通灯控制电路设计

1. 项目要求

为了对一条繁忙的主干道和一条较为冷清的边道交叉路口进行交通控制,需要设计一个交通灯数字控制电路。要求主干道亮绿灯的时间为 25 s,边道亮绿灯时间为 20 s,绿灯过渡到红灯时需要黄灯亮 5 s 时间。

2. 项目分析

因为路口交通灯要循环执行几种固定的状态组合,所以,可以采用状态机进行控制。经分析可知,状态机共有 4 种状态,如图 4.6.1 所示。

图 4.6.1 中没有加入转换条件,是不完整的状态转换图,转换条件为时间的长短,主干道亮绿灯时间长,假设为 T_L;边道亮绿灯时间中等,假设为 T_M;亮黄灯时间短,假设为 T_S。完善之后的状态转换图如图 4.6.2 所示。

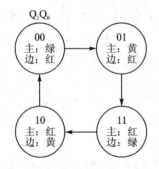
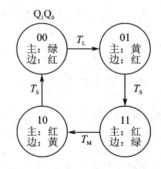

图 4.6.1 交通灯的状态转换图　　　图 4.6.2 加入状态转换条件的状态转图

用状态机新状态边沿启动单稳态触发器暂态(定时开始),单稳态触发器输出高电平,用单稳态触发器下降沿(定时结束)启动状态机下一个新状态。因为状态机在不同状态下的状态转换条件不同,也就是说,在不同状态时,所需时钟脉冲有效边沿不同,因此需要一个状态转换条件判断电路对是否满足时间要求进行判断。另外,主干道和边道的黄灯都是亮 5 s,所以能共用一个单稳态触发器定时,但是两者不是同时亮同时灭,所以需要进行控制选择。亮红灯时间等于另一侧道路的亮黄灯时间加亮绿灯时间,可以使用或门实现。综上所述,可绘制交通灯系统框图,如图 4.6.3

所示。

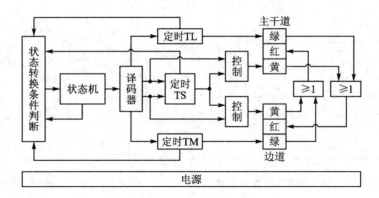

图 4.6.3 交通灯系统框图

3. 电路设计

(1) 状态机设计

由状态转换图 4.6.2 可以得到状态转换表,如表 4.6.1 所列。

将单稳态触发器 T_L、T_M 和 T_S 输出脉冲下降沿当作状态机时钟有效边沿,控制状态机的状态转换。状态方程为:

$$Q_1^{n+1} = Q_0 \quad Q_0^{n+1} = \overline{Q_1}$$

因为状态方程非常简单,所以采用 D 触发器。因为需要两个触发器,所以采用双 D 触发器 74LS74 比较方便。

表 4.6.1 交通灯的状态转换表

输入					输出	
Q_1^n	Q_0^n	T_L	T_M	T_S	Q_1^{n+1}	Q_0^{n+1}
0	0	↓	×	×	0	1
0	1	×	×	↓	1	1
1	0	×	×	↓	0	0
1	1	×	↓	×	1	0

因为 D 触发器的特征方程为 $Q^{n+1}=D$,对照状态方程,可得驱动方程:

$$D_1 = Q_0 \quad D_0 = \overline{Q_1}$$

根据驱动方程可绘制电路图,如图 4.6.4 所示。

(2) 译码器电路设计

译码器负责用状态机的状态启动对应的单稳态触发器定时,因为状态机只有 2 位代码,所以仅需要 2 线-4 线译码器即可,74LS155 能够满足要求。

根据图 4.6.2,当状态机输出 00 时希望启动单稳态触发器 T_L 进行 25 s 定时,输出 01 和 10 时启动单稳态触发器 T_S 进行 5 s 定时,输出 11 时启动单稳态触发器 T_M 进行 20 s 定时。

74LS155 符号如图 4.6.5 所示。每片 74LS155 的两个 2 线-4 线译码器共用地址输入(BA),选通控制则是分别控制:译码器 1 的选通控制信号为 $\overline{1G} \cdot 1C$(要求~1G 脚输入低电平的同时,1C 脚输入高电平),译码器 2 的选通控制信号为 $\overline{2G} \cdot \overline{2C}$(要求~1G 脚和~2G 脚同时输入低电平)。根据状态转换图可绘制译码器电路图,如图 4.6.6 所示,图中包括了状态机部分。

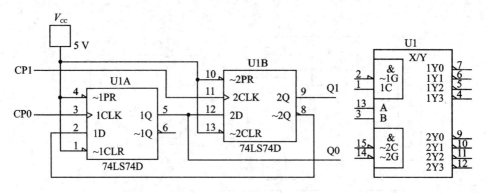

图 4.6.4　状态机电路图　　　　图 4.6.5　74LS155 符号

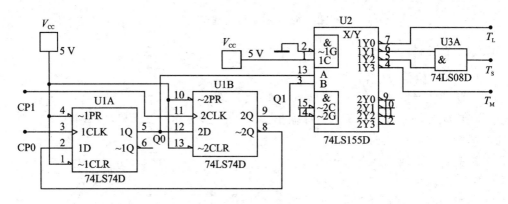

图 4.6.6　译码器电路图

(3) 定时电路设计

本项目单稳态触发器不需要重触发，可以选用不能重触发的集成单稳态触发器 74121（参见实际操作 11.1）。假设定时电阻为 R_x，定时电容为 C_x，则 74121 的暂态时间为 $t_W \approx 0.7 R_x C_x$。因为定时时间长、内置电阻太小，所以采用外部定时电阻，根据暂态时间分别计算、选取定时电容和定时电阻，绘制电路图，如图 4.6.7 所示。

(4) 状态转换条件判断电路设计

因为 D 触发器 74LS155 需要时钟上升沿触发，而单稳态触发器暂态输出为正脉冲，结束时为下降沿，所以，需要将单稳态触发器的反相输出端当作 D 触发器时钟信号的来源。

状态转换条件判断的实质是根据地址不同，用数据选择器从 3 个单稳态触发器的输出中选择一个作为时钟信号（参见表 4.6.1）。

该数据选择器地址为 $Q_1 Q_0$，输入数据为 T_L、T_M 和 T_S 的反相输出信号，因为单稳态触发器本身的性质保证输出仅在暂态回到稳态时才会出现下降沿，而暂态由状态机触发，所以在真值表中只需要考虑触发状态改变的时钟有效边沿，不需要考虑其余情况。真值表如表 4.6.2 所列。

第4章 综合应用电路

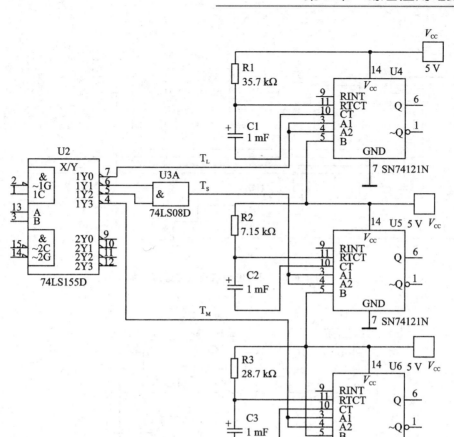

图 4.6.7 定时电路

由真值表可得：

$$CP_0 = \overline{Q_1} \cdot \overline{Q_0} \cdot \overline{T_L} + Q_1 \cdot Q_0 \cdot \overline{T_M} \quad CP_1 = \overline{Q_1} \cdot Q_0 \cdot \overline{T_S} + Q_1 \cdot \overline{Q_0} \cdot \overline{T_S}$$

该表达式比较简单，可以用门电路实现，如图 4.6.8 所示；也可以用集成数据选择器实现（参见 2.5 节），如图 4.6.9 所示。

表 4.6.2 状态机时钟真值表

输入					输出		输入					输出	
地址		数据			CP_1	CP_0	地址		数据			CP_1	CP_0
Q_1	Q_0	T_L	T_M	T_S			Q_1	Q_0	T_L	T_M	T_S		
0	0	↓	×	×	×	↑	1	0	×	×	↓	↑	×
0	1	×	×	↓	↑	×	1	1	×	↓	×	×	↑

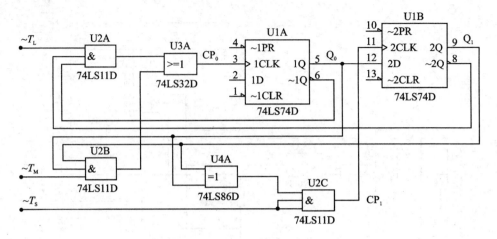

图 4.6.8 用门电路实现数据选择功能

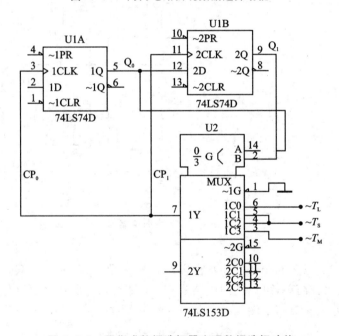

图 4.6.9 用集成数据选择器实现数据选择功能

对比图 4.6.8 和图 4.6.9 可知,图 4.6.8 多需要 2 个集成块,连线也较多,成本高,所以图 4.6.9 为较佳方案。

(5) 总电路图

将前述电路单元按照系统框图组合成为总体电路图,如图 4.6.10 所示。图中 J1 为状态机复位按钮。

第 4 章 综合应用电路

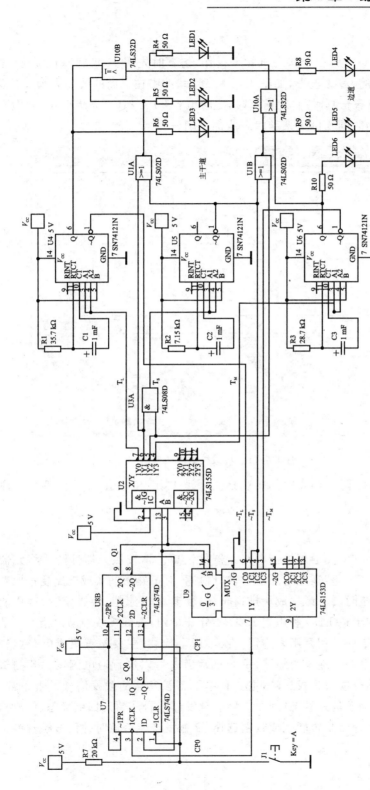

图4.6.10 交通灯控制电路图

4. 电路仿真

本项目的核心问题在于状态机能否工作，仿真时先用 J1 将状态机复位，再用示波器观察状态机的 Q_1Q_0 波形，如图 4.6.11 所示，图中在上面的波形为 Q_1，下面的波形为 Q_0。为了节省仿真时间，在仿真时，定时电容 C1、C2、C3 都减小到了 1 μF，可以看到，仿真波形的时间比例关系和状态值都正确。

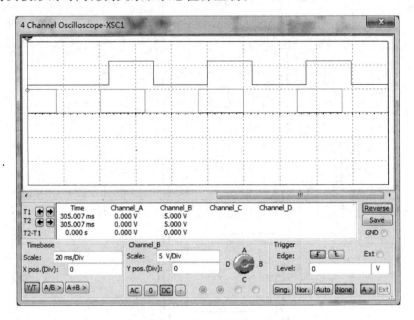

图 4.6.11　状态机仿真波形图

状态机正常工作后，仿真时主要观察主干道 LED 和边道 LED 的变化次序是否与项目要求相符。

5. 安装测试

列出图 4.6.10 中交通灯控制电路元器件清单。请按照元器件清单将元器件备齐后，利用万用表等仪器逐个对元器件进行检测，对不熟悉的集成电路要按照功能表测试其功能。安装时要考虑集成块排列布局，使其逻辑清楚、接线较短，这样便于排查故障。另外，主干道 LED 和边道 LED 要分开排列，否则接线容易出错。

电路安装完毕后先用万用表进行一次不通电检测，主要检查集成电路型号是否正确、是否装反，电源对地是否短路，一切正常后才可以进行通电测试。若测试不正常，需按系统框图分模块查找故障，主要有单稳态触发器的触发信号是否正常、单稳态触发器能否被触发进入暂态定时、单稳态触发器能否从暂态回到稳态、译码器能否正常译码、数据选择器是否能完成数据选择、D 触发器能否被时钟信号触发等。

6. 撰写项目报告

根据项目实际情况撰写项目报告,总结安装调试过程,分析调试中发现的问题及故障排除方法,总结项目经验。

7. 小结

本项目介绍了交通灯控制电路的设计方法,综合了状态机、触发器、译码器、数据选择器、单稳态触发器等多方面知识,具有一定的实用价值。本项目的核心是状态机设计,经拓展后,本项目可以发展出很多具有复杂控制功能的实用电路。

4.6.2 拓展任务

(1) 增加盲人通过路口提示音功能

盲人在通过路口时,因为无法看见交通信号灯会导致格外危险,请设计提示音电路帮助盲人通过路口。

假设用不同频率的声音表示主干道方向和边道方向,用滴滴叫声提醒盲人可以过通过路口,绿灯刚亮起时,滴滴声间隔较长,临近变黄灯的最后 5 s 变为较急促的滴滴声。因为黄灯时间较短,盲人来不及通过路口,所以,亮黄灯后,滴滴声停止,以示不能过马路。请设计提示音电路,绘制电路图,准备元器件,安装并调试电路。

(2) 增加分车道控制车流功能

在很多车流量大的道路,路口交通灯都是按照车道进行车流控制,车道一般分为左转车道、直行车道、右转车道,交通灯也分为左转指示、直行指示、右转指示。

一个双色 LED 可以代替两个不同颜色的 LED,体积较小,使用方便,可以使用双色 LED 点阵显示出箭头指示通行方向,红色箭头表示该方向禁行,绿色箭头表示该方向放行,黄色表示警示。请设计分车道控制的交通灯控制电路,绘制电路图,准备元器件,安装并调试电路。

(3) 增加智能调节交通灯功能

智能交通是交通流量控制的发展方向,在路边设置车辆传感器,通过传感器感知等候通行的车辆多少,进而调节交通灯,提高路口通行能力,这是减少路口拥堵的一项有效措施。请设计智能交通灯控制电路,绘制电路图,准备元器件,安装并调试电路。

本章小结

知识小结

本章主要介绍了施密特触发器、单稳态触发器、多谐振荡器和综合应用电路的设计方法等知识。

一般触发器和施密特触发器都有 0 和 1 这两个稳定的状态,而单稳态触发器仅有一个稳定的状态，另一个是暂态，多谐振荡器没有稳定的状态，两个状态都是暂态。施密特触发器和单稳态触发器都是脉冲整形电路，都需要输入信号，而多谐振荡器是脉冲产生电路，不需要输入信号，通电就能自行振荡输出矩形波。

施密特触发器的主要特点是具有滞回特性，可以减小干扰，将幅度高低不同的信号整形为幅度一样的矩形脉冲。

单稳态触发器的主要特点是平时输出稳态，当被输入信号触发时进入暂态，过段时间可以自行回归到稳态，暂态时间长短由定时电阻和定时电容决定，可以用于定时。

多谐振荡器的主要特点是不需要输入信号，能自行振荡产生输出信号，振荡频率由定时元件决定；当采用石英晶体时，振荡频率比较稳定，振荡频率由石英晶体决定。

综合应用电路是指在设计电路过程中使用到了数字电路多个课程单元内容的较复杂电路，一般具有一定实际应用价值。在综合应用电路设计时，往往还要用到模拟电子技术知识、传感器知识，这是因为客观世界是模拟的，而且需要用传感器去感知，所以纯数字电路很少能独立工作，较常见的纯数字电路仅限于计算器、计算机、数字时钟等。但是，因为数字集成电路技术的飞速发展，使用数字技术实现复杂系统的成本极低，所以数字技术又非常重要，数字电路一般都是复杂系统的核心部分。在设计复杂系统时，首先要分析系统功能、规划系统模块、绘制系统框图，之后才是电路设计、仿真、准备元器件、安装和调试等工作。

技能小结

本章在技能方面除了用到前几章练习技能，还需要综合模拟电子技术和传感器技术的很多技能。本章项目较为复杂，使用元器件种类较多，在准备元器件时一定要对元器件逐一进行检测，以便熟悉元器件性能，便于调试电路和查找电路故障。

在用万能板和面包板装接复杂电路时，一定要先根据系统框图和电路单元合理规划元器件布局，使电路各部分相对独立、接线较短，尽量减少飞线，以降低干扰、便于排查故障。在调试电路时，尽可能按电路单元分别测试，都合格后，再连接在一起统一调试，排查故障时也应按电路单元分别排查，以缩小故障范围、提高排查速度。项目完成时要及时记录整理相关数据和资料，分析项目中遇到的问题，尽快完成技术报告，以免忘记或遗漏。

思考与练习

① 逻辑思维训练：

对基础研究投入大量经费似乎作用不大，因为直接对生产起作用的是应用型技术。但是，应用技术发展需要基础理论研究做后盾。今天，纯理论研究可能暂时看不出有什么用处，但不能肯定它将来也不会带来巨大效益。

上述论证的前提假设是：

A. 发展应用型新技术比搞纯理论研究见效快、效益高。
B. 纯理论研究耗时耗资,看不出有什么用处。
C. 纯理论研究会造福后代,而不会利于当代。
D. 发现一种新的现象与开发出它的实际用途之间存在时滞。
E. 发展应用型新技术容易,搞纯理论研究难。

② 思维拓展训练:

假设有一个池塘,里面有无穷多的水。现有 2 个空水壶,容积分别为 5 升和 6 升。问题是如何只用这 2 个水壶从池塘里取得 3 升的水。

③ 由 JK 触发器和 555 定时器组成的电路如图题 4.1 所示,已知 CP 为 10 Hz 方波,JK 触发器输出 Q 和 555 输出 v_o 初始均为 0,试

ⓐ 画出 JK 触发器输出 Q 及 v_1、v_o 的波形。

ⓑ 求输出波形的周期。

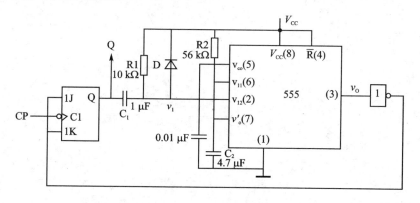

图题 4.1 习题③电路图

④ 在如图题 4.2(a)所示电路中,R1C1 构成微分电路,G 为具有施密特性能的非门,其阈值电压分别为 0.8 V 和 1.6 V,由 555 定时器构成的单稳态电路暂稳态持续时间为 3.5 ms。求在如图题 4.2(b)输入波形 v_I 作用下,画出 A、B、C、D 和 Y_1、Y_2 的波形。

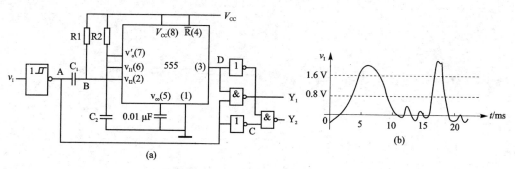

图题 4.2 习题④电路图

⑤ 请用 555 定时器设计一个简易电子琴电路,当按下不同按钮时,会对应产生 1~7 的音调。

⑥ 请使用烟雾传感器(或者可燃气体传感器)、红外传感器、温度传感器和手动按钮设计一个火灾报警电路。要求在 3 种传感器中的两种以上超出预定值时,或者有手动按钮按下时,电路能发出声音和闪光报警。

⑦ 请设计一个洗手自动控制电路,当手接近传感器时,水龙头打开;当手离开传感器后,水龙头延时 5 s 关闭。

⑧ 请设计一个密码锁电路,要求能够输入和修改密码。在未输入正确密码时,如果门被打开则用声音和闪光报警。如果连续 3 次输入错误密码,也发出报警声。

⑨ 请用红外发光二极管和红外光敏二极管(或者红外光敏三极管)设计一个红外遥控器,要求遥控器至少有 4 个按键,接收器至少能分别控制 4 个用电设备。

⑩ 请使用 32 768 Hz 的石英晶体构成多谐振荡器,并通过分频器得到周期为 1 s 的矩形脉冲信号。

第 5 章
电气特性及知识拓展

学习目标

专业知识： ➢ 了解数字电路的特点与分类；
➢ 了解噪声容限和电平兼容性；
➢ 了解集成电路带负载能力；
➢ 了解 A/D 和 D/A；
➢ 了解存储器和可编程逻辑器件；
➢ 了解竞争-冒险现象；
➢ 了解电子系统设计方法。

专业技能： ➢ 能根据噪声容限选择集成电路；
➢ 能解决电平兼容问题；
➢ 会计算集成电路带负载能力；
➢ 能够使用仿真软件进行数字电路仿真；
➢ 初步具备电子电路系统级设计能力。

素质提高： ➢ 培养学生严肃、认真的科学态度和良好的学习方法；
➢ 使学生养成独立分析问题和解决问题的能力并具有协作和团队精神；
➢ 能综合运用所学知识和技能独立解决课程设计中遇到的实际问题，具有一定的归纳、总结能力；
➢ 具有一定的创新意识，具有一定的自学、表达、获取信息等各方面的能力；
➢ 培养规范的职业岗位工作能力；
➢ 培养学生的质量、成本、安全意识。

5.1 数字电路概述

5.1.1 特点与分类

1. 数字电路的特点与分类

从信号处理的性质上看，现代电子电路可以分为模拟电路和数字电路。模拟电路所能处理的是模拟电压或电流信号,数字电路是指只能处理逻辑电平信号的电路,因此,数字电路又称为数字逻辑电路。

数字电路是组成数字逻辑系统的硬件基础,基本性质是:

① 严格的逻辑性:数字电路实际上是一种逻辑运算电路,其系统描述是动态逻辑函数,因此数字电路设计的基础和基本技术之一就是逻辑设计。

② 严格的时序性:为实现数字系统逻辑函数的动态特性,数字电路各部分之间的信号必须有着严格的时序关系。时序设计也是数字电路设计的基本技术之一。

③ 基本信号只有两种逻辑电平(或脉冲):数字电路既然是一种动态的逻辑运算电路,因此其基本信号就只能是脉冲逻辑信号。脉冲信号的特征是:只有高电平和低电平两种状态,两种电平状态各有一定的持续时间。

④ 和逻辑值(0或1)对应的电平幅度因具体的实际电路而有所不同。

⑤ 固件特点明显:固件是现代电子电路,特别是数字电路或系统的基本特征,也是现代电子电路的发展方向。固件是指电路的结构和运行靠软件控制完成的电路或器件,这与传统的数字电路完全不同。传统数字电路完全由硬件实现,一旦硬件电路或系统确定之后,电路的功能是不能更改的。而固件由于硬件结构可以由软件决定,因此电路十分灵活,同样的电路芯片可以根据实际需要实现完全不同的功能电路,甚至可以在电路运行中进行电路结构的修改,例如可编程逻辑门阵列和单片机等。

从电子系统要实现的工程功能来看,任何一个工程系统都可以看成是一个信号处理系统,而信号处理的基本概念实际上就是一种数学运算。数字电路的工程功能,就是用硬件实现所设计的计算功能。不难看出,用模拟电路可以实现连续函数的运算功能,但由于系统的运算功能比较复杂,因此,模拟电路所能实现的系统功能是十分有限的。数字电路与模拟电路不同,数字电路可以实现基本的运算单元,用这些基本运算单元通过程序设计,可以直接进行各种计算,所以,数字电路可以实现各种复杂运算。目前,数字电路已经成为现代电子系统的核心和基本电路,掌握数字电路的基本工作特点和行为特性是现代电子系统的基础之一。

由于数字电路所处理的是逻辑电平信号,因此,从信号处理的角度看,数字电路系统比模拟电路具有更高的信号抗干扰能力。

数字电路中使用的基本器件是数字集成电路,特点是以实现逻辑功能为目标。一个数字电路能否满足设计要求,主要取决于数字集成电路的功能与技术参数指标。数字电路的基本技术特性与电路工艺有关。只有了解了数字电路的基本技术特性,才能设计和描述一个数字逻辑电路系统,才能正确确定数字电子系统所需要的电路器件。因此,数字电路的基本技术特性,是数字电子系统设计、分析和调试技术的基础,也是数字电路系统的基本描述语言。

数字电路可以用来实现各种处理数字信号的逻辑电路系统。从系统行为上看,可以把数字电路分为静态电路(组合电路)和动态电路(时序电路)。

静态电路的基本特点是:

第5章 电气特性及知识拓展

① 电路信号的输出仅与当前输入有关,与信号输入和电路输出的历史无关。

② 静态电路所关心的只是电路输入信号进入稳定状态后电路的状态,而对输入信号的变化过程并不关心。

影响静态逻辑电路正常工作的一个重要因素是系统的工作速度,这是组合逻辑电路设计中必须十分注意的一个问题。静态电路是实现各种逻辑系统基础,也是实现动态电路的基础。

动态电路包括同步时序电路和异步时序电路两种,基本特点是:

① 电路具有信号反馈(输出信号以某种方式反馈到输入端)。

② 系统工作状态受信号延迟的影响。

③ 系统当前输出不仅与当前输入有关,还与系统的上一个状态有关(即与系统的历史有关)。

动态电路的基本分析方法是状态分析(如利用状态表或状态图),基本设计技术则是以系统状态分析为基础。动态电路的调试主要是通过观察系统的状态分析系统的功能和性能。

当今,数字电子电路几乎已完全集成化了。集成电路按集成度可分为小规模、中规模、大规模和超大规模等。小规模集成电路(SSI)是在一块硅片上制成约1~10个门,通常为逻辑单元电路,如逻辑门、触发器等。中规模集成电路(MSI)的集成度约为10~100门/片,通常是逻辑功能电路,如译码器、数据选择器、计数器、寄存器等。大规模集成电路(LSI)的集成度约为100门/片以上,超大规模(VLSI)为1 000门/片以上,通常是一个小的数字逻辑系统。现已制成规模更大的极大规模集成电路。

数字集成电路还可分为双极型电路和单极型电路两种。双极型电路中有代表性的是TTL电路;单极型电路中有代表性的是CMOS电路。TTL集成电路除了标准形式外,还有其他4种结构形式:高速TTL(74H系列),低功耗TTL(74L系列)、超高速TTL(74S系列)种低功耗肖特基TTL(74LS系列)。国产CMOS集成电路主要为CC4000系列,其功能和外引线排列与国际CD4000系列相对应。高速CMOS中,74HC和74HCT系列与TTL74系列相对应,两者的主要区别在于电源电压不同,74HCT系列与74LS系列电源电压相同,电平匹配,可以互换,74HC系列电源电压在2~6 V之间任选,与74LS系列存在电平匹配问题,不能直接互换。

使用集成电路时必须正确了解电气参数的意义和数值,并按规定使用。特别是必须严格遵守极限参数的限定,因为即使瞬间超出,也会使器件遭受损坏。

2. TTL 集成电路

TTL(晶体管-晶体管逻辑)集成电路的特点:

➢ 输入端一般有钳位二极管,减少了反射干扰的影响。

➢ 输出电阻低,增强了带容性负载的能力。

➢ 有较大的噪声容限。

➢ 采用+5 V 的电源供电。

为了正常发挥器件的功能,应使器件在推荐的条件下工作,对 74LS 系列器件,主要有:

➢ 电源电压应 4.75~5.25 V 的范围内。
➢ 环境温度在 0~70℃ 之间。
➢ 高电平输入电压 $V_{IH}>2$ V,低电平输入电压 $V_{SL}<0.8$ V。
➢ 输出高电平电流应小于 400 μA,输出低电平电流小于 8 mA。
➢ 工作频率不能高,典型低电平到高电平传输延迟时间为 15 ns,高电平到低电平传输延迟时间为 12 ns,最高工作频率约 33 MHz。

TTL 器件使用注意问题:

① 电源电压应严格保持在 5V(±10%)的范围内,过高易损坏器件,过低则不能正常工作,实验中一般采用稳定性好、内阻小的直流稳压电源。使用时,应特别注意电源与地线不能错接,否则会因过大电流而造成器件损坏。

② 多余输入端最好不要悬空,虽然悬空相当于高电平,并不能影响与门(与非门)的逻辑功能,但悬空时易受干扰。为此,与门、与非门多余输入端可直接接到 V_{cc} 上,或通过一个公用电阻(几千欧姆)连到 V_{cc} 上。若前级驱动能力强,则可将多余输入端与使用的输入端相接;不用的或门、或非门输入端直接接地;与或非门不用的与门输入端至少有一个要直接接地;带有扩展端的门电路扩展端不允许直接接电源。若输入端通过电阻接地,电阻值的大小将直接影响电路所处的状态,当 $R \leqslant 680$ Ω 时,输入端相当于逻辑"0";当 $R \geqslant 1.4$ kΩ 时,输入端相当于逻辑"1"。对于不同系列的器件,要求的阻值不同。

③ 输出端不允许直接接电源或接地,不允许将输出不同信号的输出端直接连接使用(集电极开路门和三态门除外)。

④ 电路的负载能力(即扇出系数)要留有余地,以免影响电路的正常工作。扇出系数可通过查阅器件手册或计算获得。

⑤ 高频工作时应通过缩短引线和采取屏蔽干扰源等措施,抑制电流的尖峰干扰。

⑥ 当外加输入信号边沿变化很慢时(上升沿或下降沿小于 50~100 ns/V),必须加整形电路(如比较器、施密特触发器等)进行改善。

3. CMOS 集成电路

CMOS 集成电路是在 TTL 电路问世之后开发出的第二种广泛应用的数字集成器件,目前,已占据数字集成电路的主导地位,74HC 系列正在逐渐取代 74LS 系列。CMOS 电路的功耗和抗干扰能力远优于 TTL 电路,工作速度可与 TTL 电路相比较。现在又有一种结合了 TTL 电路和 CMOS 电路优点的 BiCMOS 出现。

由于 CMOS 集成电路种类繁多,各有不同,下面以 CMOS4000 系列为例,介绍

其特点:

① 静态功耗低:电源电压 $V_{DD}=5$ V 的中规模电路的静态功耗小于 100 μW,以利于提高集成度和封装密度,降低成本,减小电源功耗。

② 电源电压范围宽:电源电压可在 3～18 V 内任取,从而使选择电源的余地大,电源设计要求低。

③ 输入阻抗高:正常工作的 CMOS 集成电路,其输入端保护二极管处于反偏状态,直流输入阻抗可大于 100 MΩ,工作频率较高时应考虑输入电容的影响。

④ 扇出能力强:在低频工作时,一个输出端可驱动 50 个以上的 CMOS 器件的输入端,这主要因为 CMOS 器件的输入电阻高。

⑤ 抗干扰能力强:CMOS 集成电路的电压噪声容限可达电源电压的 45%,而且高电平和低电平的噪声容限值基本相等。

⑥ 逻辑摆幅大:空载时,输出高电平 $V_{OH}>(V_{DD}-0.05$ V),输出低电平 $V_{OL}<(V_{SS}+0.05$ V)。

CMOS 集成电路还有较好的温度稳定性和较强的抗辐射能力。不足之处是,CMOS4000 系列的工作速度比 TTL 集成电路低,电平变化传输延长时间至少要 90 ns,功耗随工作频率的升高而显著增大。

CMOS 器件的输入端和 V_{SS} 之间接有保护二极管,除了电平变换器等一些接口电路外,输入端和正电源 V_{DD} 之间也接有保护二极管,因此,在正常运转和焊接 CMOS 器件时,一般不会因感应电荷而损坏器件。但是,在使用 CMOS 数字集成电路时,输入信号的低电平不能低于 $(V_{SS}-0.5$ V),除某些接口电路外,输入信号的高电平不得高于 $(V_{DD}+0.5$ V),否则可能引起保护二极管导通,甚至损坏进而可能使输入级损坏。

CMOS 器件使用注意事项:

① 电源连接和选择:V_{DD} 端接电源正极,V_{SS} 端接电源负极(地)。绝对不能接错,否则器件因电流过大而损坏。CMOS 器件在不同的电源电压下工作时,其输出阻抗、工作速度和功耗等参数都有所变化,设计中须考虑。

② 输入端处理:多余输入端不能悬空。应按逻辑要求接 V_{DD} 或接 V_{SS},以免受干扰造成逻辑混乱,甚至还会损坏器件。对于工作速度要求不高,而要求增加带负载能力时,可把输入端连接在一起使用。

对于安装在印刷电路板上的 CMOS 器件,为了避免输入端悬空,在电路板的输入端应接入限流电阻 R_P 和保护电阻 R,当 $V_{DD}=+5$V 时,R_P 取 5.1 kΩ,R 一般取 100 kΩ～1 MΩ。

③ 输出端处理:输出端不允许直接接 V_{DD} 或 V_{SS},否则将导致器件损坏。除三态(TS)器件外,不允许两个不同芯片输出端并联使用,但有时为了增加驱动能力,同一芯片上的相同信号输出端可以并联。

④ 对输入信号 U_I 的要求:U_I 的高电平 $U_{IH}<V_{DD}$,U_{IL} 的低电平 U_{IL} 小于电路系统

允许的低电压,不能小于 V_{SS}。

⑤ 接通电源要求:必须先接通电源,再加入信号。工作结束后,应先撤除信号,再关闭电源。不可在接通电源的情况下插入或拔出组件。

⑥ 焊接和储存要求:电烙铁接地要可靠,或将电烙铁断电后,用余热快速焊接。储存时,一般用金属箔或导电泡棉将组件各脚管短路。

5.1.2 安装与调试方法

1. 安装与调试方法

(1) 安装和调试的准备工作

在进行数字电子电路安装、测试时,充分掌握和正确利用集成器件及其构成的数字电路独有的特点和规律可以收到事半功倍的效果。因此,安装前要认真学习有关电路的基本原理,掌握器件使用方法,对如何进行安装、测试做到心中有数,并用仿真软件对所电路进行验证,以保证电路设计的正确,这样不但可以提高理论水平、拓宽设计思路,也可大大节省安装和测试工作所需时间,提高效率。

安装和调试的准备工作主要有:

① 初步分析电路,估算实验结果(包括各项参数和波形);

② 使用仿真软件验证,记录仿真测试的有关数据;

③ 打印或绘制电路图,并在图上标出器件型号、使用的引脚号及元件数值,必要时还须用文字说明;

④ 列出元器件清单;

⑤ 准备元器件,对元器件进行检测;

⑥ 拟定测试方法和步骤;

⑦ 对测试所需仪器设备进行必要的检查校准。

(2) 安装

如果采用万能板焊接或使用面包板插接,安装前应进行元器件布局。在布局时,可以将元器件按照电路图从信号输入到输出的方向依次排列。有时,一个集成块中有多个门电路,电路原理图可能在多处用到同一个集成块的几个门电路,这就需要调整该集成块的位置,使其与相连的元器件尽量接近。

在数字电路测试中,因错误布线引起的故障常占很大比例。布线错误不仅会引起电路故障,严重时甚至会损坏器件,因此,注意布线的合理性和科学性是十分必要的,布线的基本原则是:便于检查,排除故障和更换器件。

安装时需注意以下几点:

① 接插集成电路时,先校准两排引脚,使之与电路板上的插孔对应,轻轻用力将电路插上,然后在确定引脚与插孔完全吻合后再用力将其插紧,以免集成电路的引脚弯曲、折断或者接触不良。

② 不允许将集成电路方向插反。当 IC 的缺口（或标记）朝左时，引脚序号从左下方的第一个引脚开始（1 脚），按逆时钟方向依次递增至左上方的第一个引脚（末脚）。

③ 二极管、发光二极管、电解电容等有极性元器件不能装反。

④ 导线应粗细适当，一般选取直径为 0.2～0.8 mm 的单芯铜导线，最好采用不同颜色导线区别不同用途，如电源线用红色，地线用黑色。

⑤ 连接导线应有秩序地进行，随意乱接容易造成漏接、错接，较好的方法是接好固定电平点，如电源线、地线、门电路闲置输入端、触发器异步置位复位端等，然后再按信号走向从输入到输出依次布线。

⑥ 连线应避免过长，避免从集成元件上方跨接，避免过多的重叠交错，以利于布线、更换元器件以及故障检查和排除。

⑦ 若直接焊接集成电路，应避免连续焊接相邻管脚，以免温度过高导致集成块损坏，焊接 CMOS 集成电路时需将电烙铁外壳接地。

⑧ 焊接完成后，应剪齐管脚，清理线路板，去除焊锡渣和焊锡膏，检查焊点有无虚焊、有无焊盘脱落等情况。

⑨ 应当指出，安装和调试工作是不能截然分开的，往往需要交替进行。对原理复杂、元器件很多的电路，可将总电路按其功能划分为若干相对独立的单元，逐个布线、调试（分调），然后将各部分连接起来（联调）。

(3) 测试

开始测试前，应先断电检测有无短路现象，防止短路造成事故。测试时要按照科学的调试方法，有效地分析并检查故障，以确保电路工作稳定可靠，要仔细观察测试现象，完整准确地记录数据并与仿真值、理论值进行比较分析。测试时要保持安静、整洁的测试环境。若发生焦味、冒烟故障，应立即切断电源，保护现场，待排查故障之后才能再次通电测试。测试过程中不顺利，并不是坏事，常常可以从分析故障中增强独立工作的能力。发生小故障时，应独立思考，耐心排除，并记下排除故障过程和方法。

1) 组合逻辑电路的测试

组合逻辑电路测试的目的是验证其逻辑功能是否符合设计要求，也就是验证其输出与输入的关系是否与真值表相符，分为静态测试和动态测试。

静态测试是在电路静止状态下测试输出与输入的关系。将输入端分别接到逻辑开关上，用万用表或发光二极管分别测试各输入和输出端的状态。按真值表将输入信号一组一组地依次送入被测电路，测出相应的输出状态，与真值表相比较，借以判断此组合逻辑电路静态工作是否正常。

动态测试是测量组合逻辑电路的频率响应。在输入端加上周期性信号，用示波器观察输入、输出波形，测出与真值表相符的最高输入脉冲频率。

2) 时序逻辑电路的测试

时序逻辑电路测试的目的是验证其状态的转换是否与状态转换图相符合。可用发光二极管、数码管或示波器等观察输出状态的变化。常用的测试方法有两种：一种是单拍工作方式，即以单脉冲源作为时钟脉冲，逐拍进行观测；另一种是连续工作方式，即以连续脉冲源作为时钟脉冲，用示波器观察波形来判断输出状态的转换是否与状态图相符。

3) 测试记录

测试记录中应包括测试名称、测试方法、测试数据和波形，以及测试中出现的异常现象。记录波形时，应注意输入、输出波形的时间相位关系，在坐标中上下对齐。此外，还应该记录实际使用的仪器型号、编号以及元器件是否有替换、损坏等使用情况。

（4）总结

对测试进行总结、得出测试报告是测试的目的，也是培养分析思维能力的有效手段，能很好地巩固学习成果，加深对基本理论的认识和理解，从而进一步扩大知识面。

测试报告是一份技术总结，要求文字简洁，内容清楚，图表工整。报告内容应包括测试目的、测试方法、测试内容和结果（数据）、测试使用仪器和元器件，以及测试结论和分析讨论等，其中测试结果（数据）和测试结论是报告的重要部分，必不可少。

测试报告的内容包括：

① 测试名称；

② 测试目的；

③ 测试人员；

④ 测试地点和时间；

⑤ 测试的环境条件，使用的主要仪器设备的名称编号，集成芯片的型号、规格、功能；

⑥ 简要记录测试操作步骤，认真整理和处理测试的数据，绘制测试电路图和测试的波形，并列出表格或用坐标纸画出曲线；

⑦ 对测试结果进行理论分析，做出简明扼要的结论；找出产生误差的原因，提出减少实验误差的措施；

⑧ 产生故障情况，说明排除故障的过程和方法。

总结报告与测试报告有所不同，测试报告是测试文件，一般作为工作成果提交客户或领导。总结报告是工作经验总结，用于提高自身素质或单位技术储备，一般作为工作档案备查。总结报告要求语言通顺、文字简洁、符号标准、图表规范、讨论深入、结论简明，主要内容包括：

① 测试的方框图、逻辑图（或测试电路）、状态图，真值表以及文字说明等，对于设计性课题，还应有整个设计过程和关键的设计技巧说明；

② 测试记录和经过整理的数据、表格、曲线和波形图，其中表格、曲线和波形图应利用三角板、曲线板等工具描绘，力求准确；

③ 测试结果分析、讨论及结论，应对重要的测试现象、结论加以讨论，以便进一

步加深理解,此外,对测试中的异常现象可做一些简要说明,对产生故障情况、排除故障的过程和方法要详尽记录;

④ 写出心得体会以及改进建议。

2. 故障排查方法

测试中,如果电路不能完成预定的逻辑功能,就称为电路有故障。产生故障的原因大致可以归纳以下 4 个方面:

1) 设计不当

例如:组合电路的竞争冒险、异步时序电路的干扰脉冲问题、电平兼容问题、带负载能力问题、PCB 设计的布线问题等。

2) 操作不当

例如:未接通电源、集成电路插反、连线错误、带电插拔集成块、先输入信号后送电源、周围有电磁干扰、接错输入信号等。

3) 元器件使用不当或功能不正常

例如:未注意到电阻功率是否满足要求、未注意不同颜色 LED 所需电流的区别、旧电解电容容量变化、不同型号器件的替换等。

4) 仪器和集成元件本身出现故障

例如:示波器使用前未校准、旧集成块使用前未检测、某些集成块的故障仅在特定情况下才显现、指针万用表测电阻前未调零等。

因此,排查故障时应以上述 4 个方面作为主要线索,常见的故障检查方法有以下几种:

1) 查线法

由于大部分故障是接线错误引起的,因此,在故障发生时,复查电路连线为排除故障的有效方法。应注意检查:有无漏线、错线、导线与插孔接触是否可靠、集成电路是否插牢、集成电路是否插反、开关能否可靠通断、电位器能否平滑改变阻值等。

2) 观察法

用万用表直接测量各集成块的 V_{cc} 端是否加上电源电压。输入信号、时钟脉冲等是否加到测试电路上,观察输出端有无反应。重复测试观察故障现象,然后对某一故障状态,用万用表测试各输入/输出端的直流电平,从而判断出是否由面包板、集成块引脚连接线等原因造成的故障。

3) 信号注入法

在电路的每一级输入端加上特定信号,观察该级输出响应,从而确定该级是否有故障,必要时可以切断周围连线,避免相互影响。

4) 信号寻迹法

在电路的输入端加上特定信号,按照信号流向逐线检查是否有响应和是否正确,必要时可多次输入不同信号。

5）替换法

对于多输入端器件，如有多余端则可调换另一输入端试用。必要时可更换器件，以检查器件功能不正常所引起的故障。

6）动态逐线跟踪检查法

对于时序电路，可输入时钟信号，按信号流向依次检查各级波形，直到找出故障点为止。

7）断开反馈线检查法

对于含有反馈线的闭合电路，应该设法断开反馈线进行检查，或进行状态预置后再进行检查。

排查故障时常使用函数信号发生器、万用表、示波器、信号循迹器等仪器仪表，此外，还可以借助逻辑分析仪、频谱分析仪等仪器设备排查故障，应熟练掌握这些仪器仪表的使用方法。

5.2　实操任务12：带负载能力

1. 带负载能力问题

元器件总是要与其他元器件配合使用，才能构成具有一定功能的电路。在数字电路中，主要功能都是由集成电路完成，集成电路之间的连接、集成电路与其他元器件的连接都牵扯到带负载能力问题，也称为驱动能力问题。带负载能力问题本质上属于功率问题，按定义，功率是电压和电流的乘积。

数字电路的正确性由逻辑值保证，逻辑值（0、1）体现在电路中就是低电平、高电平，电平所代表的电压允许有一定的变化范围，比如，TTL系列规定输出高电平电压 $U_{oh} \geqslant 2.4$ V，输出的低电平电压 $U_{ol} \leqslant 0.4$ V，在此范围内均为正常。所以，数字电路的带负载能力总是表现为在满足一定电压要求下的电流驱动能力。

要掌握集成电路带负载能力问题，就要了解集成电路的内部结构，TTL与非门内部结构示意图如图5.2.1所示。

典型TTL与非门电路由3部分组成：

➢ 输入级：由多发射极晶体管V1和电阻R1组成，实现与逻辑关系。

➢ 中间级：由V2和R2、R3组成，在V2集电极和发射极获得两个相位相反的信号，驱动下一级电路。

➢ 输出级：由V3、V4、V5和R4、R5组成。

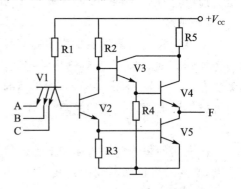

图5.2.1　TTL与非门内部结构示意图

逻辑电路的带负载能力通常用以下参数描述：

① 输入低电平电流 I_{IL}：输入低电平时，流出输入端的电流，如图 5.2.2(a)所示。

② 输入高电平电流 I_{IH}：输入高电平时，流入输入端的电流，如图 5.2.2(b)所示。

③ 输出低电平电流 I_{OL}：输出低电平时，流入输出端的电流，衡量门电路带灌电流负载的能力，如图 5.2.2(c)所示。图中，V4、V5 为前级集成电路的输出级三极管，V1、V2 是作为负载的后级集成电路输入级三极管。

④ 输出高电平电流 I_{OH}：输出高电平时，流出输出端的电流，衡量门电路带拉电流负载的能力，如图 5.2.2(d)所示。图中，V4、V5 为前级集成电路的输出级三极管，V1、V2 是作为负载的后级集成电路输入级三极管。

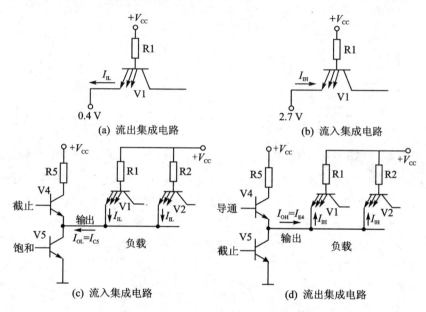

图 5.2.2 集成电路输入、输出电流方向

通常用一系列曲线图的形式描述集成电路电压和电流对应关系，具有直观的优点，称为特性曲线图。下面以应用广泛的 74LS 系列 TTL 集成电路为例进行介绍。

描述电路输出电压和输入电压关系的特性曲线称为电压传输特性曲线，非门电压传输特性曲线如图 5.2.3 所示。图中横坐标为输入电压，纵坐标为输出电压。电压传输特性曲线分为 AB、BC、CD 这 3 段：AB 段为输出的高电平 U_{OH}，CD 段为输出的低电平 U_{OL}，在 BC 段为过渡区(转折区)，U_o 随 U_i 增加而减小。通常集成电路在过渡区消耗的功率最大。相对于 TTL 电路，CMOS 集成电路的过渡区更窄，几乎垂直，阈值电压为电源电压的一半。

74LS 系列 TTL 集成电路输入高电平不能低于 2 V，输入低电平不能高于 0.8 V；在输出电流 I_{OH} 时，输出高电平不低于 2.7 V，在输出电流 I_{OL} 时，输出低电平不高于 0.5 V。74HC 系列 CMOS 集成电路电源电压 V_{CC} 范围为 2～6 V；输入高电平不能

低于 $0.7V_{CC}$,输入低电平不能高于 $0.2V_{CC}$,在输出电流 I_{OH} 时,输出高电平不低于 $V_{CC}-0.1$ V,在输出电流 I_{OL} 时,输出低电平不高于 0.1 V。

描述输入端电压和电流之间关系的特性曲线称为输入伏安特性曲线,如图 5.2.4 所示。图中横坐标为输入电压,纵坐标为输入电流,负值表示流出集成电路,正值表示流入集成电路。当输入端对地短路时,最大低电平输入电流 $I_{ILmax}=-0.4$ mA,当输入高电平时,最大高电平输入电流 $I_{IHmax}=20$ μA。CMOS 集成电路的输入端静态电流非常小,74HC 系列为 1 nA,动态电流主要由等效电容决定,74HC 系列等效电容为 3~5 pF。

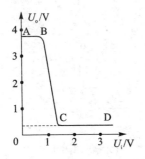

图 5.2.3 电压传输特性曲线　　图 5.2.4 输入伏安特性曲线

描述输出端电压和电流之间关系的特性曲线称为输出伏安特性曲线,如图 5.2.5 所示。图中横坐标为输出电流,纵坐标为输出电压,电流负值表示流出集成电路(拉电流),电流正值表示流入集成电路(灌电流)。当拉电流过大时,将降低输出高电平电压值;当灌电流过大时,输出低电平随灌电流增大而上升。74LS 系列标准高电平输出电流 I_{OH} 为 400 μA,低电平电流 I_{OL} 为 8 mA。74HC 系列输出高电平电流 I_{OH} 和低电平电流 I_{OL} 都是 4 mA。

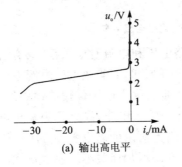 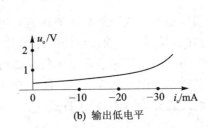

(a) 输出高电平　　(b) 输出低电平

图 5.2.5 输出伏安特性曲线

由于 TTL 集成电路输入级有电流,所以,当输入端对地接电阻时,需要注意阻值的大小会对输入逻辑值产生影响。描述该电阻与输入端电压值的特性曲线称为输入负载特性曲线,如图 5.2.6 所示。图中横坐标为输入端对地所接电阻值,纵坐标为输入端的电压值。当输入端所接电阻很小(约 600 Ω)时,相当于输入低电平,当阻值大到一定程度(约 1.4 kΩ)时,相当于输入高电平。74LS 系列对应的电阻值大一些,等效低电平时,输入端对地电阻不应大于 4.2 kΩ;等效高电平时,输入端对地电阻应大于 6.3 kΩ,最好能大于 15.4 kΩ。

图 5.2.7 为一个电路示例,与非门 A 输入端悬空,相当于对地阻值无穷大,等效为高电平,B 输入端是高电平还是低电平取决于电阻 R 的大小。若 R 只有几十欧姆,则 Y=1;若 R 有几十千欧姆,则 Y=0。

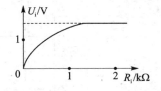

图 5.2.6 TTL 输入负载特性曲线

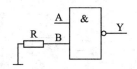

图 5.2.7 TTL 输入负载示例

2. 扇出系数

扇出系数是衡量集成电路带负载能力的一个参数,指一个门电路能带同类门的最大数目,一般用 N_O 表示,如图 5.2.8 所示。当高电平带负载能力与低电平不同时,取其中较小的一个作为扇出系数。

一般 TTL 门电路 $N_O \geqslant 8$,功率驱动门的 N_O 可达 25。可以根据数据手册计算出 74LS 系列扇出系数为 20,74HC 系列能带 10 个 74LS 系列的门,总线驱动输出的能带 15 个。因为 CMOS 输入端电流极小,扇出系数超过 50,所以,CMOS 集成电路之间级联时的带负载能力都能满足要求,不需要考虑扇出系数。

3. OC 门与 OD 门

为了提高带负载能力、灵活匹配不同电源电压的负载,集成电路输出级取消推拉式结构,将上拉器件去掉,形成了 OC(集电极开路)或 OD(漏极开路)结构。采用 OC 结构的 TTL 门电路称为 OC 门,采用 OD 结构的 CMOS 门电路称为 OD 门。OC 结构的 TTL 与非门内部结构示意图如图 5.2.9 所示。

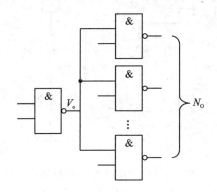

图 5.2.8 扇出系数

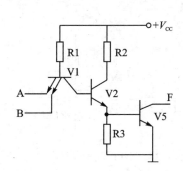

图 5.2.9 OC 与非门内部结构示意图

由于 OC 门和 OD 门没有内部上拉器件，所以不能输出高电平电流，要想在电路输出端得到正常的高电平，必须外接一个电阻 RL 与电源 V_{CC} 相连，该电阻称为上拉电阻，如图 5.2.10 所示。

OC 门和 OD 门可以实现线与功能，将几个 OC 门的输出端直接连在一起，通过一个上拉电阻接到电源 V_{CC} 上，输出端即实现了与逻辑功能，OD 门与 OC 门相同，如图 5.2.11 所示。

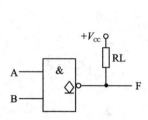

图 5.2.10　OC 门和 OD 门的使用

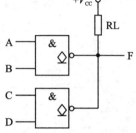

图 5.2.11　线与功能

在图 5.2.11 中，$F = \overline{AB} \cdot \overline{CD} = \overline{AB + CD}$。

除 OC 门、OD 门、传输门和三态门外，普通门电路不能将不同信号的输出端直接相接，否则会造成逻辑混乱，容易损坏集成电路。此外，OC 门和 OD 门还可以用来实现电平移位功能，只要改变上拉电阻所接电源的电压，就可以得到想要的高电平电压。使用 OC 门和 OD 门时，必须注意根据负载电流合理选择上拉电阻，才能实现正确的逻辑关系。

实际操作 12.1

① 74HC03 是 OD 与非门，其管脚排列与 74LS00 相同，图 5.2.12 为其测试电路图，图中 R1 为上拉电阻。按照图 5.2.12 连线对其进行功能测试。

② 图 5.2.13 为 74HC03 实现线与功能的测试电路，按图连线，进行线与功能测试。

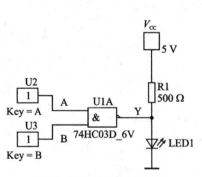

图 5.2.12　OD 门功能测试

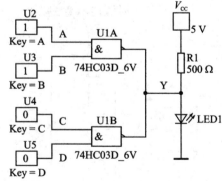

图 5.2.13　OD 门线与功能测试

③ 74LS156 为 OC 输出的 2 线-4 线译码器，请按图 5.2.14 连线，测试其逻辑功能。

4. 其他提高带负载能力的电路

除采用 OC 门或 OD 门外,当负载较重时,可以选择带总线驱动功能的集成电路,如 74LS244 输出低电平电流 I_{OL} 为 24 mA,输出高电平电流 I_{OH} 为 15 mA;74HC241 输出高电平和低电平的电流均为 6 mA。

当负载较重时,后级输入端不宜直接从带负载的输出端引出信号,而应该单独用一个门或者用一个集成电路来带较重的负载,如图 5.2.15 所示。一般 TTL 电路灌电流带负载能力强,拉电流带负载能力弱,在图 5.2.15 中也有体现。当负载所需电流超出普通数字集成电路承受范围时,可以采用三极管、场效应管或专用集成电路进行驱动,采用三极管驱动的例子如图 5.2.16 所示。

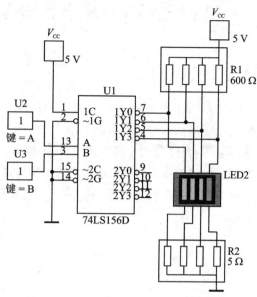

图 5.2.14 OC 输出的 2 线-4 线译码器

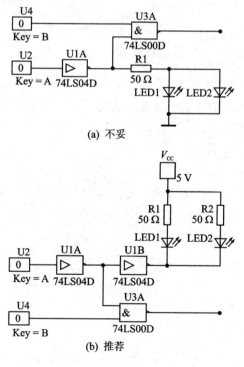

图 5.2.15 负载较重时的连接方案

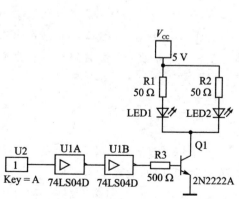

图 5.2.16 采用三极管驱动负载

5.3 实操任务13:噪声容限与电平兼容

5.3.1 噪声容限

噪声容限(noise margin)是指在前一级输出为最坏的情况下,为保证后一级正常工作所允许的最大噪声幅度。也就是说,当输入电平受噪声干扰时,为保证电路维持原输出电平,允许叠加在原输入电平上的最大噪声电平被称为噪声容限。噪声容限越大说明容许的噪声越大,电路的抗干扰性越好。

噪声容限可分为低电平噪声容限 U_{NL} 和高电平噪声容限 U_{NH},示意图如图5.3.1所示。

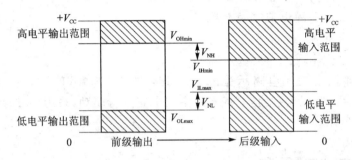

图 5.3.1 噪声容限

高电平噪声容限 $U_{NH}=U_{OHmin}-U_{IHmin}$,低电平噪声容限 $U_{NL}=U_{ILmax}-U_{OLmax}$。74LS系列 $U_{NH}=2.7\text{ V}-2\text{ V}=0.7\text{ V}$,$U_{NL}=0.8\text{ V}-0.5\text{ V}=0.3\text{ V}$。

CMOS集成电路的噪声容限与电源电压有关,电源电压越高,噪声容限越大。74HC系列在 4.5 V 电源电压时,若输出电流为 4 mA,则:$U_{NH}=3.84\text{ V}-3.15\text{ V}=0.69\text{ V}$,$U_{NL}=0.9\text{ V}-0.33\text{ V}=0.57\text{ V}$。若输出电流为 20 μA,则:$U_{NH}=4.4\text{ V}-3.15\text{ V}=1.25\text{ V}$,$U_{NL}=0.9\text{ V}-0.1\text{ V}=0.8\text{ V}$。

上述两组数据相差较大,因此,CMOS集成电路的噪声容限应该根据实际工作情况按集成电路数据手册计算。在一般估算时,74HC系列可以按 $U_{NH}=0.29V_{CC}$、$U_{NL}=0.19V_{CC}$ 计算。

实际操作 13.1

① 可以通过图5.3.2了解噪声容限,当调节电位器 R 时,非门的输入电压能从 0 V 变化到 V_{CC},通过测量输入端电压 V_I 和输出端电压 V_O,就能知道输入电压变化对输出电平的影响。

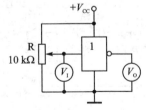

图 5.3.2 输入电压特性测试

② 按照图 5.3.2 连线,调节电位器 R,测试 74LS04 的输入电压特性。

③ 按照图 5.3.2 连线,改变电源电压大小(2~6 V),然后调节电位器 R,测试 74HC04 在不同电源电压情况下的输入电压特性。

5.3.2 电平兼容

1. 电平兼容

根据前述噪声容限的知识可知,两个门电路若要级联使用,两者噪声容限必须大于等于零,否则,即使没有干扰,也会发生逻辑错误,这就是电平兼容问题。同系列的集成电路级联使用没有电平兼容问题,只有不同系列电路级联时才需要考虑该问题。

图 5.3.3 给出了常见各种数字集成电路的电平值,它们之间只要满足 $V_{OH} \geqslant V_{IH}$ 且 $V_{OL} \leqslant V_{IL}$ 即可级联,当然,噪声容限不宜过小,以免经常因干扰出错。图中 V_T 为转折电压。

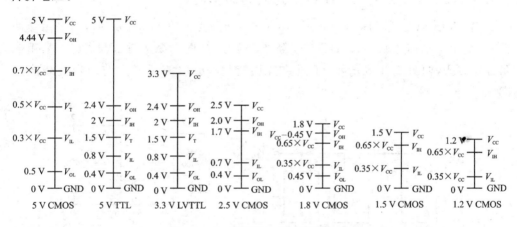

图 5.3.3 常见数字集成电路电平

74HCT 系列集成电路只能采用+5 V 电源,电平与 74LS 系列完全兼容,可直接相互连接。在采用+5 V 电源时,74HC 系列集成电路可以驱动 74LS 系列,CMOS 4000 系列可以驱动一个(不能多个)74LS 系列负载门电路。

当 CMOS4000 系列和 74HC 系列采用+3 V 电源时,电平与 74LS 系列兼容,能直接互相连接,但是,受带负载能力影响,CMOS4000 系列和 74HC 系列不能带过多负载。采用其他更高电源电压时,74LS 系列集成电路就不能直接驱动它们。当电平不能兼容时,需要采用匹配电路进行电平匹配。

2. TTL 驱动 CMOS

当用 TTL 驱动 CMOS 时,主要问题在于 TTL 输出高电平的电压不够高,不过,因为数据手册给出的 V_{OH} 参数是在输出额定电流时的情况,而 CMOS 输入端几乎不索取电流,所以,当 TTL 后面只带极少的 CMOS 时,两者直接相连一般也没有问题(都用+5 V 电源)。

当 CMOS 不是采用+5 V 电源,或者 TTL 负载较重时,可以采用图 5.3.4 的办法,或者采用 OC 门,如图 5.3.5 所示,也可以使用带电平偏移的 CMOS 接口电路,如 40109,如图 5.3.6 所示。

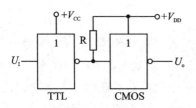

图 5.3.4 使用上拉电阻   图 5.3.5 使用 OC 门

3. CMOS4000 系列与 74HC 系列之间的驱动

当 CMOS4000 系列采用+9～+15 V 电源时,要驱动 74HC 系列可以采用缓冲器 4049、4050、74HC4049、74HC4050 等进行连接,如图 5.3.7 所示。也可以采用电阻分压方式,如图 5.3.8 所示,不过,电阻会消耗功率,需要考虑前级带负载能力问题。

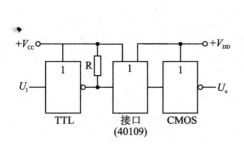
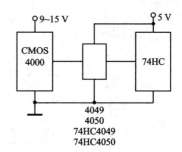

图 5.3.6 使用专用接口电路   图 5.3.7 采用缓冲器

用 74HC 系列驱动 CMOS4000 系列时可以采用 OD 门,如 74HCT05,如图 5.3.9 所示。

4. 提高 CMOS 驱动能力

提高 CMOS 驱动能力也就是提高其带负载能力,通常可以采用这几种办法:

① 将同一芯片上的 CMOS 门电路并联使用,如图 5.3.10 所示。

② 在 CMOS 门电路后增加一级驱动器电路,如同相输出驱动器 4010、OD 门 40107 等,如图 5.3.11 所示。

③ 采用分立元件组成电流放大器,如图 5.3.12 所示。

第5章 电气特性及知识拓展

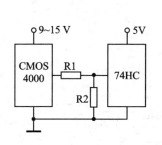

图 5.3.8 采用电阻分压

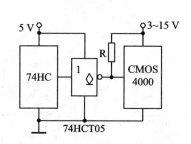

图 5.3.9 采用 OD 门

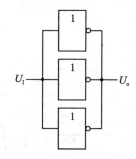

图 5.3.10 将门电路并联

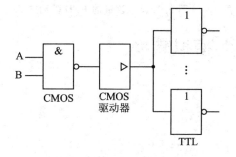

图 5.3.11 采用专用驱动器

图 5.3.12 采用分立元件

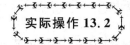

① 按照图 5.3.13 连接电路,其中 74LS04 采用+5 V 电源,CD4009 采用+15 V 电源,观察发光二极管发光情况。

因为电源电压不同,图 5.3.13 会出现两个发光二极管同时发光的逻辑错误,当 CD4009 也采用+5 V 电源的时候,逻辑错误消失。

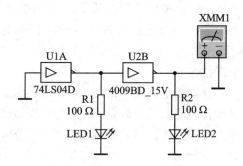

图 5.3.13 电源电压不同导致电平不兼容

② 按照图 5.3.14 连接电路,用万用表测量 CD4001 的输出电平。当改变输入信号时可以发现,输出电平有逻辑错误,这是因为 74LS04 的负载过重,导致其输出电压过低,造成了逻辑错误。

一般 TTL 集成电路输出低电平时带负载能力较强,采用低电平让发光二极管发光的方法,再通过限流电阻限制其负载电流,一般可以消除逻辑错误,如图 5.3.15 所示。

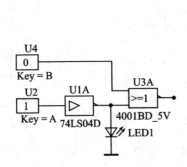
图 5.3.14 过重的负载导致电平不兼容

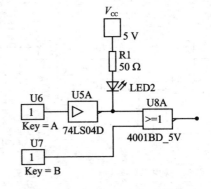
图 5.3.15 改进的 LED 驱动方式

5.4 模拟/数字转换和数字/模拟转换

5.4.1 模拟/数字转换

1. 模拟/数字转换

自然界中多数参数是模拟量,要用数字技术处理这些参数,就要将模拟量转换为数字量。将模拟信号转换为数字信号的过程称为模数转换(Analog to Digital),或 A/D 转换。能够完成这种转换的电路称为模数转换器(Analog-to-Digital Converter),简称 ADC。ADC 是数字式仪表、数字控制系统和计算机控制系统中必不可少的一个部件。

随着集成电路技术的发展,现在单片集成 ADC 芯片已非常普及,可以满足不同应用场合的需求。另外,单片机中多数都已在内部集成 10 位 ADC,能满足多数中低精度的要求。将模拟量转换为数字量,需要经过 4 个过程:取样、保持、量化、编码,如图 5.4.1 所示。

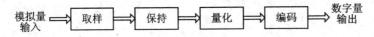

图 5.4.1 A/D 转换过程

ADC 电路输入的电压信号 V_I 与输出的数字信号 D 之间的关系为:

$$D = K \frac{V_I}{V_{REF}}$$

式中,V_{REF} 为参考电压(标准电压),必须是一个非常稳定的电压源,其稳定程度将直接影响 A/D 转换精度。参考电压对应于数字量的最大值,V_I 要小于等于 V_{REF}。式中 K 是比例系数,随不同系统而不同。

第5章 电气特性及知识拓展

(1) 取样与保持

取样是将时间上连续变化的模拟信号定时检测,取出某一时间的值,以获得时间上断续的信号,也称为采样。取样的作用是将时间上、幅度上连续变化的模拟信号在时间上离散化,如图 5.4.2 所示。

由于取样后的信号与输入的模拟信号相比发生了很大变化,为了保证取样后的信号 $V_1'(t)$ 能够正确反映输入信号 $V_1(t)$ 而不丢失信息,要求取样脉冲信号必须满足取样定理:

$$f_s \geqslant 2f_{max}$$

其中,f_s 为取样脉冲信号 $s(t)$ 的频率;f_{max} 为输入模拟信号中的最高频率分量的频率。一般取 $f_s=(3\sim5)f_{max}$。

为了获得一个稳定的取样值,以便进行 A/D 转换过程中的量化与编码工作,需要将

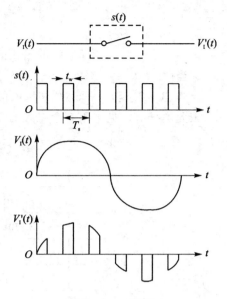

图 5.4.2 取样

取样后得到的模拟信号保留一段时间,直到下一个取样脉冲到来,这就是保持。经过保持后的信号波形不再是脉冲串,而是阶梯型脉冲信号。

取样和保持两个过程通常是使用取样保持电路一次完成的。图 5.4.3 为取样保持电路原理图。

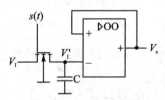

图 5.4.3 取样保持电路

(2) 量化与编码

量化就是将取样保持后的时间上离散、幅度上连续变化的模拟信号取整变为离散量的过程,即将取样保持后的信号转换为某个最小单位电压 Δ 整数倍的过程。

将量化后的信号数值用二进制代码表示,即为编码。对于单极性的模拟信号,一般采用自然二进制码表示;对于双极性的模拟信号,通常使用二进制补码表示。经编码后的结果即 ADC 的输出。

量化方法有两种:只舍不入法和有舍有入法,如图 5.4.4 所示,图中将 0~1 V 之间的模拟电压信号转换成了 3 位二进制代码。

1) 只舍不入法
- 当 $0 \leqslant V_s < \Delta$ 时,V_s 的量化值取 0;
- 当 $\Delta \leqslant V_s < 2\Delta$ 时,V_s 的量化值取 Δ;
- 当 $2\Delta \leqslant V_s < 3\Delta$ 时,V_s 的量化值取 2Δ;

依此类推。可见采用只舍不入的量化方法,最大量化误差近似为一个最小量化

单位 Δ。

2) 有舍有入法

> 当 $0 \leq V_s < (\Delta/2)$ 时,V_s 的量化值取 0;
> 当 $(\Delta/2) \leq V_s < (3\Delta/2)$ 时,V_s 的量化值取 Δ;
> 当 $(3\Delta/2) \leq V_s < (5\Delta/2)$ 时,V_s 的量化值取 2Δ;

依此类推。可见采用有舍有入的量化方法,最大量化误差不会超过 Δ。

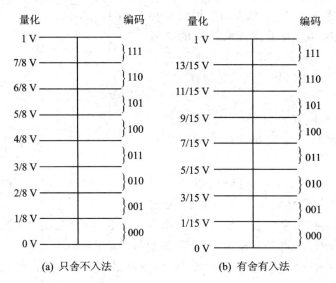

图 5.4.4 两种量化方法

2. 模拟/数字转换器主要参数

模拟/数字转换器的主要参数有输入模拟电压范围、分辨率、转换精度、转换速率等。

输入模拟电压范围:指 ADC 允许输入电压范围,类似于测量仪表的量程,与参考电压源的大小有关,超过这个范围,A/D 转换器将不能正常工作。例如,AD571JD 输入电压范围是:单极性 0~10 V,双极性 -5~+5 V。

分辨率:对于允许范围内的模拟信号,ADC 能输出离散数字信号值的个数。这些信号值通常用二进制数来存储,因此分辨率经常用"位"作为单位,且这些离散值的个数是 2 的幂指数。例如,一个具有 8 位分辨率的模拟数字转换器可以将模拟信号编码成 256 个不同的离散值(因为 $2^8 = 256$),根据信号极性可以采用无符号整数或者带符号整数,若采用无符号整数:数值从 0~255;若采用带符号整数:数值从 -128~127。在输入信号大小相同的情况下,输出数字量的位数越多,分辨率越高,误差越小,转换精度也越高。

转换精度:指产生一个给定的数字量输出所需模拟电压的理想值与实际值之间总的误差,其中包括量化误差、零点误差及非线性等产生的误差。转换精度有绝对精度和相对精度两种表示方法,相对精度=绝对精度/满量程输入电压。

转换速度:一般用转换时间衡量,指从输入转换控制信号到输出端得到稳定的数字信号所需要的时间。不同类型的 ADC,转换速度相差很大:并行比较型 ADC 转换速度最快,可以达到 50 ns;逐次逼近型 ADC 次之,转换速度在 10~100 μs;双积分型 ADC 转换速度较慢,在数十到数百毫秒之间。

除上述参数外,在使用 ADC 时,还需要注意参考电压(基准电源)的稳定性、时钟抖动、温度变化的影响等,否则,即使采用更高分辨率 ADC 集成电路也无法达到应有效果。

3. 模拟/数字转换器分类

按信号转换形式,ADC 可分为直接 A/D 型和间接 A/D 型。间接 A/D 型是先将模拟信号转换为其他形式信号,然后再转换为数字信号。直接 A/D 有并行比较型、反馈比较型、逐次渐近比较型,其中逐次渐近比较型应用较广泛。间接 A/D 有单积分型、双积分型和 V-F 变换型,其中以双积分型应用较为广泛。

按照 A/D 转换后数字信号的输出形式,ADC 可分为并行 A/D 和串行 A/D。近年来,在微机控制系统中,串行 A/D 逐渐占据主导地位。

(1) 并行比较型 ADC

电路由电阻分压器、电压比较器、编码器 3 部分组成。其中,分压器用来确定量化电压;比较器确定取样电压的量化值;编码器对比较器的输出进行编码,输出二进制代码。

这种转换电路的优点是并行转换,速度较快;缺点是使用电压比较器数量较多,若输出 n 位二进制代码,则需 2^n 个分压电阻、2^{n-1} 个电压比较器,导致该电路很难达到很高的转换精度。

(2) 逐次渐近比较型 ADC

逐次渐近比较型 ADC 也称为逐次逼近型 ADC,主要由取样保持电路、电压比较器、控制电路、逐次逼近寄存器、D/A 转换电路、输出电路 6 部分组成。

与并行比较型 ADC 相比,逐次渐近比较型 ADC 的转换精度较高,但转换速度较慢。由于逐次渐近比较型 ADC 中只使用了一个比较器,芯片占用的面积很小,在速度要求不高的场合,具有很高的性价比。这种电路在集成 A/D 芯片中用得较多。

(3) 双积分型 ADC

双积分型 ADC 属于 V-T 变换型 ADC,主要由积分器、比较器、计数器、控制电路、模拟开关等部分组成。它首先将输入模拟信号变换成与其成正比的时间间隔,在此时间间隔内对固定频率的时钟脉冲信号进行计数,所获得的计数值即为正比于输入模拟信号的数字量。

双积分型 ADC 的特点是工作性能稳定,由于输出的数字量与积分器时间常数无关,对积分元件精度要求不高,电路抗干扰能力较强,主要缺点是电路转换速度较慢,常用于万用表等测量仪表。

5.4.2 数字/模拟转换

1. 数字/模拟转换

将数字信号转换为模拟信号的过程称为数模转换(Digital to Analog),或 D/A 转换。能够完成这种转换的电路称为数模转换器(Digital-to-Analog Converter),简称 DAC。

DAC 主要用于数字系统控制模拟执行机构,比如电动机、扬声器、加热器、显示器等。DAC 在音频领域中最为常见,大多数现代的音频信号都以数字信号的形式存储在诸如数字音频播放器和 CD 中,而扬声器是模拟器件,为了使声音能够从扬声器上输出,数字信号必须转换为模拟信号。因此,数字模拟转换器被广泛应用于 CD 播放器、数字音频播放器、IP 电话以及个人计算机的声卡等设备中。

数字/模拟转换的方法有多种,脉冲宽度调制(pulse-width modulator,PWM)是最简单的数字模拟转换器。PWM 是将恒定的电流或电压通过数字信号控制,得到周期相同、脉冲宽度不同的波形,也就是将数字量转换为不同的占空比。占空比渐变的波形的平均值就形成了连续变化的电压值。脉冲宽度调制技术常用于电动机的速度调控。

过采样(oversampling)数字模拟转换器使用了过采样技术(插值技术),应用在高分辨率(大于 16 位)的数字模拟转换器中,具有高线性和低成本的优势。

二进制加权(binary-weighted)数字模拟转换器,这种类型转换器的每一位都具有单独的电子转换模块,然后进行求和。电压或电流求和后输出。这是速度最快的转换方法之一,但是它不得不牺牲一定的精确度,因为这必须要求每一位的电压或电流的精确度都很高。即使能够满足上述要求,这样的设备也很昂贵,因此这类转换器的分辨率通常限制在 8 位。

R-2R 梯形(R-2R ladder)数字模拟转换器是一种阻值为 R 和 2R 的电阻反复级联结构的二进制加权数字模拟转换器。这样能够改善转换的精确度。然而,转换过程所需的时间相对更长,这是因为每一个 R-2R 结构连接的更大的 RC 时间常数。

此外还有逐次逼近数字模拟转换器、元编码数字模拟转换器、混合数字模拟转换器等。

2. 数字/模拟转换器主要参数

数字/模拟转换器的主要参数有分辨率、转换误差、建立时间等。

① 分辨率:指 DAC 电路能够分辨最小电压(电流)的能力,用来描述 DAC 在理论上达到的精度。一般将其定义为 DAC 最小输出电压(电流)与电压(电流)输出量程之比。最小输出电压是指输入数字量只有最低有效位为 1 时的输出电压;最大输出电压是指输入数字量各位全为 1 时的输出电压。对于 n 位电压输出的 DAC,其分

辨率为 $1/(2^n-1)$。DAC 的位数越多，分辨率值越小，在相同条件下输出的最小电压越小。

② 转换误差：是衡量 DAC 输出的模拟信号理论值与实际值之间差别的一项指标。通常转换误差的表示方法有两种：绝对误差与相对误差。

绝对误差：指电路实际值与理论值之间的最大差别，通常使用最小输出值 LSB 的倍数表示。例如转换误差为 1/2LSB，说明输出信号的实际值与理论值之间的最大差别是最小输出值 LSB(Least Significant Bit)的 1/2。相对误差：指电路的绝对误差与 DAC 输出量程 FSR(Full Scale Range)的比。例如转换误差为 0.02%FSR，说明输出信号的实际值与理论值之间的最大差别是输出量程 FSR 的 0.02%。

③ 建立时间：指将输入的数字量由全 0 突变为全 1(或相反)开始，到输出模拟信号转换到规定误差范围内所用的时间。DAC 中常用建立时间来描述其速度，其输入的数字量变化越大，得到稳定输出所需要的时间就越长。

一般电流输出 DAC 建立时间较短，电压输出 DAC 则较长。根据输出建立时间 t 的大小，DAC 可以分为超高速型($t<0.01~\mu s$)、高速型($0.01<t<10~\mu s$)、中速型($10<t<300~\mu s$)、低速型($t>300~\mu s$)等几种类型。

其他常见参数还有谐波失真、增益温度系数、功耗、动态范围等。

3. 数字/模拟转换器分类

除按照转换原理，将 DAC 分为脉冲宽度调制、过采样、二进制加权等之外，还可按输出是电流还是电压、能否作乘法运算等进行分类。

大多数集成 DAC 由电阻阵列和 n 个电流开关(或电压开关)构成，按数字输入值切换开关，产生比例于输入的电流(或电压)，如图 5.4.5 所示。根据电阻译码网络的不同，可以分为权电阻网络、T 型电阻网络、倒 T 型电阻网络等。此外，为了改善精度，有些集成电路内部集成了恒流源。

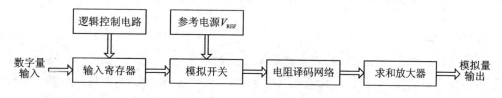

图 5.4.5 集成 DAC 内部框图

电流开关型电路如果直接输出生成的电流，则为电流输出型 DAC，如果经电流-电压转换后输出，则为电压输出型 DAC。此外，电压开关型电路为直接输出电压型 DAC。

(1) 电压输出型 DAC(如 TLC5620)

电压输出型 DAC 虽有直接从电阻阵列输出电压的，但一般采用内置输出放大器以低阻抗输出。直接输出电压的器件仅用于高阻抗负载，由于无输出放大器部分的延迟,故常作为高速 DAC 使用。

(2) 电流输出型 DAC(如 THS5661A)

电流输出型 DAC 很少直接利用电流输出,大多外接电流-电压转换电路得到电压输出,后者有两种方法:一是只在输出引脚上接负载电阻而进行电流-电压转换,二是外接运算放大器。

用负载电阻进行电流-电压转换的方法虽可在电流输出引脚上出现电压,但必须在规定的输出电压范围内使用,而且由于输出阻抗高,所以一般外接运算放大器使用。此外,大部分 CMOS DAC 当输出电压不为零时不能正确动作,所以必须外接运算放大器。当外接运算放大器进行电流电压转换时,则电路构成基本上与内置放大器的电压输出型相同,这时由于在 DAC 的电流建立时间上加入了运算放大器的延迟,使响应变慢。另外,这种电路中运算放大器因输出引脚的内部电容而容易起振,有时必须作相位补偿。

(3) 乘法型 DAC(如 AD7533)

DAC 中有使用恒定基准电压的,也有在基准电压输入上加交流信号的,后者由于能得到数字输入和基准电压输入相乘的结果而输出,因而称为乘法型 DA 转换器。

(4) 一位 DAC

一位 DAC 与前述转换方式全然不同,它将数字值转换为脉冲宽度调制或频率调制的输出,然后用数字滤波器求平均值而得到一般的电压输出,常用于音频等场合。

5.5 存储器与可编程逻辑器件

5.5.1 存储器

1. 存储器简介

早期计算机采用纸带打孔的办法存储二进制信息,随后出现了磁带、软磁盘和硬盘等磁介质存储器,半导体存储器也几乎同时出现,再后来发明了光盘存储器。半导体存储器(semi-conductor memory)工作速度快、体积小、存储密度高、与逻辑电路接口容易,应用十分广泛。半导体存储器是一种以半导体电路作为存储媒介的存储器,计算机 CPU 中集成的一级缓存、二级缓存就是半导体存储器,内存条、U 盘、固态硬盘也是采用半导体存储器集成电路制作。

半导体存储器按功能可分为:随机存取存储器(RAM)和只读存储器(ROM)。按其制造工艺可分为:双极晶体管存储器和 MOS 晶体管存储器。按其存储原理可分为:静态和动态两种。按断电后信息保存性可分为:易失和非易失两种。

半导体存储器的技术指标主要有:

第 5 章 电气特性及知识拓展

- 存储容量:用存储单元个数(字)乘以每单元位数(位)表示,如:1K×4 位表示能够存储 4 096 个 1 位二进制数。
- 存取时间:从启动读(写)操作到操作完成的时间。
- 存取周期:两次独立的存储器操作所需间隔的最小时间。
- 平均故障间隔时间 MTBF(可靠性)。
- 功耗:动态功耗、静态功耗。

2. 只读存储器

只读存储器并不是如字面意思那样只能读出数据,事实上,必须先将数据写入只读存储器,然后才能从中读出数据。一般只要写入存储器的方式(或速度)与读出的方式(或速度)不同,就称为只读存储器。只读存储器通常都是非易失存储器,内部数据在断电后也能长期保存。

最早的只读存储器是掩膜 ROM,也可简称 ROM,是由芯片制造的最后一道掩模工艺来控制写入信息。因此这种 ROM 的数据由生产厂家在芯片设计掩膜时确定,产品一旦生产出来其内容就不可改变。由于集成电路生产的特点,要求一个批次的掩膜 ROM 必须达到一定的数量才能生产,否则将极不经济。掩膜 ROM 既可用双极性工艺实现,也可以用 CMOS 工艺实现。掩膜 ROM 的电路简单,集成度高,大批量生产时价格便宜。掩膜 ROM 一般用于存放计算机中固定的程序或数据,如引导程序、BASIC 解释程序、显示、打印字符表、汉字字库等。

随后出现了 PROM(Programmable ROM),可由用户一次性写入数据,如熔丝 PROM,新的芯片中所有数据单元的内容都为 1,用户将需要改为 0 的单元以较大的电流将熔丝烧断即实现了数据写入。这种数据的写入是不可逆的,即一旦被写入 0 则不可能重写为 1。因此熔丝 PROM 是一次性可编程的 ROM,"双极性熔丝结构"是熔丝 PROM 的典型产品。另外一类经典的 PROM 为使用"肖特基二极管"的 PROM,出厂时,其中的二极管处于反向截止状态,还是用大电流的方法将反相电压加在肖特基二极管上,造成其永久性击穿即可。

很多电路设计人员在开发产品时,都需要多次写入数据以修改设计,因此,能够多次写入数据的 EPROM(Erasable Programmable ROM)应运而生:EPROM 可擦除内部存储的数据,然后重新写入新的数据。比如,紫外线擦除型的可编程只读存储器,20 世纪 80 年代~20 世纪 90 年代曾经广泛应用。这种芯片的上面有一个透明窗口,紫外线照射后能擦除芯片内的全部内容。当需要改写 EPROM 芯片的内容时,应先将 EPROM 芯片放入紫外线擦除器擦除芯片的全部内容,然后对芯片重新编程。

用紫外线擦除 EPROM 非常不方便,因此,又改进出电擦除的 EEPROM(Electrically Erasable Programmable ROM),使用比较方便,并可以实现在系统擦除和写入。

目前,掩膜 ROM、一次性写入数据的 PROM 和电擦除的 EEPROM 仍然有所应用,但已经风光不再,闪速存储器(Flash Memory)异军突起,具有读写速度快、集成度高、非易失、价格较低等优点,随着半导体技术的迅速发展,其存储容量不断增加,而价格却不断降低,目前已广泛应用于 U 盘、存储卡和固态硬盘等设备。

闪速存储器写入速度慢于读出速度,与 EPROM 的一个区别是 EPROM 可按字节擦除和写入,而闪速存储器只能分块进行电擦除。闪速存储器可分为二大类,一是 NAND,一是 NOR。简单来说,NAND 芯片像硬盘,以储存数据为主,又称为 Data Flash,芯片容量大,价格较低;NOR 芯片则类似 DRAM,以储存程序代码为主,又称为 Code Flash,所以可让微处理器直接读取,但芯片容量较低,价格较高。

NAND 与 NOR 存储器除了容量上的不同,读写速度也有很大的区分,NAND 芯片写入与清除数据的速度远快于 NOR 芯片,但是 NOR 芯片在读取资料的速度则快于 NAND 规格。NAND 芯片多应用在小型存储卡,以储存资料为主,增长势头强劲;NOR 芯片则多应用在通信产品中,增长缓慢。

3. 随机存取存储器

随机存储器(RAM)又称为读写存储器,可以"随时"进行读、写操作,其读写速度相同。RAM 为易失性存储器,必须保持供电,否则其保存的信息将消失。RAM 有两大类,一种称为静态 RAM,另一种称为动态 RAM 全称。

静态 RAM(SRAM,Static RAM):其记忆单元是具有两种稳定状态的触发器,以其中一个状态表示"1",另一个状态表示"0"。SRAM 的读写次数不影响其寿命,可无限次读写。当保持 SRAM 的电源供给的情况下,其内容不会丢失。但如果断开 SRAM 的电源,其内容将全部丢失。SRAM 速度非常快,是目前读写最快的存储设备了,但是也非常昂贵,所以只在要求很苛刻的地方使用,比如 CPU 的一级缓冲、二级缓冲。

SRAM 因为速度快、成本高、体积大,所以普遍运用在芯片内部做缓冲使用,如 BUFFER(硬盘缓存)、CACHE(高速缓存)等。

动态 RAM(DRAM,Dynamic RAM):DRAM 的记忆单元是 MOS 管的栅极与衬底之间的分布电容,以该电容存储电荷的多少来表示"0"和"1"。DRAM 的一个二进制位数据可由一个 MOS 管构成,具有集成度高、功好低的特点。DRAM 的一个缺点是需要刷新,因为 DRAM 保留数据的时间很短。芯片中存储的信息会因为电容的漏电而消失,因此应确保在信息丢失以前进行刷新。刷新就是对原来存储的信息进行重新写入,因此使用 DRAM 的存储体需要设置刷新电路。刷新周期随芯片的型号而不同,一般为一至几个毫秒。DRAM 的另一个缺点是速度比 SRAM 慢,不过它还是比任何的 ROM 都要快。自动刷新的 DRAM 中集成了动态 RAM 和自动刷新控制电路。从价格上来说 DRAM 相比 SRAM 要便宜很多,DRAM 的管脚数量也比 SRAM 少,计算机内存就是 DRAM 的。DRAM 种类很多,常见的主要有

SDRAM、DRDRAM、DDR SDRAM 和 DDR2 SDRAM 等。

4. 存储器的级联扩展

不论哪一种存储器,内部结构都有存储矩阵,都通过地址寻找存储单元,不同的是其内部的存储单元多或少、地址码的多与少。图 5.4.6 为 RAM 典型结构框图,主要包括下列 3 部分:

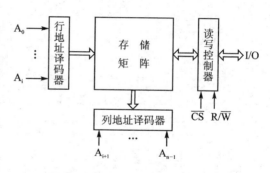

① 地址译码:接收外来输入的地址信号,经译码找到相应的存储单元。

图 5.4.6　RAM 内部结构框图

② 存储矩阵:通常一片含有许多存储单元,这些存储单元按一定的规律排列成矩阵形式,形成存储矩阵。

③ 读/写控制:确定是读出芯片操作还是写入芯片操作。

由于集成度的限制,一片芯片能存储的信息是有限的,常常不能满足实际需要,通过对存储器进行扩展,把若干片连在一起构成所需要存储容量的电路。

存储器的级联扩展有两种基本方法,一是位扩展,一是字扩展。位扩展是对多个存储芯片的存储单元同时进行读/写操作,将这些存储单元的位(bit)简单地从高到低进行排列,就实现了位扩展,如图 5.4.7 所示。图中将 4 片 1 024×1 位的 RAM 连接,构成了 1024×4 位的 RAM 存储电路。

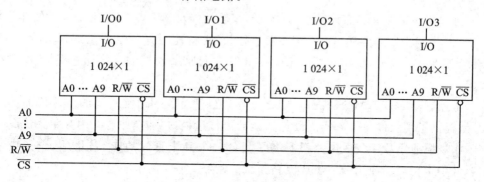

图 5.4.7　位扩展

每一片集成 RAM 都有"片选"控制端,当"片选"信号满足该片 RAM"片选"端的电平要求时,就选中该 RAM 芯片,可以进行读/写操作。反之,则不选中,芯片对任何地址、数据均无反应。将地址高位输入译码器,用来控制多个存储芯片的片选端,就可以实现存储容量的拓展,称为字扩展,如图 5.4.8 所示。图中将 4 片 256×8 位的 RAM 连接,构成了 1 024×8 位的 RAM 存储电路。

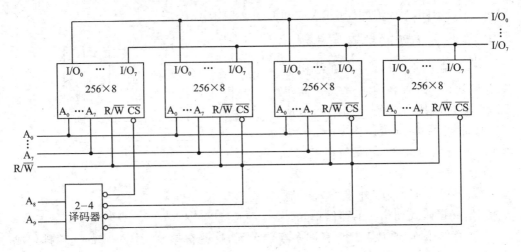

图 5.4.8 字扩展

5.5.2 可编程逻辑器件 *

1. 可编程逻辑器件

可编程逻辑器件(Programmable Logic Device,缩写为 PLD)是一种半定制集成电路,可根据用户要求再加工为专用数字集成电路,在数字系统中常用于替代中小规模数字集成电路。

可编程逻辑器件具有体积小、成本低、逻辑功能可编程、应用方便、开发周期短等优点,20 世纪 70、80 年代,PLD 器件发展很快,性价比最好的是通用逻辑阵列 GAL 器件。进入 20 世纪 90 年代后,PLD 并未像人们原来预期的那样迅速发展和广泛应用。

微控制器 MCU(Micro Controller Unit),也就是我们通常所说的单片机的迅猛发展,提供了用软件替代和实现硬件功能的更佳途径,再加上原有专用数字集成电路和中小规模通用数字集成电路已具备了足够强大和丰富的功能,因此,PLD 的应用主要处于中小规模通用数字集成电路与微控制器 MCU 的中间地带。

现今,集成电路在前期研发阶段通常采用可编程逻辑器件进行验证,一旦需求量大,通常采用专用集成电路(ASIC)定制生产,这样可以降低成本。目前可编程逻辑器件主要分为两大类:现场可编程门阵列(FPGA)和复杂可编程逻辑器件(CPLD),主要区别是:FPGA 采用 SRAM 工艺,直接下载编程,断电后程序丢失,保密性差,时序延时不可预测,用时要外加 EEPROM,集成度高;CPLD 内部有 EPPROM 或 FLASH 存储器,直接下载编程,掉电后程序不会丢失,集成度低,保密性好,时序延时均匀可预测。综合来看,FPGA 功能强,性价比高,CPLD 主要优势在于价格较低,随着 FPGA 价格逐渐下降,CPLD 正在淡出市场。

第5章 电气特性及知识拓展

2. 可编程逻辑器件开发环境

在使用可编程逻辑器件进行电子产品开发设计时，需要使用计算机、开发软件、编程器、下载线（或下载板）等一系列软、硬件工具，这些工具统称为开发环境。

在复杂电子系统的设计中往往需要借助 EDA 技术（Electronic Dsign Automation）技术。常用的 EDA 软件按照主要功能或主要应用场合可大致分为：电子电路设计与仿真工具、PCB 设计软件、IC 设计软件、FPGA/CPLD 设计工具。FPGA 开发需要一些专用的工具软件，其功能包括 FPGA 程序的编写、综合仿真及下载等。就整体而言，目前的 FPGA 工具软件可以分为两类：一类是 FPGA 芯片生产商直接提供的集成开发环境，如 Altera 公司的 Quartus Ⅱ 和 Xilinx 公司的 ISE 等；另一类是其他专业的 EDA 软件公司提供的辅助软件工具，统称为第三方软件，如业内主流的仿真工具 Modelsim 和综合工具 Synplify/Synplify Pro，它们都可以嵌入到 Quartus Ⅱ 和 ISE 等集成开发环境中辅助完成仿真、综合等操作。

在计算机中软件开发完成后，需要使用编程器或下载线将程序下载（存储）进可编程逻辑器件。这个过程有两种方法，一种方法是离线编程，采用编程器或专用下载板将程序下载到 PLD 中，然后再将 PLD 安装到电子产品的线路板上；另一种方法是在系统编程，即先将 PLD 安装到电子产品线路板上，然后通过下载线将计算机与电子产品线路板直接连接，再将程序下载到 PLD 中。前一种方法适合大批量生产产品，不利于产品软升级，后一种方法适合产品研发的调试和小批量产品生产，便于产品软升级。

3. 可编程逻辑器件开发流程

在使用可编程逻辑器件进行电路设计时，首先要根据设计复杂程度、使用环境、成本要求、设计周期要求等综合考虑选取 PLD 类型和型号。之后，要使用仿真软件和开发环境进行程序的编写、编译、仿真、时序分析、管脚配置。最后，将程序下载到 PLD 或存储器中，完成实际电路。

在使用 Quartus Ⅱ 和 ISE 等集成开发环境时，主要开发流程有：

1）项目的设计输入

可以使用原理图输入法根据 Quartus Ⅱ 或 ISE 软件提供的元器件库及各种符号和连线画出原理图，形成原理图输入文件，也可采用编程语言完成程序编写。

2）项目的编译与适配

选择当前项目文件与设计实现的实际芯片型号进行编译适配。

3）项目的功能仿真与时序分析

Quartus Ⅱ 或 ISE 软件支持电路的功能仿真和时序仿真，用以检测电路的预期功能和技术指标。

4）管脚的重新分配与定位

根据设计者的习惯或电路的布局可以方便地对管脚进行编辑和再分配。

5）器件的下载编程与硬件实现

将所设计的电路下载到可编程器件中，并根据管脚分配图将CPLD/FPGA相应的管脚与外围电路相连接。

4. 可编程逻辑器件开发语言

在使用Quartus Ⅱ和ISE等集成开发环境完成电路设计时，可以使用绘制原理图的方法，也可以使用硬件描述语言(HDL)的方法。一般在进行较复杂的电路设计时，都要使用硬件描述语言完成设计。

硬件描述语言是一种用形式化方法描述数字电路和系统的语言。利用这种语言，数字电路系统的设计可以从上层到下层（从抽象到具体）逐层描述自己的设计思想，用一系列分层次的模块来表示极其复杂的数字系统。然后，利用电子设计自动化(EDA)工具逐层仿真验证，再把其中需要变为实际电路的模块组合，经过自动综合工具转换到门级电路网表。接下去，再用专用集成电路ASIC或现场可编程门阵列FPGA自动布局布线工具，把网表转换为要实现的具体电路布线结构。

硬件描述语言发展至今已有20多年的历史，并成功地应用于设计的各个阶段：建模、仿真、验证和综合等。目前，这种设计方法已被广泛采用，在美国硅谷约有90％以上的ASIC和FPGA采用硬件描述语言进行设计。

目前，主要硬件描述语言有VHDL和Verilog HDL两种，都是IEEE标准。现在，随着系统级FPGA以及片上系统(SOC)的出现，软硬件协调设计和系统设计变得越来越重要。传统意义上的硬件设计越来越倾向于与系统设计和软件设计结合。硬件描述语言为适应新的情况，迅速发展，出现了很多新的硬件描述语言，像Superlog、SystemC、SystemVerilog等，使得设计人员可以在不同的层次上自由选择，建立自己的系统模型，进行仿真、优化、验证、综合等工作。

Verilog HDL就是在用途最广泛的C语言的基础上发展起来的一种硬件描述语言，最大特点就是易学易用，如果有C语言的编程经验，可以在一个较短的时间内很快的学习和掌握。但Verilog HDL的语法较自由，也容易造成初学者犯一些错误，这一点要注意。

VHDL主要用于描述数字系统的结构、行为、功能和接口。除了含有许多具有硬件特征的语句外，VHDL的语言形式、描述风格与句法十分类似于一般的计算机高级语言。VHDL的程序结构特点是将一项工程设计（或称为设计实体，可以是一个元件、一个电路模块或一个系统）分成外部（或称可视部分，及端口）和内部（或称不可视部分），既涉及实体的内部功能和算法完成部分。在对一个设计实体定义了外部界面后，一旦其内部开发完成后，其他的设计就可以直接调用这个实体。这种将设计实体分成内外部分的概念是VHDL系统设计的基本特点。

VHDL和Verilog HDL两种语言的差别并不大，描述能力也是类似的。掌握其中一种语言以后，可以通过短期的学习较快地学会另一种语言。对于FPGA设计者而言,两种语言可以自由选择。选何种语言主要还是看周围人群的使用习惯,这样可以方便日后的学习交流。不过,集成电路(ASIC)设计人员必须首先掌握 Verilog HDL,因为在 IC 设计领域,90%以上的公司都是采用 Verilog HDL 进行 IC 设计。

5.6 竞争-冒险现象

5.6.1 竞争-冒险现象

在组合逻辑电路中,当任何一个门电路有两个输入信号同时向相反方向变化(由 0、1 变为 1、0 或反之)时就存在冒险(或称为险象)。例如,在图 5.6.1 中,与门有两个输入端 A 和 B,无论 A、B 两个输入信号是 0、1 还是 1、0,输出 F 都应为低电平不变。但是,当 A、B 两个输入信号由 0、1 同时变为 1、0 时,由于实际信号在电平变化时需要过渡时间,所以,门电路会在过渡区输出干扰脉冲,如图中 F 波形所示。

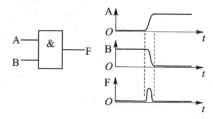

图 5.6.1 冒险

当一个门的输入有两个或两个以上的变量发生改变时,如果这些变量是由一个信号经过不同路径产生的,因为路径不同会使得延时不同,所以它们状态改变的时刻有先有后,这种时差就会引发竞争。这种竞争不一定会产生尖峰脉冲(电压毛刺),只是会有可能会产生,因此称为冒险。也就是说,有竞争不一定会产生冒险,但有冒险就一定有竞争。

竞争-冒险产生的尖峰脉冲等同于干扰,区别仅在于尖峰脉冲来自于电路内部,而干扰来自于电路外部。不同的电路对尖峰脉冲的敏感程度不同,需要根据具体要求判断是否需要消除尖峰脉冲。在第 4 章拔河游戏机(综合项目 5)的电路中,就利用了竞争-冒险现象产生的毛刺来形成窄脉冲,用来减小脉冲宽度。

从冒险的波形上看,组合逻辑电路的冒险可分为静态冒险和动态冒险。若输入信号变化前后输出的稳态值是一样的,但在输入信号变化时,输出信号产生了毛刺,这种冒险是静态冒险。输入信号变化前后,输出的稳态值不同,并在边沿处出现了毛刺,称为动态险象(冒险)。

在判断一个电路是否会发生竞争-冒险现象时,可以采用代数法或实验法。代数法是用逻辑分析的方法,只要在一定的条件下,门电路的输出端表达式可以简化成两个互补信号相与或者相或的形式,即 $F=A \cdot \overline{A}$ 或 $F=A+\overline{A}$ 的形式,那么就可以判断电路存在竞争-冒险。例如:$F=AB+\overline{A}C$ 在 $B=C=1$ 时,就会出现竞争-冒险。

实验法可以采用仿真软件测试和实际电路测试的方法实现,其中,仿真软件测试方便快捷,但可能与实际电路工作状态有出入,实际电路测试的结果才是最终结论。

5.6.2 消除竞争-冒险现象的方法

消除竞争-冒险现象的主要目的是避免尖峰脉冲造成逻辑错误,因此可以从两个角度考虑这个问题,一是修改逻辑,避免产生尖峰脉冲,二是修改电路,削弱尖峰脉冲的不良影响。常用的竞争-冒险消除的方法有:

(1) 接入滤波电容

在电路输出端并接一个不太大的滤波电容,就可使干扰脉冲幅值变得很小,从而消除其对后续电路的影响。这种方法简单易行,但输出电压波形随之变化,故只适用于对输出波形前后沿无严格要求的场合。

(2) 修改逻辑设计

对于单个变量的状态变化所引起的竞争冒险,可用增加冗余项的方法加以消除。例如,对于 $F=AB+\overline{A}C$ 可以增加冗余项 BC,变为 $F=AB+\overline{A}C+BC$,两者逻辑关系相同,而后者消除了 B=C=1 时的竞争-冒险。

(3) 选用可靠性编码

格雷码、约翰逊码等代码的任何两个相邻码的状态在逻辑上具有相邻性,用这些代码作为组合电路的输入时不会发生两个或两个以上变量同时变化的情况,因此大大降低了产生竞争冒险的可能性,但此法对单个变量引起的竞争冒险无效。

(4) 引入封锁脉冲或选通脉冲

这种方法的原理是:通过引入的信号封锁组合电路在竞争冒险期间的输出,只有当输入信号的变化结束,已达稳态时,才允许电路的输出。这样,竞争冒险就被封锁或避开了。这种方法有一个局限性,就是必须找到一个合适的封锁脉冲或选通脉冲,对这个脉冲的宽度和作用时间都有严格限制。

5.7 实操任务 14:电路仿真 *

5.7.1 电路仿真软件

1. 电路仿真软件

仿真软件(simulation software)是专门用于仿真的计算机软件。仿真软件是从 20 世纪 50 年代中期开始发展起来的,其发展与仿真应用、算法、计算机和建模等技术的发展相辅相成。1984 年出现了第一个以数据库为核心的仿真软件系统,此后又出现采用人工智能技术(专家系统)的仿真软件系统。这个发展趋势将使仿真软件具有更强、更灵活的功能、能面向更广泛的用户。

计算机仿真具有效率高、精度高、可靠性高和成本低等特点,已经广泛应用于电子电路(或系统)的分析和设计中。计算机仿真不仅可以取代系统的许多繁琐的人工分析,减轻劳动强度,提高分析和设计能力,避免因为解析法在近似处理中带来的较大误差,还可以与实物试制和调试相互补充,最大限度地降低设计成本,缩短系统研制周期。可以说,电路的计算机仿真技术大大加速了电路的设计和试验过程。

电路仿真属于电子设计自动化(EDA)的组成部分。一般把电路仿真分为3个层次:物理级、电路级和系统级。模拟电子技术和数字电子技术中主要采用电路级仿真,常见电路仿真软件有SPICE、OrCAD、Proteus、Multisim、TINA等。

SPICE软件于1972年由美国加州大学伯克利分校的计算机辅助设计小组利用FORTRAN语言开发而成,主要用于大规模集成电路的计算机辅助设计。SPICE的正式实用版SPICE 2G在1975年正式推出,1985年,加州大学伯克利分校用C语言对SPICE软件进行了改写,1988年被定为美国国家工业标准。

与此同时,各种以SPICE为核心的商用模拟电路仿真软件纷纷出现,在SPICE的基础上做了大量实用化工作,从而使SPICE成为最为流行的电子电路仿真软件。

PSPICE是由美国Microsim公司在SPICE 2G版本的基础上升级并用于PC机上的SPICE版本,1998年,EDA商业软件开发商ORCAD公司与Microsim公司正式合并,自此PSPICE产品并入ORCAD公司的商业EDA系统OrCAD中。

现在,包含在OrCAD中的PSpice已经发展演变为两大模块,一个是基本分析模块,简称PSpice AD,另外一个是高级分析模块,简称PSpice AA。其不仅能进行电路功能仿真,还能进行灵敏度分析、优化分析、蒙特卡诺分析、电应力分析等复杂分析,使得设计能基本满足生产要求。

Proteus是英国Labcenter公司开发的电路分析与实物仿真软件,可以仿真、分析(SPICE)各种模拟器件和集成电路,是目前最好的单片机及外围器件仿真工具。Proteus从原理图布图、代码调试到单片机与外围电路协同仿真,直至PCB设计,真正实现了从概念到产品的完整设计,是将电路仿真软件、PCB设计软件和虚拟模型仿真软件三合一的设计平台。其处理器模型支持8051、HC11、PIC10/12/16/18/24/30/dsPIC33、AVR、ARM、8086和MSP430等,并持续增加其他系列处理器模型。在编译方面,它也支持IAR、Keil和MPLAB等多种编译器。

Multisim是美国国家仪器(NI)有限公司推出的以Windows为基础的仿真工具,适用于板级的模拟/数字电路板的设计工作。它包含了电路原理图的图形输入、电路硬件描述语言输入方式,具有丰富的仿真分析能力。Multisim是业界一流的SPICE仿真标准环境,具有直观的图形界面、丰富的元器件、强大的仿真能力、丰富的测试仪器、完备的分析手段、完善的后处理、详细的报告以及兼容性好的信息转换。

TINA是欧洲DesignSoft Kft.公司研发的EDA软件,用于模拟及数字电路的仿真分析。除了具有一般电路仿真软件通常所具备的直流分析、瞬态分析、正弦稳态分析、傅立叶分析、温度扫描、参数扫描、最坏情况及蒙特卡罗统计等仿真分析功能之外，TINA 还能先对输出电量进行指标设计，然后对电路元件的参数进行优化计算。此外，它具有符号分析功能，即能给出时域过渡过程表达式或频域传递函数表达式；具有 RF 仿真分析功能；具有绘制零、极点图、相量图、Nyquist 图等重要的仿真分析功能。

德州仪器（TI）与 DesignSoft 公司合作推出一款基于 SPICE 的模拟设计与仿真工具 TINA-TI。TINA-TI 为免费软件，相当于 TINA 的简化版本。

2. Multisim 仿真软件简介

Multisim 软件基于 Windows 操作系统，具有直观的图形界面，整个操作界面就像一个电子实验工作台，绘制电路所需的元器件和仿真所需的测试仪器均可直接拖放到屏幕上，轻点鼠标可用导线将它们连接起来，软件仪器的控制面板和操作方式都与实物相似，测量数据、波形和特性曲线如同在真实仪器上看到的。其主界面如图 5.7.1 所示。

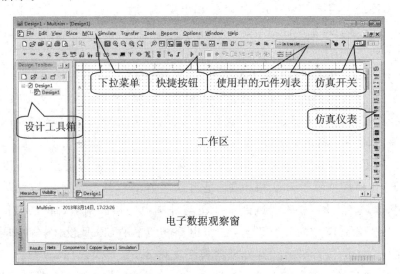

图 5.7.1　Multisim 主界面

Multisim 的主界面与其他 Windows 的应用程序窗口类似，可在主菜单中找到所有功能的命令。主菜单主要包括 File（文件菜单）、Edit（编辑菜单）、View（窗口显示菜单）、Place（放置菜单）、MCU（单片机）、Simulate（仿真菜单）、Transfer（文件输出菜单）、Tools（工具菜单）、Resports（报表菜单）、Options（选项菜单）、Windows（窗口菜单）和 Help（帮助菜单）等。主菜单是下拉菜单，每个菜单都可以下拉一个菜单，用户从中可找到电路的存取、Spice 文件的输入和输出、电路图的编辑、电路的仿真及分析包括在线帮助等各项功能的命令。

使用者可以通过 View 菜单或鼠标右键定制工具栏或窗口，以使界面简洁或适合自己的使用习惯；通过使用快捷按钮，可以缩短查找菜单项的时间。另外，Multisim 也有一些快捷键，使用熟练后可以提高工作速度。

Design Toolbox(设计工具箱)包括 3 个选项卡，分别是 Hierarchy(层次)、Visibility(可见性)、Project View(工程窗口)，可以对文件和项目进行管理。Spreadsheet View(电子数据观察窗)包括 Results(结果)、Nets(网络)、Components(组成)、Copper Layers(敷铜层)、Simulation(仿真)等选项卡，可以观察电路的各种参数和仿真结果。

电路元件和仿真仪表都是放在工作区中的，工作区大小可以调节，在 Options 菜单下 Sheet Properties(图纸特性)窗口中的 Workspace(工作区)选项卡中改变 Sheet size 即可，如图 5.7.2 所示。

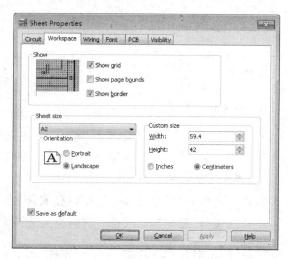

图 5.7.2　改变工作区大小

Multisim 有两种符号标准，分别是 ANSI 和 DIN，电路图中应采用符合国家标准的符号，因此应使用 DIN 标准，需要在 Options 菜单下 Global Preferences(全局参数选择)窗口 Parts(部分)选项卡中选中，如图 5.7.3 所示。

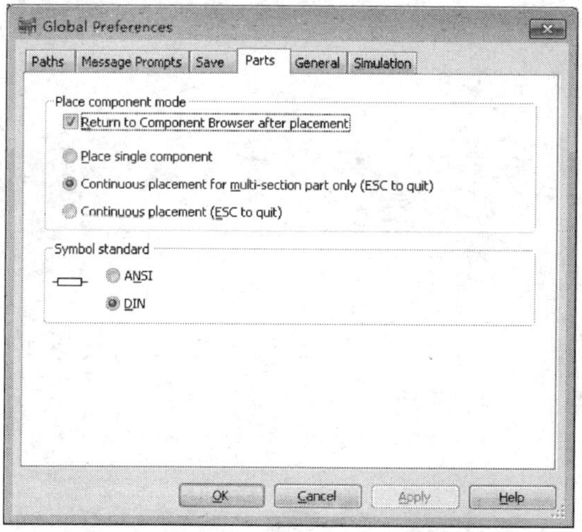

电路元件的放置和连接都可以通过鼠标完成操作，十分方便。需要注意的主要是绘图要规范，布局要整齐美观，元件型号和参数要正确，需要连接的点必须连接可靠，还要防止软件自动连接一些不需要连接的交叉线路。

电路绘制完毕后可以运行仿真，通过仿真仪表可以观察到电压、电流、波形图等仿真结果。Multisim 可以对分析结果进行算术运算、三角运算、指数运行、对数运算、复合运算、向量运算和逻辑运算等

图 5.7.3　选取电路符号标准

后处理，给出材料清单、元件详细报告、网络报表、原理图统计报告、多余门电路报告、模型数据报告、交叉报表等报告，并且可以输出原理图到 PCB 布线（如 Ultiboard、OrCAD、PADS Layout2005、P-CAD 和 Protel）、输出仿真结果到 MathCAD、Excel 或 LabVIEW、输出网表文件、提供 Internet Design Sharing（互联网共享文件）。

5.7.2 Multisim 仿真实例

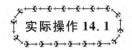

① 绘制电路图。

运行 Multisim 软件，单击需要的元件和仪表图标，然后在工作区中单击即可放置元件和仪表。删除元件可以在选中元件后用键盘 DEL（删除键）删除，也可以右击元件，从弹出的级联菜单中选取删除功能。元件和仪表的旋转也可以右击完成。元件参数可以在放置时进行选取，也可以在放置之后通过双击元件进行更改。

电路连接时，鼠标靠近元件管脚时会变为圆点形状，单击元件管脚之后鼠标圆点会出现动态连接线，当鼠标圆点遇到另一个元件管脚时会出现红点，此时单击（若右击则会取消动态连接线）即可完成电路连接。删除连线的方法与删除元件方法相同。按照图 5.7.4 绘制电路图，图中 XFG1 为函数信号发生器，XSC1 为示波器。

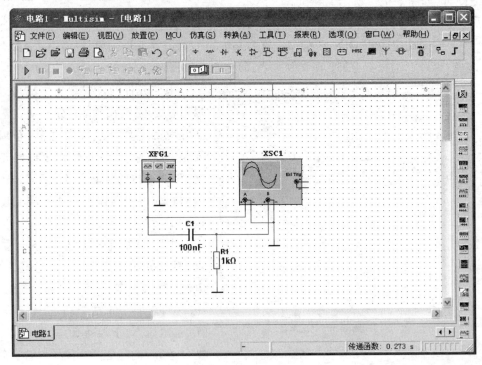

图 5.7.4 微分电路

② 仿真设置。

仿真前，需要对函数信号发生器进行设置，双击函数信号发生器图标，则弹出参数设置对话框，如图 5.7.5 所示。

简单仿真可以使用默认的仿真时间和仿真步长等仿真参数设置，较复杂的仿真还需要对仿真参数进行设置。仿真参数设置通过 Simulate 菜单下的交互式仿真设置完成，如图 5.7.6 所示。

③ 仿真结果。

运行仿真，然后双击示波器，则可在示波器窗口观察到仿真波形，如图 5.7.7 所示。

仿真波形除用截屏的方法保存外，还可以通过示波器窗口的 Save 按钮保存为 tdm、tdx、scp、lvm 等格式的文件。

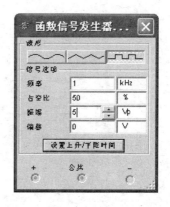

图 5.7.5 函数信号发生器参数设置

④ 更改函数信号发生器的参数设置，观察示波器波形变化。

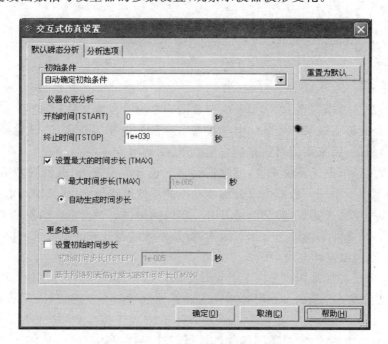

图 5.7.6 交互式仿真设置

⑤ 更改交互式仿真参数，再次运行仿真，体会仿真参数变化的影响。

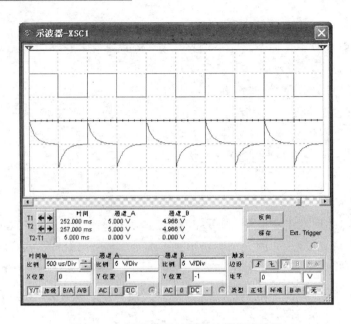

图 5.7.7　用仿真示波器示波器观察波形

5.8　电子系统设计

1. 系统设计方法

电子系统分为模拟型、数字型及两者兼而有之的混合型 3 种,无论哪一种电子系统,它们都是能够完成某种任务的电子设备。一般的电子系统由输入、输出、信息处理 3 大部分组成,用来实现对信息的采集处理、变换与传输功能。

对于较复杂的电子系统来说,通常需要多名设计人员配合,共同完成设计任务。另外,复杂的电子系统一般都可以分解为功能简单的电路单元(或模块),电路单元一般可以用典型电路来实现,典型电路具有一定的通用性。根据系统的复杂性、任务可分解、设计人员之间的协调与合作等因素,复杂系统的设计方法主要分为以下几种:

(1) 自底向上设计方法

传统的系统设计采用自底向上的设计方法。这种设计方法采用"分而治之"的思想,在系统功能划分完成后,利用所选择的元器件进行逻辑电路设计,完成系统各独立功能模块设计,然后将各功能模块按搭积木的方式连接起来,构成更大的功能模块,直到构成整个系统,完成系统的硬件设计。这个过程从系统的最底层开始设计,直至完成顶层设计,因此,将这种设计方法称为自底向上的设计方法。用自底向上设计方法进行系统设计时,整个系统的功能验证要在所有底层模块设计完成之后才能进行,一旦不满足设计要求,所有底层模块可能需要重新设计,延长了设计时间。

(2) 自顶向下设计方法

目前，VLSI 系统设计中主要采用的方法是自顶向下设计方法，这种设计方法的主要特征是采用综合技术和硬件描述语言，让设计人员用正向的思维方式重点考虑求解的目标问题。这种采用概念和规则驱动的设计思想从高层次的系统级入手，从最抽象的行为描述开始把设计的主要精力放在系统的构成、功能、验证直至底层的设计上，从而实现设计、测试、工艺的一体化。当前 EDA 工具及算法把逻辑综合和物理设计过程结合起来的方式，有高层工具的前向预测（lookahead）能力，较好地支持了自顶向下设计方法在电子系统设计中的应用。

(3) 层次式设计方法

它的基本策略是将一个复杂系统按功能分解成可以独立设计的子系统，子系统设计完成后，将各子系统拼接在一起完成整个系统的设计。一个复杂的系统分解成子系统进行设计可大大降低设计复杂度。由于各子系统可以单独设计，因此具有局部性，即各子系统的设计与修改只影响子系统本身，而不会影响其他子系统。

利用层次性将一个系统划分成若干子系统，然后子系统可以再分解成更小的子系统，重复这一过程，直至子系统的复杂性达到了在细节上可以理解的适当的程度。

模块化是实现层次式设计方法的重要技术途径。模块化是将一个系统划分成一系列的子模块，对这些子模块的功能和物理界面明确地加以定义，可以帮助设计人员阐明或明确解决问题的方法，还可以在模块建立时检查其属性的正确性，因而使系统设计更加简单明了。将一个系统的设计划分成一系列已定义的模块还有助于进行集体间共同设计，使设计工作能够并行开展，缩短设计时间。

(4) 嵌入式设计方法

现代电子系统的规模越来越复杂，而产品的上市时间却要求越来越短，即使采用自顶向下设计方法和更好的计算机辅助设计技术，对于一个百万门级规模的应用电子系统来说，完全从零开始自主设计是难以满足上市时间要求的。嵌入式设计方法在这种背景下应运而生。嵌入式设计方法除继续采用自顶向下设计方法和计算机综合技术外，最主要的特点是大量知识产权（Intellectual Property，IP）模块的复用，这种 IP 模块可以是 RAM、CPU 及数字信号处理器等。在系统设计中引入 IP 模块，使得设计者可以只设计实现系统其他功能的部分以及与 IP 模块的互连部分，从而简化设计，缩短设计时间。

一个复杂的系统通常既包含有硬件，又有软件，因此需要考虑哪些功能用硬件实现，哪些功能用软件实现，这就是硬件/软件协同设计的问题。硬件/软件协同设计要求硬件和软件同时进行设计，并在设计的各个阶段进行模拟验证，减少设计的反复，缩短设计时间。硬件/软件协同是将一个嵌入式系统描述划分为硬件和软件模块以满足系统的功耗、面积和速度等约束的过程。

嵌入式系统的规模和复杂度逐渐增长，其发展的另一趋势是系统中软件实现功能增加，并用软件区分不同的产品，增加灵活性、快速适应新技术标准，降低升级费用和缩短产品上市时间。

(5) 基于 IP 的系统芯片(SOC)的设计

为了解决当前集成电路的设计能力落后于加工技术的发展与集成电路行业的产品更新换代周期短等问题,基于 IP 的集成电路设计方法应运而生。IP 的基本定义是知识产权模块。对于集成电路设计师来说,IP 则是可以完成特定电路功能的模块,在设计电路时可以将 IP 看作黑匣子,只须保证 IP 模块与外部电路的接口,无须关心其内部操作。这样在设计芯片时所处理的是一个个的模块,而不是单个的门电路,可以大幅降低电路设计的工作量,加快芯片的设计流程。利用 IP 还可以使设计师不必了解设计芯片所需要的所有技术,降低了芯片设计的技术难度。利用 IP 进行设计的另一好处是消除了不必要的重复劳动。IP 与工业产品不同,复制 IP 是不需要花费任何代价的,一旦完成了 IP 的设计,使用的次数越多,则分摊到每个芯片的原始投资越少,芯片的设计费用也因此会降低。

SOC(System on a Chip)系统芯片有各种不同的定义方式,具体到芯片功能来说,SOC 芯片意味着在单个芯片上完成以前需要一个或多个印刷线路板才能够完成的电路功能。SOC 芯片意味着在单芯片上集成一个完整的数据处理系统,其结构是比较复杂的。SOC 芯片的运行需要强大的软件支持,而且芯片的功能会随软件的不同而变化,因此在设计芯片的同时需要进行软件编制工作,并非以往单纯的电路设计。这一特点在增强芯片功能及适用范围的同时增加了芯片的设计与验证难度,在芯片设计的初期需要仔细地进行功能划分,确定芯片的运算结构,并评估系统的性能与代价。SOC 芯片的出现在芯片的优化设计方面也提出了很大的挑战。芯片的设计需要系统设计人员与软件设计人员的深入参与,在 SOC 芯片的设计流程中,一般都结合了从顶向下和从底向上设计的特点,与传统的芯片设计相比 SOC 芯片设计有以下几项主要特点:

① 芯片的软件设计与硬件设计同步进行;
② 各模块的综合与验证同步进行;
③ 在综合阶段考虑芯片的布局布线;
④ 只在没有可利用的硬件模块或软件模块的情况下重新设计模块。

其实,电子系统的设计没有一成不变的规定的方法,除了与电路复杂程度、设计人员数量与经验密切相关外,还与设计周期要求、成本要求、元器件采购限制、功耗要求、体积和重量等要求有关。为了便于理解,这里把总的设计过程归纳为方案设计、电路设计、器件设计(或选择)、PCB 设计、结构设计等环节,一般的设计流程如图 5.8.1 所示。

最后,对于产品设计来说,成本控制是一个关键

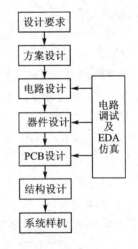

图 5.8.1 系统设计流程图

问题,成本高的产品没有市场竞争力,就是失败的设计。优秀的电路实现方案应该是简洁、可靠的,要以最少的社会劳动消耗获得最大的劳动成果。这里所说的社会劳动,包括在产品设计、产品生产、产品维护以及元器件的生产中所付出的劳动。为了控制产品成本,常常采用目标价格反算法,也就是先根据市场调查对相应的技术指标制定目标价格,然后在设计实施中找出影响产品经济指标的关键因素,并采取针对性较强的措施。

2. 电源设计

一切电子设备均需要电源才能工作,电源给电子设备提供电能,常用电源有来自发电厂的交流电、化学电池的直流电、太阳能电池板的直流电等。一般电子设备都需要稳定的直流电提供能量,因为稳定的直流电能够使电子设备中的元器件稳定工作,也就是说,电源的不稳定会导致电子设备工作失常。

由于电子设备种类繁多,功率需求、电路结构、电子元器件和负载各不相同,电源的电压、功率等需求也就千差万别,每种电子设备都需要进行专门的电源设计,电源电路的设计也就成为了电子电路设计中非常重要的一个环节。

在常用电源中,由于电池存储容量有限,长期使用价格较高,所以通常只有便携设备才使用电池,一般电子设备使用交流电的情况比较普遍,发电厂提供的交流电必须经变压、整流、稳压等环节变成直流电才能供给电子设备。常见电源电路主要可以分为两大类:AC/DC 电源和 DC/DC 电源。

① AC/DC 电源是将交流电变换为直流电的设备,它自发电厂(电网)取得能量,经过变压、整流、滤波、稳压等环节得到直流电压,功率范围很宽,可以用于不同场合。根据电路结构不同,可以分为线性稳压电源、开关稳压电源和可控硅整流电路 3 大类。

② DC/DC 电源是将不符合要求的直流电变换为符合要求的直流电的设备,输入的是直流电,变换以后在输出端获得一个或几个直流电压,一般采用开关电源的结构。

在几种常见电路结构中,开关电源的优点是体积小、重量轻、稳定可靠,缺点是比线性电源纹波大、干扰重,不适合精密测量环境。线性电源优点是稳定性高、纹波小、可靠性高,缺点是体积大、较笨重、效率比较低。一般具有稳压或稳流特性,输出连续可调,可用于绝大部分电子设备或工控设备。可控硅整流电源使用历史较长,工艺较成熟,主要部件是可控硅和工频变压器。由于可控硅是耐高压和大电流部件,因此,可做成高压大电流,大功率电源,指标和稳定性一般,主要用于工业控制。不同结构的直流电源性能比较如表 5.8.1 所列。

直流稳压电源的技术指标可以分为两大类:一类是特性指标,反映直流稳压电源的固有特性,如输入电压、输出电压、输出电流、输出电压调节范围;另一类是质量指标,反映直流稳压电源的优劣,包括稳定度、等效内阻(输出电阻)、纹波电压及温度系数等。

表 5.8.1 直流电源性能比较

项　目	开关电源	线性电源	可控硅整流电源
精度	1%	0.1%～0.3%	1%～3%
纹波	10～300 mV	1～30 mV	1%～5%
干扰	重	小	小
效率	80%～95%	50%～80%	80%～90%
适应性	环境要求较高	一般环境	可以适应恶劣
体积	小	一般	大
重量	较轻	重	很重
价格	价格低	较贵	中等
寿命	2～3 年	5 年左右	10 年左右
可维护性	维护困难	维护要求一般	维护简单

常用技术指标有：

(1) 输出电压范围

指符合直流稳压电源工作条件情况下，能够正常工作的输出电压范围。该指标的上限由最大输入电压和最小输入-输出电压差所规定，而其下限由直流稳压电源内部的基准电压值决定。

(2) 最大输入电压

指保证直流稳压电源安全工作的最大输入电压。

(3) 最小输入-输出电压差

该指标表征在保证直流稳压电源正常工作条件下所需的最小输入-输出之间的电压差值。

(4) 输出负载电流范围

输出负载电流范围又称为输出电流范围，在这一电流范围内，直流稳压电源应能保证符合指标规范所给出的指标。

(5) 电压调整率 SV

电压调整率是表征直流稳压电源稳压性能优劣的重要指标，又称为稳压系数或稳定系数，表征输入电压 U_I 变化时直流稳压电源输出电压 U_O 稳定的程度，通常以单位输出电压下的输入和输出电压的相对变化的百分比表示。

(6) 纹波抑制比 SR

纹波抑制比反映了直流稳压电源对输入端引入的市电电压的抑制能力。当直流稳压电源输入和输出条件保持不变时，纹波抑制比常以输入纹波电压峰-峰值与输出纹波电压峰-峰值之比表示，一般用分贝数表示，但是有时也可以用百分数表示，或直接用两者的比值表示。

(7) 温度稳定性 K

温度稳定性是以在所规定的直流稳压电源工作温度 T_i 最大变化范围内($T_{min} \leqslant T_i \leqslant T_{max}$),直流稳压电源输出电压的相对变化的百分比值。

(8) 最大输出电流

保证稳压器安全工作所允许的最大输出电流。一般稳压电源电路中设计有保护电路,当输出电流超过最大输出电流后,保护电路会动作,使稳压电源电路处于保护状态。

在电源电路设计中,集成电路的应用越来越广泛,常见的线性集成稳压集成电路有 78/79 系列、LM317/337 系列、MC1659 和 MIC5207 等,常见的开关稳压集成电路有 LM2575 系列、MC34063 等。这些集成电路生产厂家都提供了完善的数据手册和典型应用电路,设计电路时只须外加少许电容、电感等元器件即可,使用非常方便。

以三端稳压集成电路 7805 为例,其内部集成了启动电路、基准电压、恒流源、误差放大器、保护电路、调整管等电路,典型应用电路如图 5.8.2 所示。

3. 信号采集单元设计

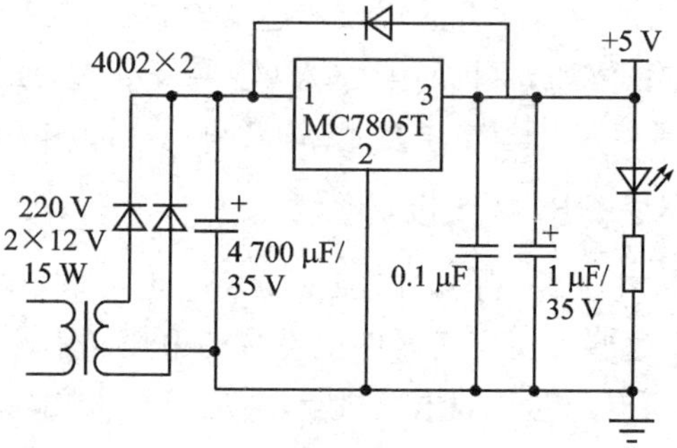

电子系统的信号采集单元通常是由敏感元件、转换元件和相关电路组成的电路单元,能感受到被测量的信息,并能将检测感受到的信息按一定规律变换成为电信号或其他所需形式的信息输出,以满足电子系统进一步传输、处理、存储、显示、记录和控制等要求。

图 5.8.2 采用 7805 的直流稳压电源电路

信号采集单元的核心是传感器(sensor),传感器主要包括敏感元件、转换元件。根据敏感元件的不同,传感器可分为:

➢ 物理类:基于力、热、光、电、磁和声等物理效应。
➢ 化学类:基于化学反应的原理。
➢ 生物类:基于酶、抗体、和激素等分子识别功能。

通常据其基本感知功能可分为热敏元件、光敏元件、气敏元件、力敏元件、磁敏元件、湿敏元件、声敏元件、放射线敏感元件、色敏元件和味敏元件 10 大类。传感器的主要参数有:线性度、灵敏度、迟滞、漂移和分辨力等。

① 线性度:指传感器输出量与输入量之间的实际关系曲线偏离拟合直线的程度,定义为在全量程范围内实际特性曲线与拟合直线之间的最大偏差值与满量程输出值之比。

② 灵敏度:是传感器静态特性的一个重要指标,定义为输出量的增量与引起该

增量的相应输入量增量之比。用 S 表示灵敏度。

③ 迟滞:传感器在输入量由小到大(正行程)及输入量由大到小(反行程)变化期间,其输入输出特性曲线不重合的现象成为迟滞。对于同一大小的输入信号,传感器的正反行程输出信号大小不相等,这个差值称为迟滞差值。

④ 漂移:传感器的漂移是指在输入量不变的情况下,传感器输出量随着时间变化,此现象称为漂移。产生漂移的原因有两个方面:一是传感器自身结构参数;二是周围环境(如温度、湿度等)。

⑤ 分辨力:当传感器的输入从非零数值缓慢增加时,在超过某一增量后输出发生可观测的变化,这个输入增量称传感器的分辨力,即最小输入增量。

目前传感器发展的总趋势是微型化、多功能化与集成化、数字化、智能化、系统化和网络化。集成传感器将敏感元件和转换元件与基准源、放大单元、线性化处理、V/I 转换、保护电路等电路单元集成在一个集成电路中,使用非常方便。例如,半导体温度传感器 MAX6501、LM84、DS1820 和 TMP03 等集成传感器能将温度直接转换成数字量输出。

当没有适合的集成传感器时,就要对传感器输出的电信号进行放大、电流/电压变换、解调、阻抗匹配、A/D 转换等处理,使之满足后续电路的要求。这些信号处理主要涉及模拟电子技术,读者可以查阅相关技术资料,此处不赘述。

4. 输出单元设计

电子系统的输出经常要控制电磁阀、继电器、电动机等大功率元器件或设备工作,这些大功率元器件或设备的电压和电流远高于数字系统常用的电压和电流,所以需要专用芯片或电路进行驱动,这些专用驱动电路被称作输出单元。

当负载所需功率不太高,电源电压与数字系统相同时,输出单元与数字系统可以共用电源,输出单元一般采用专用功率集成电路、甲类功率放大电路或乙类功率放大电路等。

如果负载所需功率较高,通常电源电压与数字系统不同,这就需要采用双电源供电,输出单元和数字系统需要进行隔离,以避免损坏低电压器件或者干扰从输出单元回馈至数字系统。通常采用光电耦合器(Optocoupler)进行光电隔离可以有效解决这些问题。

光电耦合器(简称为光耦)的种类较多,用于开关电源电路中的常见型号有 PC818、TLP521-1、ON3111、GIC5102、PS208B 等,用于 AV 转换音频电路的常见型号有 TLP503、TLP508、4N25、4N26、TIL111、TLP631、TLP535 等,用于 AV 转换视频电路的常见型号有 TLP551、TLP651、TLP751、PC618、PS2006B、6N135、6N136 等。

数字系统通常采用高速光耦,其中,100 kbps 的光电耦合器有 6N138、6N139、PS8703 等,1 Mbps 的光电耦合器有 6N135、6N136、CNW135、CNW136、PS8601、

PS8602、PS8701、PS9613、PS9713、CNW4502、HCPL-2503、HCPL-4502、HCPL-2530（双路）、HCPL-2531（双路），10 Mbps 的光电耦合器有 6N137、PS9614、PS9714、PS9611、PS9715、HCPL-2601、HCPL-2611、HCPL-2630（双路）、HCPL2631（双路）等。

光耦外观与集成电路相同，图 5.8.3 为高速逻辑门光耦 6N137(10 Mbps)的结构示意图，其外观与普通双列直插集成电路相同（顶视图 TOP VIEW）。

图 5.8.4 为采用光耦的闪烁警示灯电路，图中 R1、C1、D1、D2、C2 构成稳压电源电路，为定时器 LM555 构成的多谐振荡器提供 +12 V 直流电。R2、R3、C3、U1 构成多谐振荡器，D3、C4、R4 构成光耦驱动电路，通过光耦 U2 控制晶闸管 D4，光耦 U_2 隔离交流 220 V 和直流 12 V，可以采用双向二极管输出的 MOC3020、MOC3021、MOC3041 等型号。当 U1 输出高电平时，白炽灯较亮，当 U1 输出低电平时，白炽灯较暗。

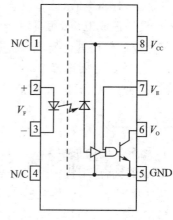

图 5.8.3 光耦 6N137 结构示意图

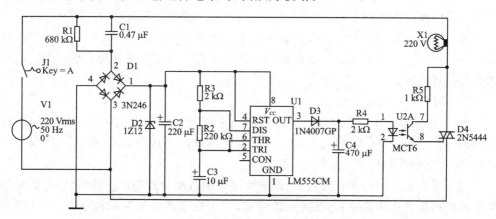

图 5.8.4 闪烁警示灯电路

5. 抗干扰设计

(1) 干扰

干扰是指有用信号以外的噪声造成电子系统不能正常工作的破坏因素。对于电子系统来说，干扰既可能来源于外部，也可能来源于内部。

外部干扰是指那些与系统内部结构无关，由外界环境因素决定的干扰。外部干扰主要是空间电或磁的影响，如：输电线和电器设备发出的电磁场，太阳或其他天体辐射出的电磁波，电源电网的波动、大型用电设备（如天车、电炉、大电机、电焊机等）

的启停、传输电缆的共模干扰等,甚至气温、湿度等气象条件变化也会给电子设备带来干扰。

内部干扰是指由系统内部结构、制造工艺决定的干扰。内部干扰主要包括系统的软件干扰,分布电容、分布电感引起的耦合感应,电磁场辐射感应,长线传输的波反射,多点接地造成电位差引起的干扰,寄生振荡引起的干扰等。有时元器件内部产生的噪声也按照干扰进行分析。

(2) 干扰的传播途径

干扰主要有以下几种传播途径:传导耦合、静电耦合、磁场耦合、公共阻抗耦合等。

① 传导耦合:干扰由导线进入电路中称为传导耦合。电源线、输入输出信号线都是干扰经常窜入的途径。

② 静电耦合:干扰信号通过分布电容进行传递称为静电耦合。系统内部各导线之间,印刷线路板的各线条之间,变压器线匝之间和绕组之间,元件之间、元件与导线之间都存在着分布电容。既然有分布电容存在,电场干扰就可以顺道窜入,对系统形成干扰。

③ 磁场耦合:干扰信号通过导体间互感耦合进电路。在任何载流导体周围空间中都会产生磁场,而交变磁场则对其周围闭合电路产生感应电势。在设备内部,线圈或变压器的漏磁会引起干扰;在设备外部,当两根导线平行架设时,也会产生干扰。

④ 公共阻抗耦合:产生于两个电路的电流流经一个公共阻抗时,一个电路在该阻抗上的电压降会影响到另一个电路。公共阻抗耦合的干扰可分为共电源干扰电压和共地干扰电压。

(3) 常用的干扰抑制技术

① 电磁屏蔽技术:指用屏蔽体将元部件、电路、组合件、电缆或整个系统的干扰源包围起来,防止干扰电磁场向外扩散,或者用屏蔽体将接收电路、设备或系统包围起来,防止它们受到外界电磁场的影响。

当干扰电磁场的频率较高时,利用低电阻率的金属材料中产生的涡流,形成对外来电磁波的抵消作用,从而达到屏蔽的效果;当干扰电磁波的频率较低时,要采用高导磁率的材料,从而使磁力线限制在屏蔽体内部,防止扩散到屏蔽的空间去;在某些场合下,如果要求对高频和低频电磁场都具有良好的屏蔽效果时,往往采用不同的金属材料组成多层屏蔽体。

② 接地技术:合理的地线分布能有效地减少干扰。低频电路应单点接地,这主要是避免形成产生干扰的地环路;高频电路应该就近多点接地,这主要是避免"长线传输"引入的干扰。一般来说,当频率低于 1 MHz 时,采用单点接地方式为好;当频率高于 10 MHz 时,采用多点接地方式为好;而在 1~10 MHz 之间,如果采用单点接地,其地线长度不得超过波长的 1/20,否则应采用多点接地方式。

设计印制线路板时,需注意:TTL、CMOS 器件的地线要呈辐射状,不能形成环形;印制线路板上的地线要根据通过的电流大小决定其宽度,不要小于 3 mm,在可能的情况下,地线越宽越好;旁路电容的地线不能长,应尽量缩短;大电流的零电位地线应尽量宽,而且必须和小信号的地分开。

③ 滤波技术:滤波是将信号中特定波段频率滤除的操作,是抑制和防止干扰的一项重要措施。滤波器是根据干扰信号的频率进行设计的电路,通常由电容、电感等元件构成。

数字电路的开关高速动作时会产生噪声,因此无论电源装置提供的电压多么稳定,V_{CC}和 GND 端也会产生噪声。为了降低集成电路的开关噪声,在印制线路板上的每一块数字集成电路上都接入高频特性好的旁路电容,将开关电流经过的线路局限在板内一个极小的范围内。旁路电容常选用 0.01~0.1 μF 的陶瓷电容器,旁路电容的引线要短而且紧靠需要旁路的集成块的 V_{CC}或 GND 端,否则不起作用。

④ 光电隔离技术:是一种既简单又高效的抗干扰技术,其先将电信号转化为光信号,再将光信号转化为电信号,在此过程中将干扰信号进行隔离。

光电隔离常采用光电耦合器(光耦)实现,光耦内部由发光二极管和光敏器件构成。一些干扰源产生的干扰电压虽然很高,但总能量很小,只能形成微弱的电流,无法驱动光耦中的发光二极管发光,从而消除其对下一级的影响,另外,光-电转换具有单向性,可以防止输出端的强干扰信号回馈至前级电路,因此,光耦能有效地破坏干扰源的进入,可靠地实现信号的隔离,并易构成各种功能状态。

6. 生产工艺设计

电子系统的设计不仅是原理图的设计,还包括生产工艺设计,比如,产品的外形、体积、重量、便携等需求对元器件的封装选择、PCB 设计、甚至原理图设计都有很大影响,这些因素又进一步决定了产品的生产工艺。

电子产品生产工艺是指将电子材料、电子元器件或者电子部件按照既定的装配工艺程序、设计装配图和接线图,按一定的精度标准、技术要求、装配顺序安装在指定的位置上,再用导线把电路的各部分相互连接起来,组成具有独立性能的整体的技术和方法。

一台完善、优质、使用可靠的电子产品(整机),除了要有先进的线路设计、合理的结构设计、采用优质可靠的电子元器件及材料之外,如何制定合理、正确、先进的装配工艺,及操作人员根据预定的装配程序,认真细致地完成装配工作都是非常重要的。

电子产品在生产过程中完成的部件和组装完成后的整机,都需要进行测试,提出合理的测试指标和测试方法也是设计人员的重要职责。

本章小结

知识小结

本章主要针对前面几章没有涉及的相关知识进行扩展,主要包括数字电子技术的综述、数字电路的带负载能力、噪声容限、模拟/数字转换、数字/模拟转换、存储器、可编程逻辑器件、竞争-冒险现象、电路仿真、电子系统设计等知识。本章内容有些在前面各章有所涉及,此处为总结、提高性质,有些内容是为了与其他课程衔接所做的铺垫,因此,本章内容主要用于查阅和了解。

技能小结

本章对数字电子技术的相关技能进行了总结,主要包括安装调试方法的总结、噪声容限和电平兼容的器件选择和电路设计、集成电路带负载能力的分析、电路仿真软件的使用、数字电路系统级设计等相关技能。

思考与练习

① 逻辑思维训练:

某国有一家非常受欢迎的冰淇淋店,最近将一种冰淇淋的单价从过去的 1.80 元提到 2 元,销售仍然不错。然而,在提价一周之内,几个服务员陆续辞职不干了。

下列哪一项最能解释上述现象?

A. 提价后顾客不再像过去那样能将剩下的零钱作为小费。

B. 提高价格使该店不能继续保持其冰淇淋良好的市场占有率。

C. 尽管冰淇淋涨价了,老主顾们依然经常光顾该店。

D. 尽管提了价,该店的冰淇淋仍然比其他商店卖得便宜。

E. 冰淇淋的提价对店员们的工资水平并没有影响。

② 思维拓展训练:

一个巨大的圆形水池周围布满了老鼠洞。猫追老鼠到水池边,老鼠未来得及进洞就掉入水池里。猫继续沿水池边缘企图捉住老鼠(猫不入水)。已知猫的奔跑速度是鼠游泳速度的 4 倍,问老鼠是否有办法摆脱猫的追逐?

③ 在题图 5.1 中,已知发光二极管的正向压降 U_D = 1.7 V,参考工作电流 I_D = 10 mA,TTL 门输出的高低电平分别为 U_{OH} = 3.6 V,U_{OL} = 0.3 V,允许的灌电流和拉电流分别为 I_{OL} = 15 mA,I_{OH} = 10 mA,试计算电阻 R 的大小。

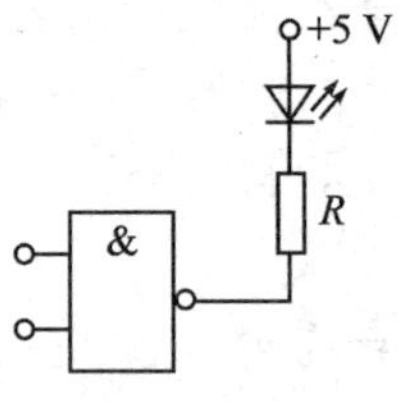

题图 5.1 例 3 的电路图

④ 请查阅 RAM2114 的资料,将其扩展成 2 KB×8 的存储器。

⑤ 在 FPGA/CPLD 开发过程中,编译器的作用是什么?

⑥ 请谈一谈学习数字电子技术的体会,写出学习总结。

参考文献

[1] 阎石. 数字电子技术基础[M]. 5版. 北京:高等教育出版社. 2006.
[2] 李庆常. 数字电子技术基础[M]. 北京:机械工业出版社. 2010.
[3] 德州仪器(TI). 选择正确的电平转换解决方案. 2004.
[4] 杨志忠. 数字电子技术基础[M]. 北京:高等教育出版社. 2004.
[5] (美)Thoma L. Floyd. 数字电子技术. 余璆,译. 9版. 北京:电子工业出版社. 2008.